알기쉬운 최신

전력반도체의 기본과 구조

발전하는 IGBT의 문제점과 개발방향을 탐구한다.

佐藤 淳一 저 | 정학기 옮김

[제 3 판]

고압·고속을 동시에 실현

수은정류기에서 IGBT로의 진화 및
일본 전력반도체가 강한 이유

SiC와 GaN등의 최신 정보 수록

- 탈탄소사회와 전력반도체
- 급속충전과 고효율을 실현하는 SiC 인버터
- SiC보다 물성적 특성이 우수한 화합물반도체 GaN
- 6인치 SiC웨이퍼 양산개시
- 4인치 GaN결정 실증개시
- 일본이 앞서가는 IGBT

21세기사

주의

(1) 이 책은 저자가 독자적으로 조사한 결과를 출간한 것입니다 .

(2) 본서는 내용에 대하여 만전을 기하여 작성하였습니다만, 만일 의심스러운 점이나 오류, 누락 등 문제점이 있으시면 출판사에 서면으로 연락주시기 바랍니다.

(3) 설명서의 내용이나 사용 결과의 영향에 대해서는 위 (2) 항에도 불구하고 책임을 지지 않습니다. 미리 양해해 주십시오.

(4) 문서의 전부 또는 일부에 대하여 출판사의 서면 승인을 받지 않고 복제하는 것은 금지되어 있습니다.

(5) 상표 : 이 문서에 설명되어 있는 회사명 , 제품명 등은 일반적으로 각사의 상표 또는 등록상표입니다.

서문

2011년에 출판된 「도해 입문 알기 쉬운 최신 전력반도체의 기본과 구조」 그리고, 2018년에 개정한 제2판을 최신 정보로 개정했습니다. 초판부터의 독자에게 감사드립니다.

제2판에 대해서 주로 아래와 같은 두가지를 변경했습니다. 첫째, 1–3장을 이전보다 더 쉽게 이해할 수 있도록 원고를 추가했습니다. 특히 전력반도체를 위주로 다룬 반도체 입문서로서의 면을 강조하고, MOS LSI와의 차이점을 알 수 있도록 노력하였습니다.

둘째, 전력반도체 업계에 참가한 메이커에 대하여 반도체 산업의 흐름 속에서의 동향을 필자 나름대로 정리했습니다.

기대되는 독자층은 종래대로 「전력반도체에 흥미를 가지는 비즈니스 관계자나 학생」으로서 어느 정도는 반도체에 관한 기초 지식을 가지고 있다고 생각하고 있습니다. 물론, 전력반도체에 관한 비즈니스에 관여하고 싶은 사람, 앞으로 전력반도체의 길로 나아가고 싶은 사람도 대상으로 하고 있습니다. 그 때문에, 「얕게 · 넓게」라고 하는 자세로 서술하여 나갔습니다. 구체적으로는 다양한 입장의 사람이 읽는 것을 생각해, 전력반도체는 어떤 것이고, 그 역사나 동작의 원리, 응용, 재료, 공정, 참가 메이커 등을 주제로 다루었습니다. 물론, 문과 출신자도 이해할 수 있도록 기술하였다고 생각하지만, 재료나 소자의 원리적인 설명에서는, 이과에 가까운 이야기도 나옵니다. 전체적인 내용을 파악하기 위해서 처음에는 「잘 모르는 부분을 건너뛰고 읽어도」 상관없다고 생각합니다.

이 책은 도해 입문 시리즈라고 하는 것으로써 저자의 원칙이기도 합니다만,

- 복잡한 것은 피하고 이미지를 알기 쉬운 그림이나 표로 통일
- 실제 모습에 접근하기 위해 반도체 제조 현장에 가까운 관점에서 해설
- 역사적인 배경을 언급하는 것으로 현재 상황을 이해하기 쉽게 설명한다.

등에 유의했습니다.

각 장의 구성에 대해서는, 권두의 「이 책의 표기법 및 사용법」을 읽어 주세요.

저자가 생각한 것이 실현되어, 이 책이 많은 사람의 도움이 되었으면 하는 바람입니다.

필자는 수년에 걸쳐 반도체 관계의 일을 해 왔지만, 그중 많은 분들로부터 교시 · 조언 등을 받았습니다. 그들이 이 책의 핵심이 되어 있습니다. 마지막으로 참고문헌 등을 적어 두었습니다만, 기재되지 않은 참고자료도 있을 것으로 생각합니다. 앞서 언급한 분들에게는 이 자리를 빌려 감사의 말씀을 드리며, 조금이라도 반도체 업계에 도움이 되길 바랍니다.

2022년 5월

사토 준이치

역자서문

반도체산업은 한 나라의 경제발전에 근간이 되는 주요 분야로 발전하였다. 반도체라는 용어가 우리나라에서 자주 등장하게 된 것은 1980년대부터일 것이다. 벌써 40여 년 전의 이야기이다. 그러나 최근 반도체 부족 현상이 심하여 자동차 출고가 늦어지고 있다라는 뉴스가 나올 정도로 반도체 부족 현상이 심각한 분야가 있는 반면, 반도체 재고 증가로 반도체 가격하락 등의 뉴스도 들리고 있는 실정이다. 반도체 분야란 이와 같이 산업 전반에 영향을 미치고 있으며 그 활용 범위도 매우 광범위하여 실로 우리 일상생활에서 없어서는 안 될 존재로 부각되고 있다. 이에 미국 등 선진국에서는 미래 더욱 중요한 위치를 차지할 것으로 판단하고 반도체를 전략화하기 위한 소위 반도체 동맹을 추진하고 있으며 우리나라도 이에 대한 대처가 시급한 상황이다. 특히 우리나라는 전체 수출액의 약 20%를 차지할 정도이며 반도체산업이 경제에 미치는 영향은 점점 증가할 것이다. 반도체의 활용 분야도 점점 증가하고 있다. 요즘 많이 회자되고 있는 AI나 자율주행 자동차, IoT 등 모든 분야에서 핵심적인 역할을 하고 있다.

우리나라의 경우 반도체 산업은 주로 메모리분야의 비중이 높으며 세계적으로 반도체산업의 매출비중이 높은 비메모리분야에서는 고전을 하고 있다. 메모리칩은 범용성을 가지고 있으나 비메모리칩은 특수성을 가지고 있다고 생각한다. 즉, 응용분야가 넓어지면 비메모리칩 또는 시스템 반도체의 비중이 점점 증가할 것이다. 우리나라도 이에 대한 대책이 시급한 상황이다.

일본의 경우 1980년대를 거쳐 1990년대까지 세계 반도체 시장에서 우위를 차지하면서 경제적인 번영을 누리고 있었다. 그러나 지금은 반도체산업에서 차지하는 비중이 점점 감소하여 세계시장에서 일본 반도체의 존재는 미약하다고 할 수 있다. 우리나라와 경쟁 관계에 있는 일본으로써는 큰 상처를 받았을 것이며 이에 대한 대책을 수립하고 있으리라 생각된다. 그러나 반도체 분야에서 일본의 강점은 아직 존재하고 있으며 그 분야가 반도체 재료 및 소자 분야라고 할 수 있다. 소자 중에서도 개별소자 즉, 전력반도체 소자는 유럽과 일본이 강세를 보이고 있으며 반도체 강국으로 알려진 우리나라는 이 분야에서 아직 미미한 결과를 도출하고 있다.

전력반도체 소자는 VLSI로 대표되는 메모리반도체나 비메모리 반도체보다 재료의 중요성이 부각되는 분야이므로 일본이 강세를 보이는 것도 당연하다고 생각한다. 특히 친환경 에너지나 탈탄소 정책 등에 대한 관심이 높아지면서 스마트 그리드나 전기자동차에 대한 전력반도체의 역할은 점차 증가할 것이다. 이에 일본이 전력반도체 분야에 강한 이유 그리고 전력반도체의 필요성 등을 깨닫고 이 분야에 대한 우리나라의 향후 나아갈 길을 생각해 보고자 이 책을 번역하게 되었다. 일본의 상황을 설명하는 책이므로 용어가 다소 어색할 수 있으므로 이러한 용어에는 가능하면 영어를 첨부하였으며 이 분야의 초보자도 이해할 수 있도록 번역하였다. 이 책이 전력반도체 분야에 관심있는 독자들에게 미력이나마 도움이 된다면 역자로서는 매우 큰 즐거움이겠다.

역자

이 책의 표기법 및 사용법

표기법

기본적으로 현재 주로 사용되고 있는 표기법을 사용하였다.

① 예를 들어, MOSFET로 표기하였다. 오래된 서적에서는 「MOS FET」라든지 「MOS-FET」라고 하는 표기가 많이 사용되었지만, 최근에는 학회와 영어책 표기에서도 "MOSFET"이라고 적고 있기 때문에 이 책에서도 「MOSFET」로 표기하였다. FET가 붙는 표기, 예를 들어, 「JFET」도 이와 같이 표기하였다. 마찬가지로 「MOS LSI」 및 「pn 접합」도 이와 같이 표기하였다.

② 웨이퍼 직경의 표기는 150mm 이상에서는 mm로 표기하고 있지만, 업계나 신간에서는 관습적으로 인치로 표기하기 때문에, 이 책에서는 혼란을 피하기 위해 인치로 표기하였다.

③ 유럽의 가타카나 표기는 업계나 시대에 따라 표기가 다른 경우가 많아 오래된 표기를 그대로 기재하고 있는 곳도 있다. 또한, 일반적인 언어와 고유명사로 장음기호의 유무나 표기가 다른 경우 참고문헌의 표기를 우선할 수 있으며 다른 표기가 혼합될 수 있다.

사용법

각자 편한 방법으로 읽어 주기를 바라며, 참고사항조차도 저자의 생각을 적어 놓았다. 이 책에서는 각 내용에 대해 「2단계의 구성」으로 서술하였다.

① 전력반도체 소자에 대해서는 제1장부터 제3장까지 서술하고 있으며, 장이 진행됨에 따라,더 깊게 공부하고 싶다는 생각이 들도록 구성하였다. 조금 장황스러운 점은 이해해 주길 바란다. 소자의 원리와 동작은 한정된 지면이므로 이해를 돕는 것을 우선하였으며 자세한 내용은 전문 서적을 참고하기 바란다. 제9장에서 보다 새로운 흐름에 대하여 서술하였다.

② 응용에 대해서는 제4장과 제11장에서 서술하였다. 제4장은 지금까지의 실적을 포함한 내용이며 제11장은 보다 미래지향적인 내용으로 구성하였다.

③ 전력반도체의 기판 재료 측면에서, 실리콘의 경우는 제6장에서 서술하였으며, 더욱 새로운 재료에 대해서는 제10장에서 설명하도록 구성하였다.

④ 공정은 제7장에서 서술하였다.

식이나 회로도는 가능한 한 사용하지 않았으며 단지 일부만 사용하고 있다. 익숙하지 않은 독자들은 단지 문장만을 따라 읽기 바란다. 또한, 잘 알려져 있지 않은 용어는 각주(*) 형태로 간단히 설명하였다.

차례

제 1 장

전력반도체의 일반적인 내용을 살펴본다.

이 장에서는 전력반도체가 도대체 무엇인지를 넓은 관점에서 초점을 맞추어 설명한다. 전력반도체의 위상 및 역할, 그리고 LSI와의 차이점을 살펴보고자 한다.

1-1
도대체 전력반도체란 무엇인가?

먼저 **전력반도체**란 무엇인가를 정의하고 다음 절로 진행하고자 한다.

「power」라는 관용구에 현혹되지 말아야

「파워」라는 말은 영어이지만, 그 의미는 「체력」이라든지 「세력」등의 의미로 사용되고 있으며, 또한 파워 스팟(power spot) 등 영어로 보통 사용하지 않는 「영력」과 같은 의미로 사용할 수도 있다.

이 책에서 말하는 파워란 「힘」이다. 영어로 발전소를 Power House나 Power Station으로 칭하며, Power Line은 송전선을 나타낸다. 또한 전원은 Power Supply라고 한다. 앞에 electric이라 붙이지 않아도 전력의 의미로 사용되고 있다. 즉, 전력반도체는 그림 1-1-1에 도시한 바와 같이 전기적인 제어에서 입력단을 「전력의 변환」을 통하여 다른 형태로 출력하는 소자이다. 여기에서는 전기적인 제어라는 것이 중요하다. 왜냐하면 기계적인 제어에서는 마모에 의한 변화가 일어나기 쉽기 때문이다. 덧붙여 「전력의 변환이란 무엇인가」는 다음 절에서 설명할 것이다. (1-2절 참조).

전력반도체의 역할 (그림 1-1-1)

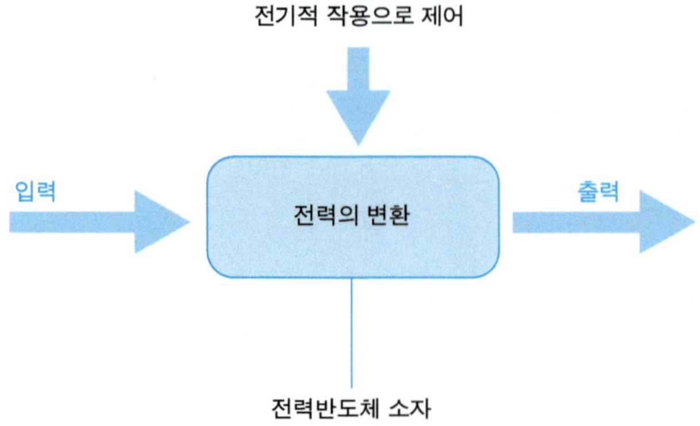

최근에는 반도체공급이 부족하다는 뉴스를 접하고 있기 때문에 반도체라는 용어도 설명해 보자면, 이 책에서는 「반도체」란 고체의 도전성에 관한 물성을 나타내는 용어이지만, 반도체 제품이나 반도체소자 등에도 사용하고 있다. 따라서 반도체 부족은 정확히 말하자면 반도체 제품의 부족이라고 말해야 한다. 이와 같이 관례적으로 이 책에서도 반도체란 용어는 반도체 제품이나 반도체소자의 의미로도 사용한다. 반도체란 기판 재료에서부터, 제조장치, 제조공정, 반도체 제품 및 그 응용제품까지 포함하며 그림 1-1-2 도시한 바와 같이 상부에서 하부로 이동하면서 생산하고 있으며 전자정보산업의 최첨단을 담당하고 있다.

다른 반도체소자와의 차이점

전력반도체와 다른 반도체소자의 큰 차이점은 전술한 바와 같이 전력의 **변환**을 수행하기 때문에 소자를 통하여 흐르는 전류의 크기가 다르다고 생각한다. 다른

반도체란? 상부에서 하부까지 (그림 1-1-2)

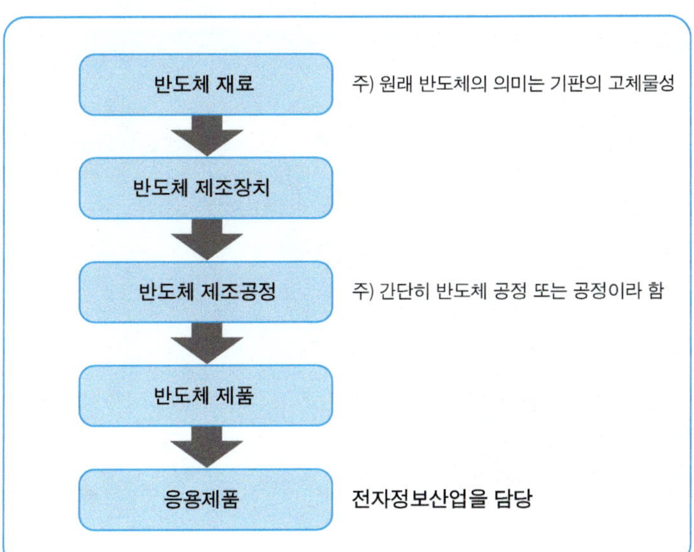

반도체소자는 신호의 전송이나 변환 등이 중요하기 때문에 전류가 약한 경우가 많다. 어떤 반도체소자가 있는지는 1-5절에서 설명한다.

따라서 트랜지스터의 구조(제2장 참조)와 그 제조 공정(제7장 참조)도 크게 다르고, 기판 재료(제6장이나 제10장 참조)도 달라진다. 물론 제조 메이커(제8장 참조)도 다르다.

자동차 산업과 비교

반도체 산업과 자동차산업을 비교해보면 그림 1-1-3에 도시한 바와 같이 산업 기반적인 측면에서는 공통적인 부분이 있다. 그 제품은 자동차 산업이라면 스포츠카에서 대형 트럭까지 다양한 차종이 있는 것과 같이 반도체 제품에도 다양한 것이 있다고 생각한다. 따라서 제조 방법이나 참가업체도 다양하다고 예상된다. 이에 대해서는 제7장과 제8장에서 설명한다.

다만, 차이는 다양하다고 생각하며, 그 최종 제품의 크기가 완전히 다른 것을 이 책에서는 강조한다. 제8장에서 약간의 설명을 부연할 것이다.

자동차 산업과 반도체 산업의 비교 (그림 1-1-3)

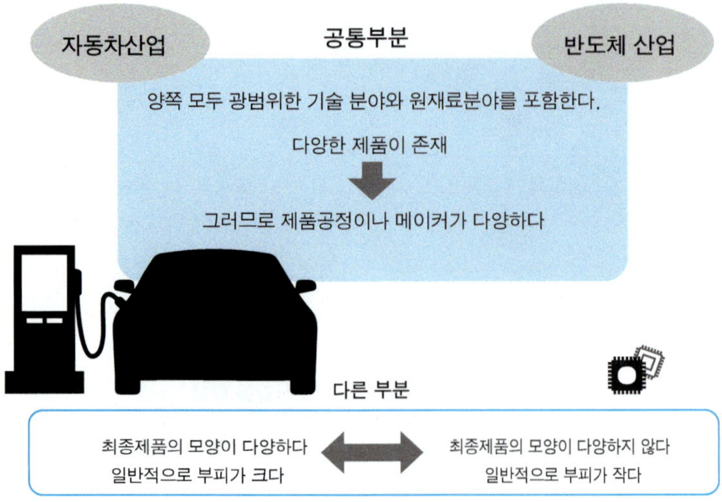

1-2
전력반도체를 인체에 비유하면?

이 절에서는 전력반도체가 다른 반도체소자와 비교하여 어떤 역할을 하는지를 인체에 비유해 본다.

전력반도체의 역할은?

반도체소자는 다양한 곳에서 사용하고 있다. 그러나 반도체소자는 전절에서도 설명하였듯이 전기로 동작하는 소자이기 때문에, 정보 등을 전기신호로 바꾸어 반도체소자에 입력하고 소자내부에서 다른 정보로 변환되어 출력하는 형태이다. 이와 같이 반도체소자는 정보나 에너지 발생 장치가 아니라 단순히 변환장치이다.

자주 입문서나 강연에서 다양한 반도체소자를 인체에 비유하고 있다. 예를 들어, MPU*나 메모리소자는 정보의 연산처리나 기억을 담당하기 때문에 뇌에, 센서 등은 눈이나 귀 등의 오감에, 태양전지는 에너지를 생산하고(정확하게 말하면 태양 에너지를 전기 에너지로 변환하고 있을 뿐이다.) 있기 때문에 입과 식도를 포함한 위장 등의 소화 기관에 비유하는 것은 직감적으로 이해하기 쉽다고 생각한다.

전력반도체는 무엇에 해당하는가? 손발의 근육이라는 이미지가 생각날지 모르지만, 전력반도체가 움직이는 것은 아니고, 실제로 움직이는 것은 모터나 액추에이터(actuator), 소형의 MEMS**등이다. 액추에이터는 구동부가 있는 소형의 기기이다. 따라서 이들이 손발의 근육이며, 전력반도체는 이러한 장치에 전력을 공급 · 제어하기 때문에 혈관이나 신경과 같은 것일 수 있다.

그림 1-2-1에 저자 나름대로 이미지를 그려 보았다.

* **MPU** 마이크로 프로세싱 유닛(Micro Processing Unit)이라고 불리며 컴퓨터에서 연산 및 데이터 처리 등을 담당하는 심장부인 **CPU**(Central Processing Unit: 중앙 연산 처리 장치로 번역됨)를 하나의 단독 칩으로 제작한 집적회로

** **MEMS** Micro Electro Mechanical System의 약자. 전자 장치와 기계적인 구동장치의 융합체로 써 가속도 센서 등이 대표적인 예이다.

인체와 전력반도체와의 관계 (그림 1-2-1)

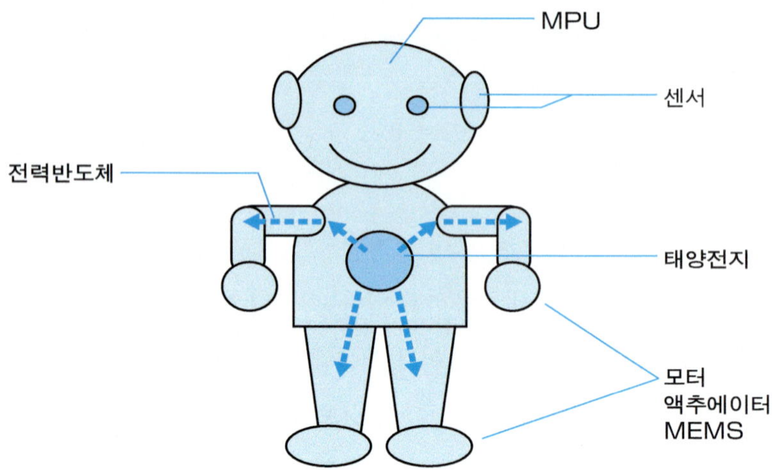

전력의 변환이란?

전력반도체의 기능을 한마디로 말하면 전술한 바와 같이 「전력 변환」이다. 전력 변환이란 구체적으로 어떤 기능일까?

그림 1-2-2에 그것을 정리해 보았다. 전기에는 교류(AC: Alternating Current)와 직류(DC: Direct Current)가 있으며 그들을 서로 변환하는 것이 「전력의 변환」이다. 하나는 순변환이라고 하는 것으로 컨버터(converter)라고 한다. 야구에서도 선수를 「외야수에서 내야수로 변환한다」라고 하며 이와 같은 의미이다. 순변환은 교류를 직류로 변환하는 것으로, 소위 정류작용이 주이다. 정류작용에 대해서는

전력반도체의 네 가지 역할 (그림 1-2-2)

① 교류 (AC) 에서 직류 (DC) 로 변환 : 컨버터 (정류 작용)
② 직류 (DC) 에서 교류 (AC) 로 변환 : 인버터
③ 교류 (AC) 를 교류 (AC) 로 변환 :
④ 직류 (DC) 를 직류 (DC) 로 변환 :

3-1절에서 자세히 설명할 것이다. 반대로 직류를 **교류**로 변환하는 것을 **역변환**이라고 한다. 이 작업을 수행하는 것을 **인버터**(inverter)라고 하며, 앞으로 이 용어가 자주 나오므로 기억해야 한다. 그 밖에 교류간 주파수와 전압의 변환을 하는 것, 직류간 전압의 변환을 하는 것 등이 있다. 직류의 경우는 당연히 **주파수 변환**이 없다. 이와 같이 전류의 종류에 따라 변환을 분류할 수 있다.

한편, 변환하는 것을 전류, 전압, 주파수로 분류하면 그림 1-2-3에 도시한 바와 같다. 두 분류 모두 기억해 두면 편리할 것이다. ③은 교류의 경우만 해당한다. 예를 들어, 4-3절에서 서술하는 기차 · 전기 기관차의 전력 교환 등이 이 그림에 도시되어 있다. 구체적으로는 4-3절에서 설명할 것이다. 전력반도체로 어떻게 변환하는지는 제3장 이후에 설명한다.

전력반도체는 손상을 입을 수 있다. 예를 들어 영상처리용 LSI(16페이지의 각주)라면 눈으로 그 움직임을 실감할 수 있으나, 전력의 변환이라고 해도 눈으로 실감할 수 없기 때문에 전력반도체는「숨은 공로자」와 같은 역할을 하고 있다고 생각한다.

전력반도체의 세 가지 역할 (그림 1-2-3)

① 교류 ⇨ 직류 변환 , 직류 ⇨ 교류 변환 (전자가 순변환 , 후자가 역변환)
② 전압 변환 (특히 직류) : 승압과 강압
③ 주파수 변환 (교류의 경우)

그런데 인버터라는 용어는 같은 반도체소자 분야에서도 그 용도가 여기서 말한 인버터와는 다른 기능을 하는 것이 있다. 이것은 논리 LSI의 기본 게이트 중 하나이며 그 기능에 대해서는 2-9절에서 설명한다.

1-3
최근 전력반도체의 사용례

이 절에서는 전력반도체가 우리의 삶에서 친숙하게 사용되고 있는 예를 서술할 것이며, 전력반도체 전체를 이해하기 위해 다양한 관점에서 그 특징에 접근할 것이다. 이에 따라 이후의 장이나 절의 이해에 도움을 주고자 한다.

가정에서의 예

국내의 전기 공급 회사의 명칭에는 모두 「○○ 전력」이라고 전력이 붙어 있기 때문에, 「전력」이라고 하는 단어로부터 발전원이나 송전선을 흐르는 큰 전력을 연상할 수 있다. 여기에서는 전력=전압×전류로 파악하고, 대전력에서 소전력까지 규모에 관계없이 상상해 보길 바란다.

전력반도체는 가정의 어느 곳에서 사용되고 있을까?

여기서 우리의 일상생활에서도 전력반도체가 활약하고 있는 예를 들어보자. 일반가정에 공급하는 전력은 교류 전압 220V(볼트, 일본은 100 V 우리나라는 220 V)로 전류는 가정에 따라 다를 수 있지만 대략 수 10A(암페어)이다. 이 책을 형광등 아래에서 보는 독자도 많이 있을 것이다. 형광등은 가정의 콘센트 (교류 220V)에서 전기가 공급되고 있다. 형광등의 원리는 형광관의 필라멘트를 가열하고 전극간에 전압을 인가하면 방전하여 전기 에너지를 빛으로 변환하여 어두운 가운데서도 책을 읽을 수 있는 환경을 제공해 준다.

이전의 형광등은 깜박임이 느껴졌다. 이는 형광등이 초당 100에서 120회 깜박이기 때문이다.

그 후, 소위 인버터 조명이 실용화되어 "깜박임"이 없어졌다. 이것은 가정용 220V(50Hz 또는 60Hz)의 교류 전원을 일단 정류회로를 직류로 변환하고, 직류를 인버터 회로에서 약 50kHz(50,000Hz)의 교류 전원을 만들어 방전하고 있기 때문이다. 50kHz는 초당 5만회 변화하는 것이므로 인간의 눈으로는 깜박임을 느낄 수 없을 것이다.

인버터 조명의 구성도 (그림 1-3-1)

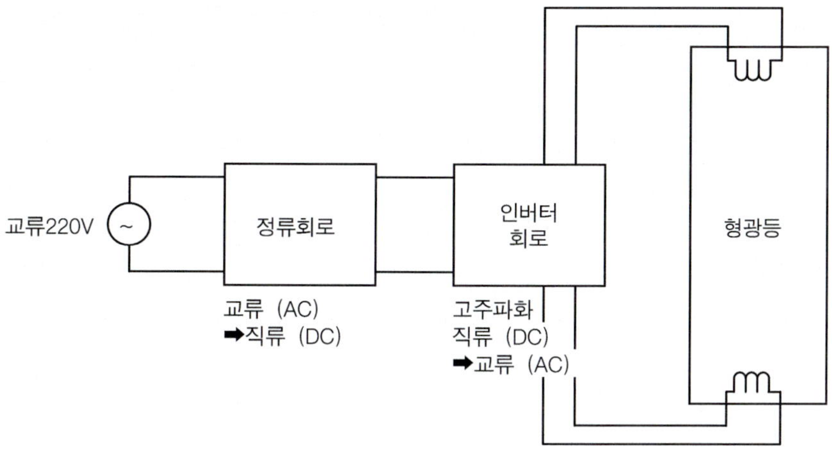

여기에서 전력 변환이 두 번 수행되었음을 알 수 있다. 그림 1-3-1에 도시한 바와 같이 교류-직류-교류의 변환 흐름이다. 이것이 간단하게 수행될 수 있는 것은, 정류회로나 인버터 회로에 전력반도체가 「들어가 있기」 때문이다.

일단 상용전원의 교류를 직류로 변환하는 이유는 전압을 원하는 수치로 변환하고, 또한 다른 주파수의 교류로 변환하는 것이 편리하기 때문인 것으로 이해하면 좋을 것이다.

인버터 제어란?

다음 예를 살펴보자. 에어컨에서도 인버터 제어라는 말을 사용한다. 실제로 최근의 에어컨은 대부분 인버터 제어이다. 간단히 말하면 에어컨의 히트 펌프를 움직이는 압축기(컴프레셔)의 모터 회전수를 인버터 제어로 변환하는 것으로 에너지 절약을 도모하는 것이다.

모터의 회전수가 올라가면 온도의 변화가 커지고, 내려가면 온도의 변화가 작

인버터 에어컨의 동작 비교 (그림 1-3-2)

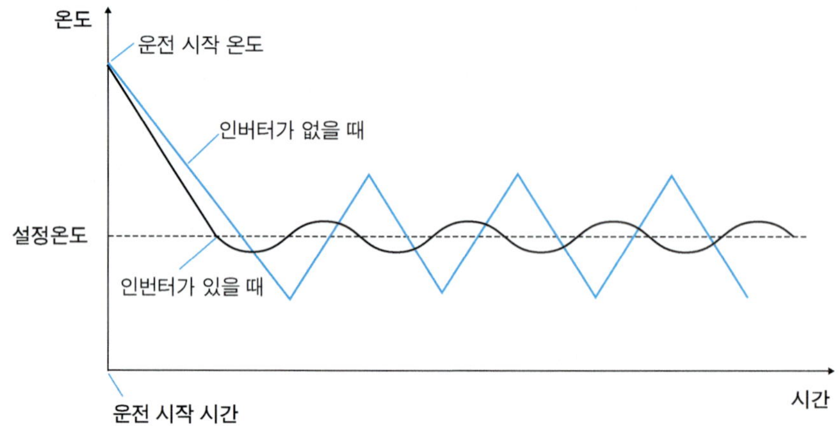

아지는 것이다. 인버터 제어 이전에는 모터의 ON · OFF로 제어하였다. 이러한 방식은 전력 손실이 발생한다. 인버터 제어라면 모터의 회전을 ON · OFF 하지 않고 제어하여 온도를 조정할 수 있으므로 에너지가 절약된다.

그림 1-3-2에 간단히 그 구조를 도시하였다. 모터의 ON · OFF로 제어할 경우를 색선으로 나타내고 있으며, 인버터 제어로 실시하는 흑선 쪽이 원활하게 온도 조정을 할 수 있다는 것을 알 수 있다.

이 인버터 제어는 모터에 공급하는 교류의 주파수와 전압을 변환하여 효율적으로 온도제어를 수행한다. 이 작업을 수행하는 것이 전력반도체이다. 자세한 내용은 나중에 설명할 것이다.

이 책을 에어컨이 동작하고 있는 방의 형광등 아래에서 읽고 있는 독자 여러분은 전력반도체에 신세를 지고 있는 것이다.

이처럼 전력반도체는 눈에 보이지 않는 곳에서 우리의 친밀한 생활에서 활약하고 있다는 예를 두 가지 소개하였다.

그 외에 가까이서 사용하고 있는 예로는 PC 등의 전자 기기의 AC 어댑터이다. 이것은 교류 220V의 상용 전원을 정류해 직류로 교환하여 (1-2절에 서술한 컨버터)

사용하는 장치이다. 정류에는 3-1절에서 설명할 다이오드를 사용한다. 덧붙여 어댑터가 무거운 것은 철심에 코일을 감은 변압기가 들어가 있기 때문이며, 이것으로 전압을 낮추는 역할을 하고 있다.

1-4

전자정보산업에서 전력반도체의 위치

먼저 세계 시장 규모가 3000조원이라고 하는 전자정보산업 속에서의 전력반도체의 위치를 살펴보자.

전자소자란?

먼저 전자소자란 무엇인지 살펴보자. 그림 1-4-1은 전자소자의 분류를 보여 주고 있다. 전자분야는 모든 분야는 아닐지라도, 매우 폭이 넓어서 많은 분야를 포함하고 있으며 중요한 분야를 그림 1-4-1에 도시하였다. 전력반도체는 1-5절에서 언급하겠지만 반도체 중 **단기능 반도체**에 포함되어 있다.

전자소자의 분류 (그림 1-4-1)

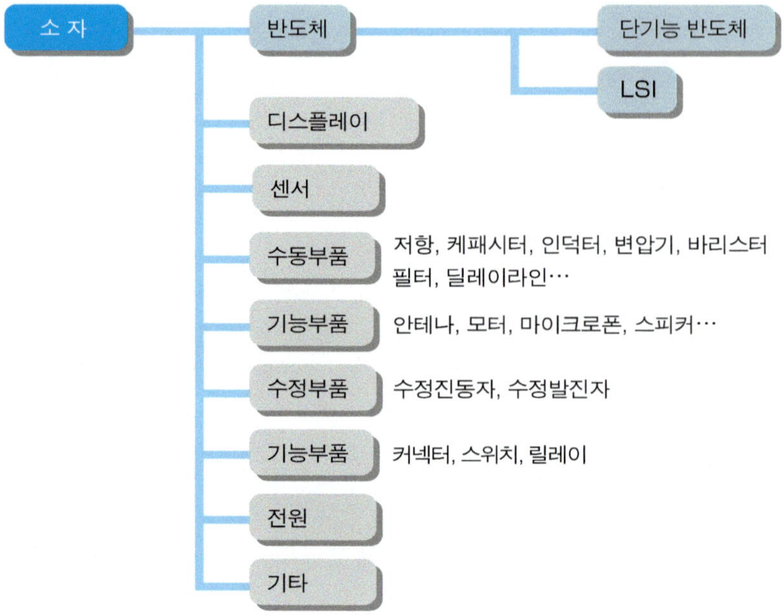

고속 스위칭이 가능한 반도체소자

다음으로 이러한 전자 부품 중에서 반도체소자에 대해 살펴보겠다. 그 전에 반도체란 무엇인가를 간단하게 설명한다.

그림 1-4-2에 전기를 통하는 성질에 의해 반도체를 금속이나 절연체와 비교해 보면, 반도체의 최대의 특징은「도전체도 될 수 있고, 부도체도 될 수 있다」라는 성질이다. 또 제2장에서 상세하게 설명하겠지만, 전기적인 동작에 의하여 도전체 또는 부도체로 제어할 수 있다는 특징이 있다. 즉, 실제로 전기를 흐르게 하거나 차단하는 것이 가능하다는 것이다. 게다가 반도체는 그것을 전기적으로 작동하기 때문에, 고속으로 ON · OFF 하는 것이 가능하고, 기계적인 스위치로는 불가능한「고속 스위칭 동작」이 가능하다는 것이 전력반도체 분야에서는 매우 중요하다. 물론 전력반도체 이외의 반도체소자에서도 이 점은 매우 중요하다.

이와 같이 반도체소자는 전기적인 작용으로 스스로 일을 하는 능동소자*이다.

금속, 절연체 및 반도체의 특징 (그림 1-4-2)

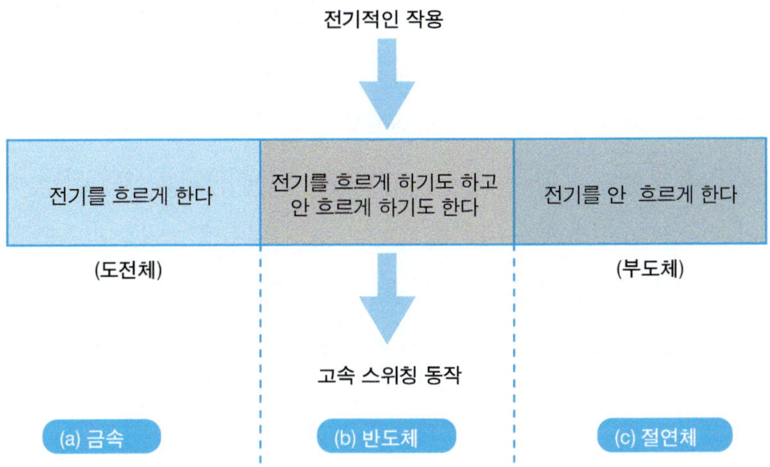

주) 도전체는 간단히 도체라 한다.
부도체는 절연체라고도 한다.

* **능동소자** 다음 절을 참조.

1-5
반도체소자 중의 전력반도체

반도체소자 시장은 시황의 영향을 받지만, 세계 규모로 약 500조원 이상의 규모(환산이므로 환율에 따라 변동한다)이다. 이 절에서는 반도체소자 중의 전력반도체의 현 위치를 살펴본다.

반도체소자와 세상의 흐름

반도체소자라고 하면 저자가 어렸을 때, IC가 나오기 시작했을 무렵에는 트랜지스터가 주라는 인식이 강했던 시대이다. 캔(can) 타입의 2개 다리 모양이나 플라스틱 몰드의 3개 다리의 트랜지스터가 친밀한 반도체라고 생각하고 있었다. 저자의 체험을 말하자면, 얼마 전에 젊은 여성과 이야기할 기회가 있을 때, 「무슨 일을 하고 계십니까?」라고 물어봐서, 「반도체 관련 산업에 종사하고 있습니다」라고 대답했더니 「그럼, PC 등에 관련된 것입니까?」라고 한번 더 질문을 받았었다. 저자의 대답이 막연하였기 때문이지만, 이 이야기에서 알 수 있는 것은 반도체라고 하면, 당시 ○○ inside나 ○○텔이 들어가 있는 CM을 많이 홍보하고 있어, 반도체=PC의 부품이라고 하는 견해가 많았기 때문이라고 생각된다.

저자의 요점은 반도체의 응용 범위가 광범위하기 때문에 그 시대의 기술동향, 첨단 상품이나 트렌드가 강하게 반영되고 있는 것은 아닐까 하는 것이다. 저자의 세대라면 "반도체=트랜지스터 라디오"라는 시대였다. "반도체=텔레비젼 게임"이라는 견해가 지배적인 시대도 있었다고 생각한다. 현재는 태블릿 단말기나 스마트 폰 등일지도 모른다. 장래는 EV 자동차가 될지도 모른다.

전력반도체는 숨은 공로자?

다만, 전력반도체가 우리 가까이에 있는 제품 중에서, 어떠한 세대를 대표한다고는 생각지 않는다. 하나의 이유로는 앞서 언급했듯이 전력반도체가 눈에 띄기 어려운 곳에서 일해 왔기 때문이다. 예를 들어, 전철이나 전기 기관차 등의 전력 변환 등에 사용되고 있듯이 잘 보이지 않는 곳에서 활약하고 있기 때문이다. 이것이 「숨은 공로자」라는 이유이다. 최근에는 IH 조리기처럼 가정에서도 눈에 띄는 곳에 사용하고 있다.

반도체라고 해도 소자 수준에서 분류하면 다양한 분류가 있으며 그림 1-5-1에 도시한 바와 같다. 이 중 반도체소자는 **능동소자**(Active Element)에 속한다. 능동

반도체소자의 종류 (그림 1-5-1)

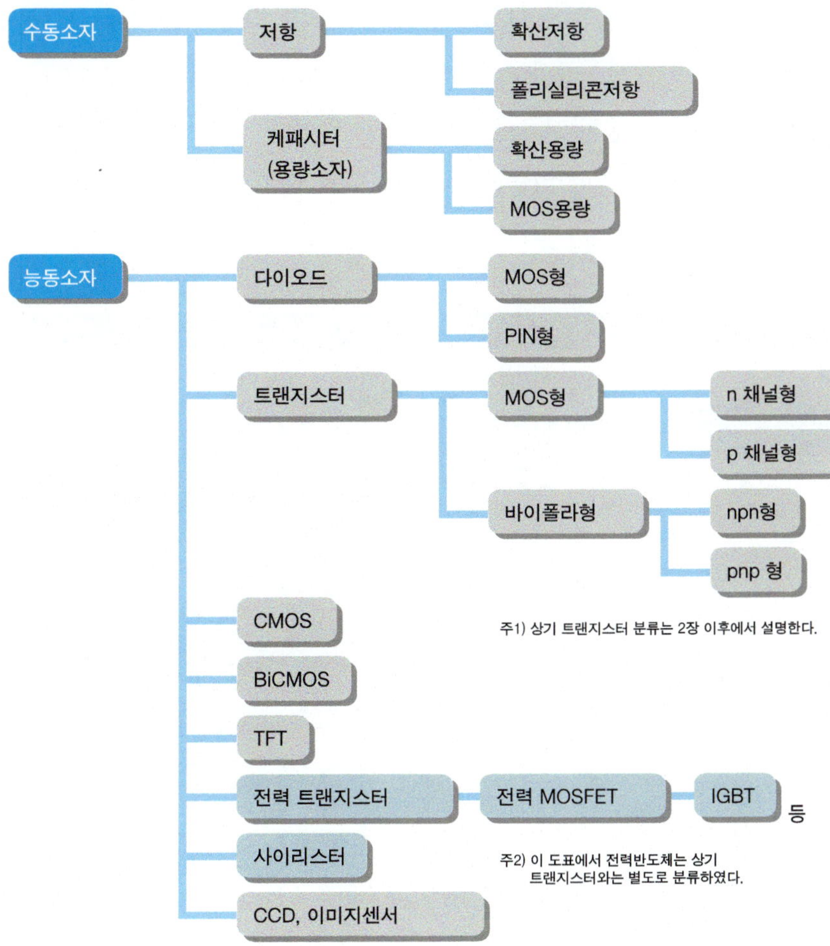

소자는 공급된 전력이나 신호 등을 변환하는 기능을 가지고 있다. 그림에서 음영으로 표시한 부분이 이른바 전력반도체이다. 반도체 시장 중에서 전력반도체의 비율은 10% 정도라고 생각한다.

반도체 중의 전력반도체

그림 1-5-2는 반도체소자를 집적화한 것인지 단기능인지로 분류한 그림이다. 이 분류에서 보면, 전력반도체는 개별 반도체(단기능 반도체)소자에 속한다. 이것은 LSI*와 같이 다양한 반도체소자를 조합하여 복잡한 기능이나 용량이 큰 기억을 하는 것이 아니라 단일 기능에 사용된다는 의미이다. 따라서 그림에서도 볼 수 있듯이 단일 기능 반도체소자라고 할 수 있다. 전력반도체 이외에 CCD나 이미지 센서는 화상 신호를 전기 신호로 변환하는 소자이다.

반도체소자는 다양하지만, 그중에 전력반도체는 어떤 위치에 있을까? 전력이

집적화와 단기능화로 분류한 반도체소자 (그림 1-5-2)

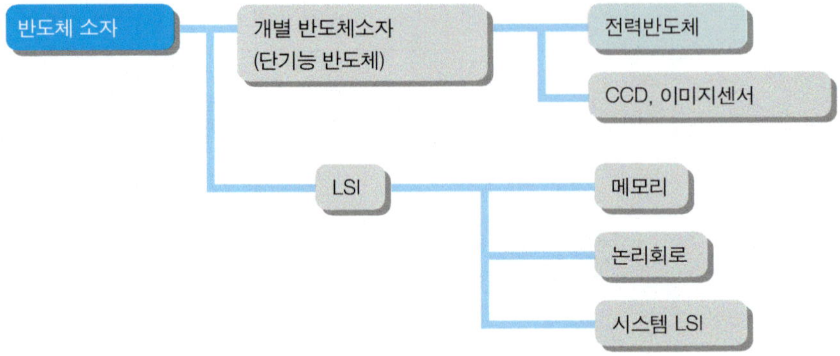

* **LSI** Large Scaled Integrated Circuit의 약자. 대규모 집적 회로로 번역되며 반도체소자 수로 1,000개 이상을 갖는 수준

라고 하면 어떤 것을 연상할 수 있을까? 우리는 전기 없이는 살 수 없을 것이다. 예를 들어, 지진이나 폭설 등으로 오랫동안 정전 중에 있던 경험이 있는 독자는 전기의 고마움을 잘 알 것이라고 생각한다. 이제는 공기와 물과 같이 생명선을 지원하는 것이다.

1-6 트랜지스터 구조의 차이

이 절에서 일반적인 트랜지스터와 전력반도체용 트랜지스터는 기본적으로 어떠한 구조적 차이가 있는지 살펴본다. MOS 형이 비교하기 쉽기 때문에 예를 들 것이다.

일반적인 MOS 트랜지스터

시중에 넘쳐 나는 실리콘 반도체의 입문서는 대부분 MOS 트랜지스터에 대하여 서술하고 있다. 일반적인 MOS 트랜지스터의 개략도를 그림 1-6-1에 도시하였다. 트랜지스터의 3단자(전극)인 소-스, 드레인, 게이트가 웨이퍼의 동일면 내에 형성되어 있다. 전류, 즉 **캐리어**의 흐름이 웨이퍼 표면에만 국한된다. LSI에 사용되는 **MOS 트랜지스터**는 디지털 회로에서 신호의 변환을 트랜지스터의 ON · OFF로 수행하기 때문에 저전압 동작으로 스위칭이 가능하다. 그림 1-6-1과 같이 구조는 그림의 수평 방향 (그림의 채널을 따라 흐르는)으로 전류가 흐르는 형태이다. 전류를 크게 하려면 그림의 깊이 방향으로도 캐리어의 경로(채널 폭이라고 한다)를 넓히는 것으로 가능할 것이다. 교통량이 많은 도로의 차선을 늘리는

일반적인 MOSFET** 의 단면도 (그림 1-6-1)

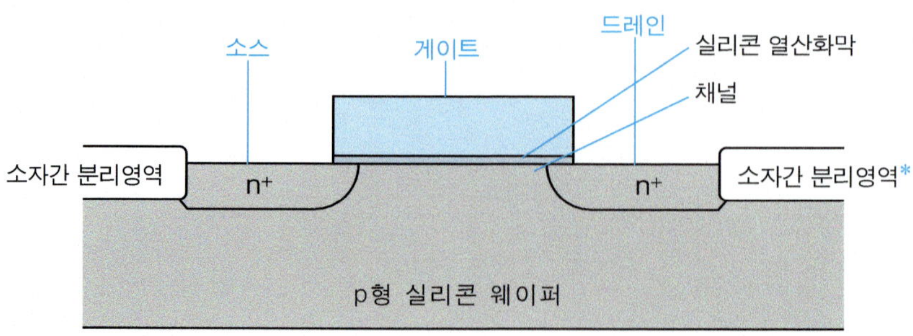

* **소자간 분리영역** 인접한 트랜지스터 등의 영향을 받지 않도록 전기적으로 절연물로 분리되어 있는 영역.

** **MOSFET** MOS 트랜지스터와 동의어로, 이 책에서 구체적인 구조를 설명할 때 이 용어를 사용한다.

것과 같다.

또한 여기에서 다양한 용어가 나오지만 어느 정도는 이해하고 있다고 가정한다. 익숙하지 않은 독자는 제2장에 기술되어 있으므로 참고하시오.

전력 MOSFET

전력용 MOSFET는 구조가 완전히 다르다. 그림 1-6-2에 도시한 바와 같이, 드레인 전극은 웨이퍼 후면에 형성되어 있다. LSI의 MOS 트랜지스터의 경우는 단지 신호 전류의 ON · OFF를 이용하지만 전력용 MOSFET의 경우는 큰 전류가 흐르기 때문에 웨이퍼 두께 전체를 사용한다. 이것이 둘의 큰 차이이다. 그러므로 웨이퍼 내에서 전류의 흐름 방법이 다르다. 이것이 웨이퍼의 두께 방향으로 불순물 농도의 균일성이 뛰어난 FZ 결정의 실리콘 웨이퍼가 전력반도체에 필요한 이유이기도 하다. 이에 대해서는 6장에서 설명할 것이다.

전력 MOSFET (그림 1-6-2)

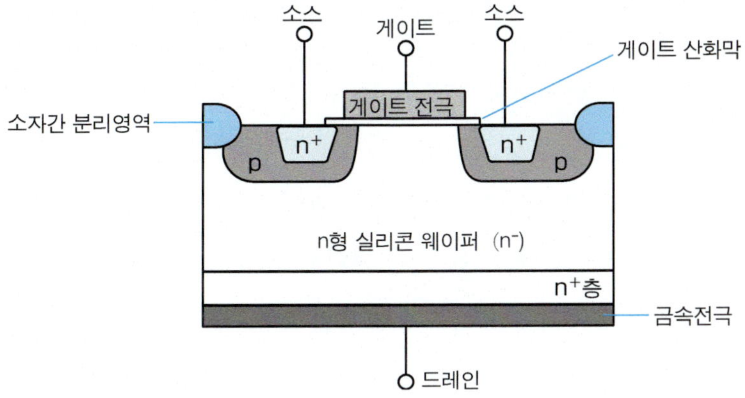

트랜지스터의 차이점

여기까지 언급한 것을 그림 1-6-3에 정리하였다. 반도체소자, 그 중의 트랜지스터라고 해도 기본적인 구성 요소는 동일하지만, 구체적인 구조는 전혀 다른 것을 알 수 있다. 이 차이는 공정에서도 나타나기 때문에 제7장에서 설명할 것이다.

웨이퍼 내의 전류 흐름의 개략도 (그림 1-6-3)

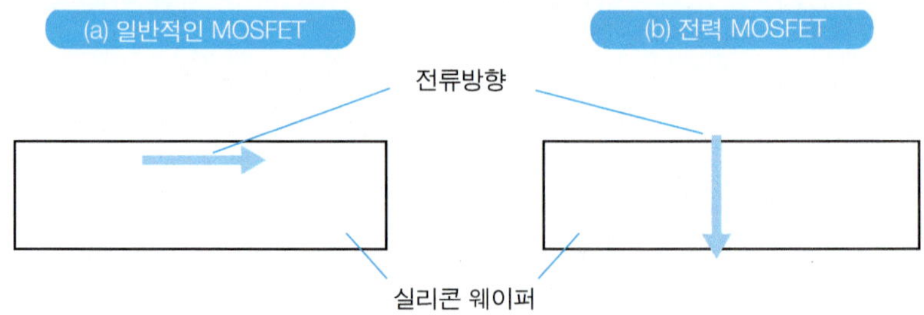

트랜지스터 구조의 평면도

대부분 출판된 실리콘 반도체의 입문서에서 MOS 트랜지스터의 구조는 그림 1-6-1과 그림 1-6-2와 같이 표시되어 있다. 여기에서는 조금 다른 관점에서 바라보고자 한다.

지금까지는 웨이퍼의 단면으로 양쪽의 트랜지스터 구조를 보았지만, 이것을 윗 방향에서 보면 어떨까? 그것을 그림 1-6-4에 도시하였다. 일반적인 MOS 트랜지스터의 경우는 여러 번 언급한 바와 같이 게이트 전극을 사이에 두고 각각 소-스, 드레인이 배치되어 있다. 이에 반해 전력용 MOSFET는 게이트 전극을 둘러싸도록 소-스가 배치되고 게이트 전극에 전압이 인가되어 FET가 켜졌을 때, 웨이퍼 후면의 드레인 전극까지 전류가 흐르는 구조로 되어 있다. 아울러 그림을 알기 쉽게 하기 위하여 실제 치수의 비율을 변환하여 도시하였다. 첨단 논리용 MOS 트랜지스터는 전력용 MOSFET에 비해 작다는 것은 말할 필요도 없다.

트랜지스터 구조의 차이(평면도) (그림 1-6-4)

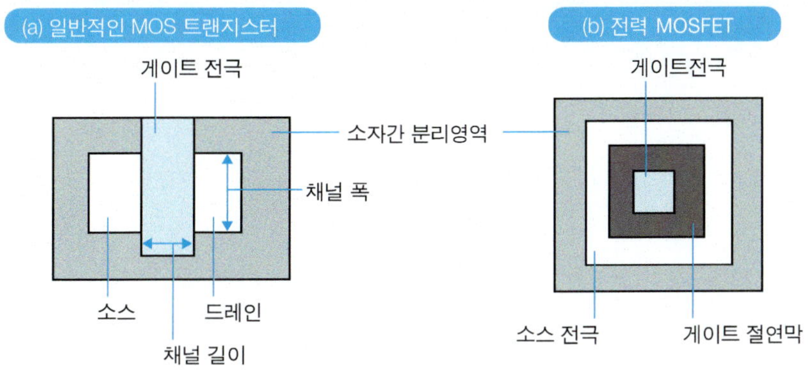

트랜지스터의 전류량은 채널 폭에 비례하며 채널 길이에 반비례한다. 이상의 설명을 기억하면서 계속 읽어 나가면 다음 장 이후부터 알기 쉽다고 생각했으므로, 여기서 언급해 둔다.

제 2 장

전력반도체의 기본과 동작

이 장에서는 반도체의 정의에 대하여 설명하고 소자로 동작하기 위한 마무리 과정을 설명할 것이다. 그 후, 각 반도체소자의 동작을 ON과 OFF의 스위칭 작용으로 좁혀 해설해 나갈 것이다. 반도체의 기본적인 동작을 익혀 전력반도체의 역할을 이해하는데 도움이 되고자 한다.

2-1
반도체의 기본과 동작

이 절에서는 반도체의 기본과 그 동작을 검토한다. 이 절 이후의 반도체 재료는 실리콘를 기반으로 설명한다.

반도체란?

가능한 한 평이한 표현으로 진행하고자 한다. 우선, 반도체란 무엇인가라고 질문하면, 전기의 전도도라고 하는 측면으로 보면 1-4절에서 간단하게 서술한 것처럼 절연체와 전도체의 중간에 존재하는 물질이다.

구체적으로는, 대략 그림 2-1-1에 도시한 범위 정도이다. 그림 2-1-1에서는 저항율로 도시하였다. 작을수록 전도율이 커질 것이며 그림에서 알 수 있듯이 반도체는 전도체와 절연체 사이의 넓은 범위를 가지고 있다. 즉 반도체는 절연체나 전도체와 같은 성질도 나타낸다는 것을 알 수 있다. 이것은 반도체가 전기를 흐르게 하거나 차단하거나 할 수 있는 「스위칭 작용」을 나타낼 수 있다는 것이다.

전기가 흐른다고 하는 것은 전류의 담당자 (영어로는 캐리어; carier라고 한다.)인 전자나 정공*이 이동하는 현상이다. 즉, 반도체 중에는, 이러한 캐리어(이후, 이 표현을 이용한다.)가 존재한다는 것이다.

정공이라는 말이 익숙하지 않은 독자도 있을지 모르지만, 전자가 탈출한 구멍으로써 전자는 음전하이므로 그 반대의 양전하를 지닌다. 여기서는 일반적인 설명을 위해 반도체라는 용어를 사용하고 있지만 이 책에서는 실리콘을 가리킨다. 이후, 별도로 설명할 수도 있지만, 특별한 경우를 제외하곤 실리콘 반도체에 대하여 설명할 것이다.

---

* **정공** 영어에서는 positive hole이라 한다. 전자가 탈출한 구멍으로 이해하면 된다. 원래 있던 전자(음전하)가 없어졌으므로 양전하를 지닌다.

저항율과 반도체의 관계 (그림 2-1-1)

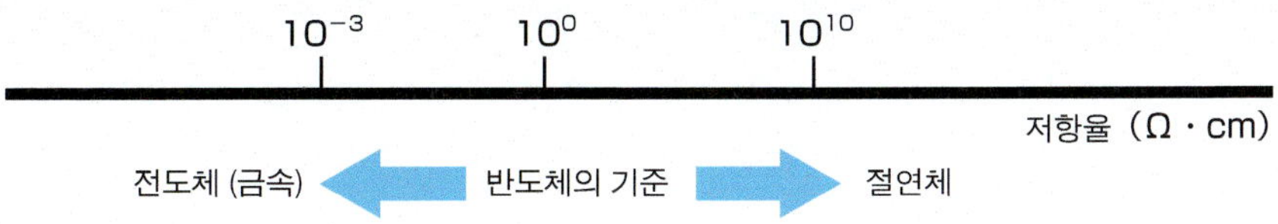

고체 내에서 캐리어의 이동

캐리어의 이동으로 전류가 흐른다는 것을 알고 있지만 반도체를 비롯한 고체소자의 동작을 이해하지 못하는 것은 고체 내의 캐리어 흐름을 도식적으로 파악하지 못하기 때문이 아닐까?

반도체가 나타나기 이전의 전자소자는 진공관으로 대표되는 전자관이었다. 진공관 내의 캐리어(오직 전자)는, 진공 내에서 이동하므로 방해받지 않고, 진공 속을 이동하는 물체의 운동으로 생각하면 쉽게 이해할 수 있다고 생각한다.

고체 중의 캐리어의 이동은 좋은 모델이 없기 때문에 도식적인 모델로 생각해

캐리어 이동의 개념도 (그림 2-1-2)

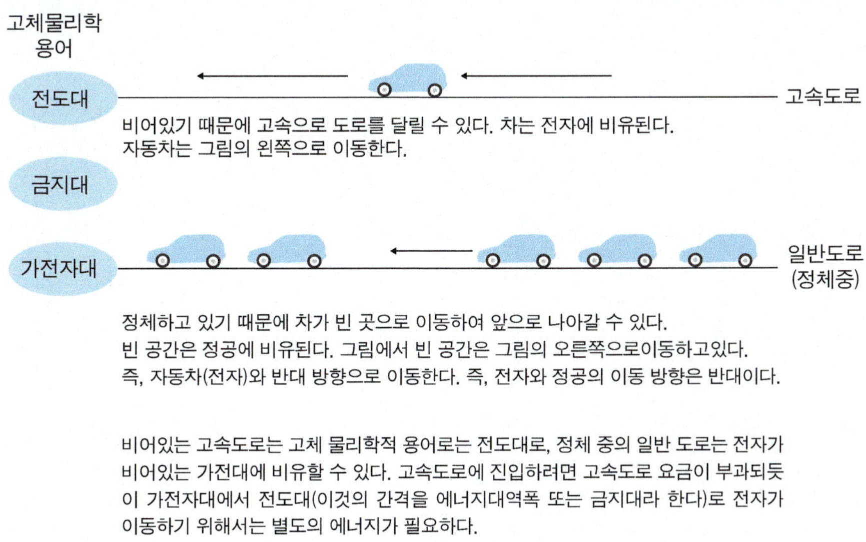

보는 것이 좋을 것이다.

전자는 비어있는 도로를 달리는 차이며 정공은 전자가 탈출한 구멍이므로 정체 중의 도로에서 빈 공간으로 이동하며 앞으로 나아가는 차의 이미지로 옛날부터 비유되고 있다.

그림 2-1-2에 이와 같은 현상을 토대로 전자는 고속도로를 달리는 차, 정공은 정체중의 일반도로를 이동하는 차가 움직일 수 있는 빈공간으로써 나타내었다. 이제 전자와 정공의 이동도 (캐리어의 이동성)를 설명할 수 있을 것이다.

캐리어 주입

그럼 실리콘 단결정에는 얼마나 많은 캐리어가 포함되어 있을까? 조금 어려운 표현이지만, 열평형 상태에서의 실리콘은 진성반도체*라고 불리며, 캐리어의 수가 적어 거의 전기 전도성을 나타내지 않는다. 그래서 먼저 실질적으로 반도체를 제작하기 위하여 도핑(doping; 불순물 첨가)으로 전기를 운반하는 캐리어를 공급하는 실리콘 이외의 원자를 주입할 필요가 있다.

이 때 어떠한 공정 및 장치를 사용하는지에 대하여 흥미가 있는 독자는 동 출판사의 도해 입문 시리즈 「알기 쉬운 최신 반도체공정의 기본과 구조」나 「알기 쉬운 최신 반도체 제조 장치의 기본과 구조」를 참고하기 바란다.

일반적으로 전자를 공급하는 원소는 그림 2-1-3에 도시한 바와 같이 실리콘(Si, IV족)보다 최외각 전자**의 수가 많은 V족의 P(인) 등이다. 정공을 공급하는 것은 실리콘보다 최외각 전자가 적은 III족의 B(붕소, 보론이라고도 함) 등의 원소이다.

전자를 n형 불순물, 후자를 p형 불순물이라고 한다. 또한 n형 불순물을 주입하면 n형 반도체, p형 불순물을 주입하면 p형 반도체라고 한다.

---

* **진성반도체** n형도 p형도 아니다. 그 때문에 i(intrinsic의 첫글자)형이라고 하는 경우가 있다.

** **전자** 여기에서는 원자핵 주위의 가장 외측의 최외각 전자이다. (하전자라고도 함)

불순물(impurity)은 도판트(dopant)라고도 한다. 용어의 의미가 좋지 않지만 예전부터 사용하고 있으니 기억해 주길 바랍니다.

n형 불순물과 p형 불순물 (그림 2-1-3)

I	II	III	IV	V	VI	VII	VIII
H							He
Li	Be	B	C	N	O	F	Ne
Na	Mg	Al	Si	P	S	Cl	Ar
K	Ca	Ga	Ge	As	Se	Br	Kr

↑ p형 불순물 (III)　　↑ n형 불순물 (V)

2-2
pn 접합에 대하여

두 번째로 **pn 접합**이다. 반도체의 동작 원리에는 pn 접합을 빠뜨릴 수 없다. 가능한 한 간단하게 그 역할을 살펴볼 것이다.

왜 실리콘이 필요하게 되었는가?

순서가 뒤바꼈지만 실리콘이 무엇인지 먼저 설명할 것이다. 대표적인 반도체 소자인 트랜지스터는 원래 기판 재료로 게르마늄(Ge)을 사용하여 개발되었다. 그러나 게르마늄에서는 전력반도체의 생명인 내압(얼마의 전압을 견딜 수 있는가)을 얻을 수 없었다. 이는 에너지대역폭의 크기가 내압에 영향을 미치기 때문이다. 그래서, 실리콘을 기판 재료로 사용하는 단결정 실리콘의 개발을 서두르게 되었다. 실리콘 단결정은 6장에서 자세히 설명할 것이다. 이 실리콘 단결정의 제조법이 확립되어, 처음으로 전력반도체의 시대가 도래*했다고 해도 과언이 아닐 것이다. 실리콘과 게르마늄의 비교는 그림 2-2-1에 도시하였다.

참고로 접합형의 트랜지스터가 실리콘으로 제작하기 쉬웠다. 그때까지는 점

실리콘과 게르마늄의 비교 (그림 2-2-1)

	Si	Ge
에너지대역폭 (eV)	1.10	0.70
전자이동도 (cm^2/V · sec)	1,350	3,800
정공이동도 (cm^2/V · sec)	400	1,800

주) 표 중의 전자 이동도, 정공 이동도는 반도체 내에서 이동의 정도를 나타내고, 클수록 이동하기 쉽다. 전자나 정공을 구별하지 않을 때는 캐리어 이동도라고도 한다.

* **시대가 도래** 물론 현재의 LSI를 비롯한 반도체 산업의 발전에 기여하고 있다.

접촉형*이 주류였다. 이 또한 실리콘이 게르마늄보다 내열성이 좋기 때문이다. 접합이란 전술한 바와 같이 음의 캐리어가 많은 부분(n형)과 양의 캐리어가 많은 부분(p형)을, 단결정성을 손상시키지 않고 연속적으로 결합시킨 것이다.

pn 접합이란?

앞 절에서 설명한 전자와 정공이라는 두 개의 극성을 가진 캐리어를 사용하여 트랜지스터를 제작하려면 pn접합이 필요하다. pn접합이란 그림 2-2-2와 같이 전자가 다수 캐리어**(majority carrier)가 되는 반도체의 n형 영역과 정공이 다수캐리어가 되는 p형 영역을 전술한 바와 같이 반도체 단결정의 결정성을 손상시키지 않고 연결한 것이다.

자주 오해를 초래할 수 있으므로 보충 설명하면, n형 영역에서는 전자만, p형 영역에서는 정공만이 존재하는 것은 아니다. n형 영역에도 정공이, p형 영역에도 전자가 소수 캐리어(minority carrier)로서 존재한다. 또한, 그림 2-2-2와 같이 n형 영역과 p형 영역의 반도체를 양측에서 접합시키는 것은 아니다. 실제로는 그림 2-2-2의 우측에 도시한 바와 같이 한 형태의 영역에 다른 형태의 반도체 영역이 형성되어 있는 모양이다. 이 방법은 제조 공정의 이야기가 되기 때문에 자세하게는 다루지 않을 것이지만 열확산이나 이온주입법이라고 하는 방법으로 제작할 수 있다.

열처리를 수반하므로 게르마늄보다 내열성이 좋은 실리콘이 유리할 것이다. 이 p형과 n형이 접하고 있는 면을 접합면이라고 한다. 접합면은 그림 2-2-2의 (b)와 같이 깊이뿐만이 아니라 너비도 있으므로 3차원적인 형상을 가진다.

---

* **점접촉형** 게르마늄의 결정에 이미터가 되는 금속박과 컬렉터가 되는 금속박을 접촉한 구조의 트랜지스터

** **다수 캐리어** 해당 반도체에 많이 존재하는 캐리어. 적은 쪽을 소수 캐리어라고 한다.

pn 접합의 개념도 (그림 2-2-2)

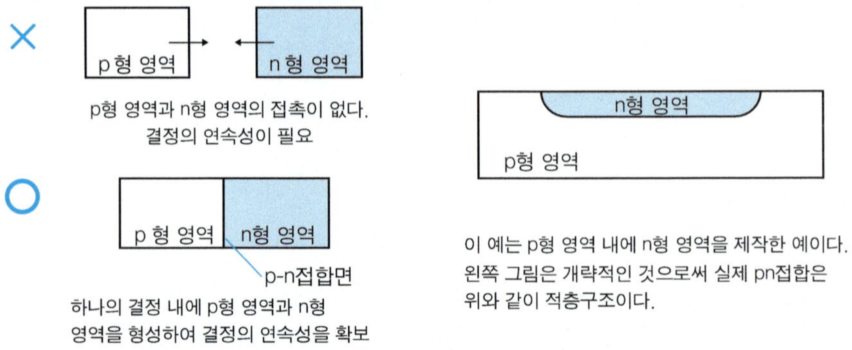

(a) p-n접합의 제조 (b) 실제 p-n접합

순방향 및 역방향 바이어스

이는 캐리어의 흐름 즉, 전류의 흐름을 제어하는 것이다. 접합에 전압을 인가할 때 순방향이라면 전기가 흐르기 쉬워지고, 역방향이라면 전기가 흐르기 어려워 진다는 것을 이해하길 바란다.

순방향 (순바이어스라고도 함)이란 그림과 같이 각 캐리어의 극성(전자는 음, 정공은 양)과 같은 방향으로 전압을 인가하는 것이다. 역방향 (역바이어스라고도 함)은 물

순방향과 역방향의 비교 (그림 2-2-3)

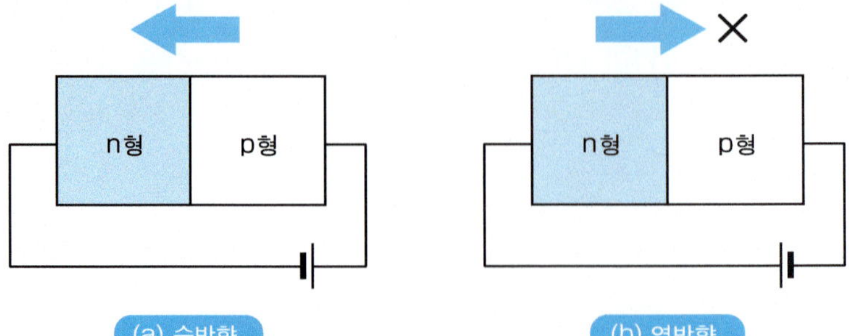

(a) 순방향 (b) 역방향

론 그 반대이다. 그것을 그림 2-2-3에 도시하였다. 전류이므로 양에서 음으로 흐르는 것은 말할 필요도 없을 것이다. 캐리어가 전자인 경우는 캐리어의 이동 방향과 반대로 전류가 흐르므로 주의하기 바란다.

왜 이렇게 되는지는 어려운 이야기가 되기 때문에 여기에서는 설명하지 않았으며 3-1절에 자세히 설명할 것이다.

또한, pn 접합의 순방향 바이어스와 역방향 바이어스의 작용을 잘 이용한 소자는 2-4절에서 설명할 바이폴라 트랜지스터라고 할 수 있다.

이상과 같이 원래는 진성반도체인 실리콘에 「캐리어 흐름의 용이성」을 공급하는 두 가지 방법에 대하여 설명하였다.

2-3
트랜지스터의 기본과 동작

이 절에서는 트랜지스터의 기본과 그 동작을 설명한다. 주로 스위칭 동작에 관하여 설명할 것이다.

스위칭이란?

그럼 자주 등장하는 스위칭이란 어떤 동작을 일컫는 것일까? 그것은 전류를 흐르게 하거나 흐르지 않게 하는 것, 바꾸어 말하면 캐리어의 이동과 차단을 교대로 고속으로 반복하는 것이다. 즉, 온(ON)과 오프(OFF)를 번갈아 고속으로 반복하는 것이다.

다시 말하면 반도체를 전류가 흐르는 상태(ON)로 동작하거나 전류를 차단하는 상태(OFF)로 만드는 것이다.

그 형상은 그림 2-3-1에 도시한 바와 같이 시간 축에 대해 전류가 흐르는 상태와 차단한 상태가 번갈아 일어나는 것이다.

이미 2-2절에서 설명한 바와 같이 먼저 도핑에 의해 반도체에 필요한 농도의 캐리어를 주입하고 다음으로 pn 접합을 제작하여 캐리어를 이동시키는 수단을 추가하여 스위칭을 수행한다. 그것을 전류로 할지 전압으로 할지 두 가지 방법이 있으며 자세한 것은 2-4절 이후에 설명할 것이다.

한편, 전류를 흐르게 하려면 그 추진력이 필요하므로 전압을 인가하는 것이다. 도체도 전압을 인가하지 않으면 전류가 흐르지 않는다. 따라서 양단에 전압을 인가하고, 그 중간에 전류나 전압으로 제어하는 단자와 함께 3단자의 소자 구조를 생각할 수 있을 것이다. 양단 단자(전극)의 한쪽이 캐리어의 공급원이 되고 다른 한쪽에서 캐리어를 회수하게 된다. 다시 한번 그림 1-4-2의 개념도를 상기시켜 주기 바란다. 지금 언급한 3단자 소자의 개념은 그림 2-3-2와 같이 도시할 수 있을 것이다. 그림 2-3-1과 같이 펄스 모양의 파형은 별도의 전자 회로를 통해 그림 2-3-3과 같이 교류 전류로 변환된다.

이 책에서는 그 구조에 대해서 설명하지 않으며 흥미가 있는 독자는 다른 서적 등을 참고해 주길 바란다.

스위칭의 개념 (그림 2-3-1)

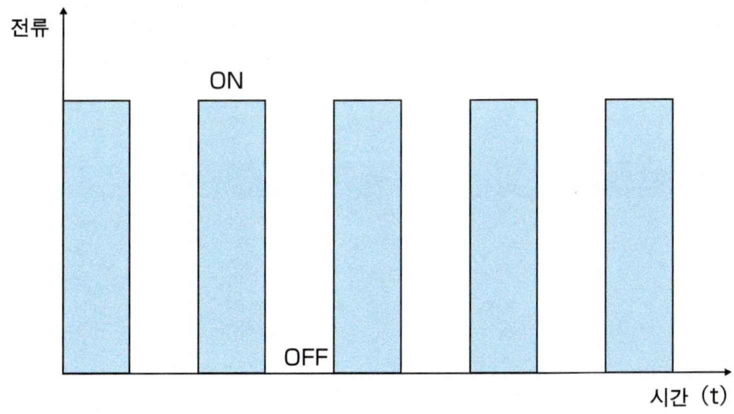

스위칭 동작을 위한 소자 모형도 (그림 2-3-2)

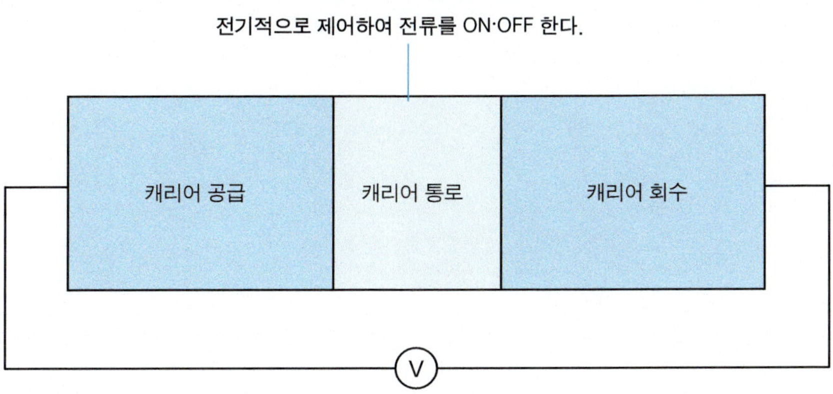

주) 전기적인 제어를 위하여 그림과 같이 캐리어의 통로에 또 하나의 단자가 필요하므로 3단자 소자가 된다.

트랜지스터란?

이 3단자 소자가 트랜지스터이다. 트랜지스터는 Transfer of Energy through Resistor에서 만들어진 말이다*.

고체소자인 트랜지스터가 실용화되어 이제 70년 이상이 되었다. 물론, 트랜지스터의 역할은 스위칭 작용만은 아니지만, 이 책에서는 스위칭 작용에 초점을 맞추어 설명할 것이다. 트랜지스터에는 바이폴라형 트랜지스터와 MOS형 트랜지스터가 있으며, 전자가 전류 제어로, 후자가 전압 제어로 스위칭을 한다. 각각 2-4절과 2-5절에서 설명할 것이다.

직류에서 교류로의 변환 (그림 2-3-3)

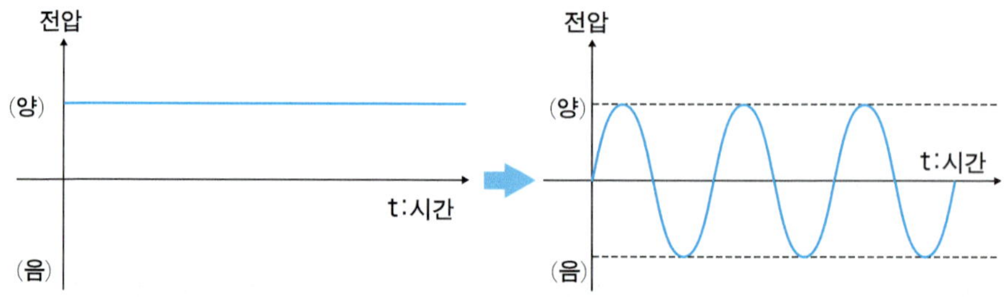

위는 직류(DC)에서 교류(AC)로의 변환, 즉 인버터의 예이다.

* **만들어진 말이다.** 이는 트랜지스터의 동작을 표현하기 위하여 만들어진 단어이다.

2-4
바이폴라형의 기본과 동작

이 절에서는 바이폴라형 트랜지스터의 기본과 그 동작을 설명한다.

바이폴라형이란?

그림 1-5-1에 도시한 트랜지스터 중에서 **바이폴라형**을 이 절에서, MOS형을 다음 절에서 설명한다.

바이폴라(bipolar)형이란 bi(두 개의 의미.bicycle에도 사용되고 있다.)와 polar(극성의 의미. 전기의 경우는 양과 음이 있다.)로 합성된 용어이다. 이것은 전기를 운반하는 운반자가 되는 캐리어에 음의 캐리어(전자:electron)와 양의 캐리어(정공: positive hole)가 있으며 바이폴라형에서는 양쪽 모두를 사용하고 있다. 한편, 이 점이 바이폴라형 트랜지스터의 동작을 이해하는데 걸림돌이 되는 점이기도 하다. 몇 페이지로 설명하기는 어렵지만, 여기에서는 간단한 모델로 설명을 진행해 가고자 한다.

바이폴라 트랜지스터의 원리

여기에서는 그림 2-3-2에 의거하여 설명한다. 바이폴라 트랜지스터의 경우 이미터, 베이스 및 컬렉터의 세 가지 단자가 있다. 이것이 3단자 트랜지스터의 전극이 된다.

이미터(emitter)란 「방출하는 것」이라는 의미이다. **컬렉터**(collector)는 「모으는 것」이라는 의미로 여러 가지 물건 등의 수집가를 컬렉터라고 부르고 있다. **베이스**(base)는 「기초가 되는 것」의 의미로 바이폴라 트랜지스터의 경우는 베이스 전류를 제어하여 트랜지스터를 동작시킨다고 이해하면 쉽게 파악할 수 있을 것이다.

전류제어형 스위치의 개념도 (그림 2-4-1)

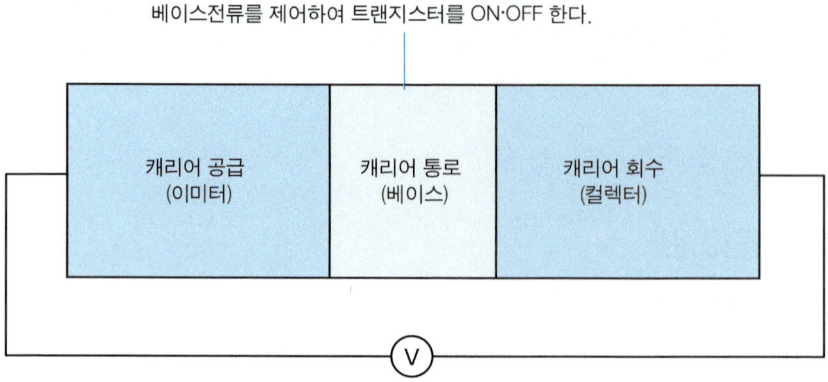

주) 상기 그림은 설명하기 위하여 도식적으로 그려져 있으며, 대소관계나 위치관계 등은 실제의 것과 다르다. 이후의 그림도 마찬가지이다.

이것을 개념도로 나타내면 그림 2-4-1과 같다. 즉 이미터가 캐리어의 공급, 컬렉터가 캐리어의 회수, 베이스가 캐리어의 이동을 제어하는 역할을 담당하고 있다고 말할 수 있다.

바이폴라 트랜지스터의 결선

이제 그림 2-4-2와 같이 pnp형 (그림 1-5-1의 분류 참조) 바이폴라 트랜지스터를 생각해 보자. 이 구조는 pn 접합 다이오드가 서로 마주보며 결합되어 있음을 이해할 수 있다. 각각 왼쪽에서 이미터, 베이스, 컬렉터로 연결되어 있다.

또한, 컬렉터는 구조상, 이미터에 비해 저농도의 불순물 영역(이 경우는 p형)으로 제작한다.

그런데 접합을 만든 것만으로는 소자로서 작동하지 않기 때문에 단자를 마련해 전기를 흐르게 하는 회로를 만들 필요가 있다. 여기서 마주보고 있는 두 개의 pn 접합 다이오드를 「어떻게 바이어스 하는가」가 과제이다. 이 바이어스의 인가가 pn 접합의 흥미 있는 부분이며 핵심인 것이다.

또한 이미터 접지나 베이스 접지, 컬렉터 접지 등 여러 가지 접지의 방법이 있지만 여기에서는 베이스 접지로 설명한다.

위와 같이 이러한 pn 접합의 바이어스를 어떻게 할지가 문제이다. 일반적으로 이미터-베이스를 순방향 바이어스로, 컬렉터-베이스를 역방향 바이어스로 전압을 인가한다.

이 용어가 익숙하지 않은 독자는 2-2절에서 설명한 것처럼 순방향 바이어스가 캐리어 이동이 쉬운 바이어스, 역방향은 그 반대로 캐리어 이동이 어려운 바이어스, 즉 전기적인 접속 방법이라고 생각하시오. "트랜지스터가 어떻게 켜지는가."는 이 절의 핵심이며 이미터의 캐리어 (이 경우 다수 캐리어인 정공)는 순방향으로 바이어스 되어 있기 때문에 베이스 영역에 도달한다.

짧은 베이스 영역을 문제없이 통과하면 캐리어가 이미터에서 컬렉터에 도달할 수 있을 것이다. 베이스 영역에서는 정공이 소수 캐리어가 되어 베이스 내에서의 농도차에 의한 확산으로 정공이 이동하여 컬렉터에 도달하는 것이다. 이와 같이 트랜지스터는 ON 되는 것이다. 그러나 실제로는 베이스 영역에서 그 일부가 다른 형태의 캐리어(이 경우는 전자)와 재결합*하여, 컬렉터에 도달하지 못하게 된다.

바이폴라형 트랜지스터의 동작원리 (그림 2-4-2)

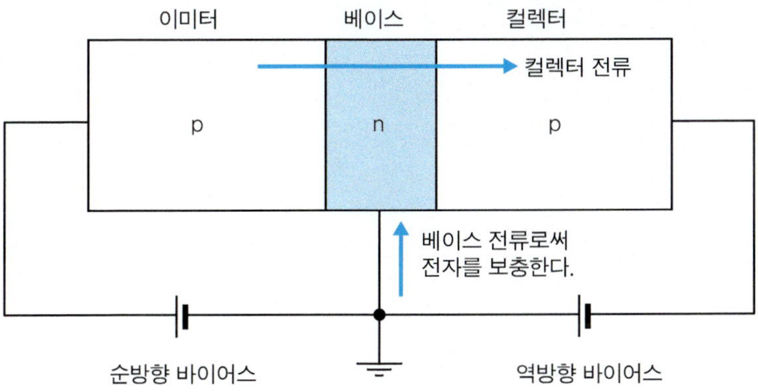

위의 예에서는 베이스 전류로 전자를 주입하여 재결합된 전자를 보충하는 것을 나타낸다.

* **재결합** 캐리어인 전자와 정공(원래 전자가 탈출한 구멍)이 결합하여 캐리어가 사라지게 되는 현상.

따라서 그림 2-4-2와 같이 베이스 전극에서 전자를 보충하기 위하여 베이스 전류가 흐를 것이다. 이와 같이 두 가지 캐리어의 흐름을 필요로 하므로 바이폴라 트랜지스터라고 불리고 있다.

이상은 어디까지나 설명하기 쉬운 예로 서술한 것이다. 바이폴라 트랜지스터의 접지 방법은 다양하며 동작도 약간 다르다. 스위칭 동작은 3-2절에서 설명할 것이다.

2-5
MOS형의 기본과 동작

이 절에서는 MOS형 트랜지스터의 기본과 그 동작을 설명한다. 여기에서도 스위칭 동작에 관하여 설명할 것이다.

MOS형이란?

MOS형 구조를 설명하기 전에, MOS란 무엇의 약자인가를 알아보자. MOS는 Metal Oxide Silicon의 약자로, 상부로부터 게이트 전극인 금속의 Metal, 게이트 산화막인 실리콘 열산화막의 Oxide, 캐리어의 통로인 실리콘 Silicon (Semiconductor) 등 각각 머리글자를 따서 명명된 것이다. 즉, 구조가 명칭의 유래가 되고 있다는 것을 알 수 있다.

MOS형에서 캐리어는 전자 또는 정공 둘 중의 하나만을 사용하기 때문에 바이폴라형에 대해서 유니폴라(uni는 하나의 의미) 형이라고도 하지만 실제로는 거의 사용하지 않고 있다. 또한 전압을 인가하여 트랜지스터를 동작시키기 때문에 전계효과형 트랜지스터(Field Effect Transistor 약자로 FET)라고도 한다. FET에 대해서는 나중에 설명할 것이다.

전압제어 스위치의 개념 (그림 2-5-1)

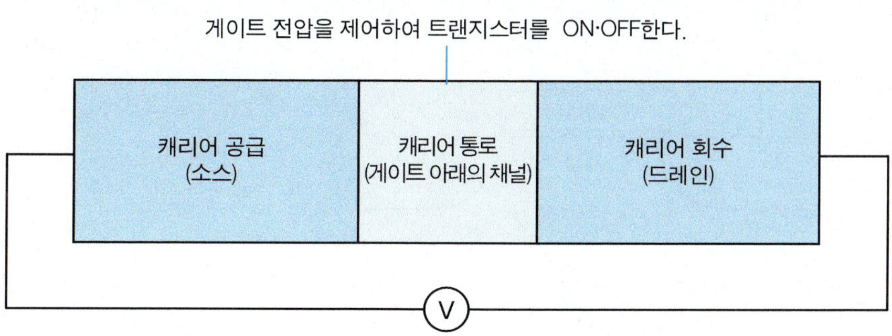

주) 2-4절의 그림을 포함하여 설명하기 위하여 도식적으로 그려져 있으며, 대소관계나 위치관계 등은 실제의 것과 다르다. 이후의 그림도 마찬가지이다.

여기에서는 전압을 제어하여 트랜지스터를 ON · OFF하는 것으로 이해해 주기 바라며, 그림 2-5-1에 그 개념을 도시하였다.

MOS형의 각 부분의 역할

실제 MOS 트랜지스터의 동작에 대해 설명한다. MOS 트랜지스터를 수문에 비유하는 예가 잘 알려져 있다. 독자 중 다른 입문서에서 읽은 사람도 있을 것으로 생각한다. MOS 트랜지스터의 각 부분의 명칭이 수문을 염두에 둔 것일지도 모른다.

그림 2-5-2와 같이 MOS 트랜지스터의 각 부분, 소-스(source), 드레인(drain), 게이트(gate)는 각각 수원, 싱크(방수로), 수문에 비유된다. 실제로 소-스 캐리어를 게이트 전압으로 제어하고 드레인으로 운반하면 MOS 트랜지스터가 켜질 것이다.

이것은 수문을 열고 수원의 물을 방수로(그 앞에는 논밭이 있다고 생각하여도 좋을 것)에 흘리는 구조와 비슷하다.

그런데 이것을 전력반도체에 비유해 보면 매우 큰 연못에서 큰 용수로에 물을 흘리는 것과 같다고 볼 수 있다.

이 경우 물의 양이 전력의 양이 된다. 전력반도체의 경우 큰 수문이 필요하다.

MOS형 트랜지스터의 개념도 (그림 2-5-2)

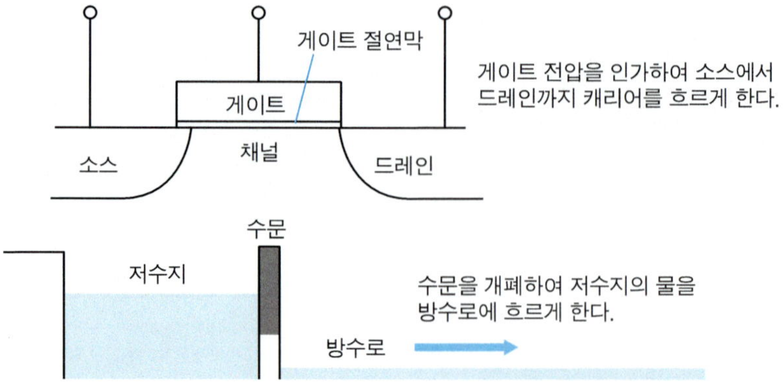

한편, 고속의 MOS 트랜지스터에서는 이 수문을 고속으로 개폐할 필요가 있으며 작은 논의 수로를 돌이나 판으로 개폐하는 것과 같다. 이것이 전적으로 올바른 비유는 아닐 것이다. 제7장에서 전력반도체 특유의 공정을 설명할 때 도움이 되는 사항이기 때문에 반드시 기억해 두길 바란다.

MOS 다이오드의 작용과 ON·OFF 동작

2-4절에서 설명한 바이폴라형 트랜지스터의 경우, 베이스 전류에 의한 캐리어의 주입으로 ON · OFF를 수행하지만, MOS형의 경우는 중간의 게이트 구조가 중요하다. 앞서 언급하였듯이 MOS 구조와 게이트 전극인 금속, 게이트 산화막인 실리콘 열산화막, 캐리어의 통로인 실리콘으로 구성되어 있지만, 이들은 말하자면 결국 금속/절연막/반도체로 구성된 MOS 다이오드로 구성되어 있다고 할 수 있다.

금속에 인가한 전압으로 절연막(커패시터막)을 경유하여 반도체의 용량을 변화시키고 있다. 이 용량을 변화시켜 게이트 아래의 채널(해협을 의미하는 channel과 동의어)에 반전층 이라고 하는 캐리어의 통로를 형성한다. 위의 비유로 말하자면 수문을 연 상태이다. 전압을 끄면 반전층이 사라진다. 이와 같이 게이트인 전극의 전압(게이트 전압)을 ON · OFF하여 트랜지스터를 ON · OFF 한다.

그림 2-5-3은 위의 작동 원리를 간략하게 보여주는 개략도이다.

MOS형 트랜지스터의 동작 원리 (그림 2-5-3)

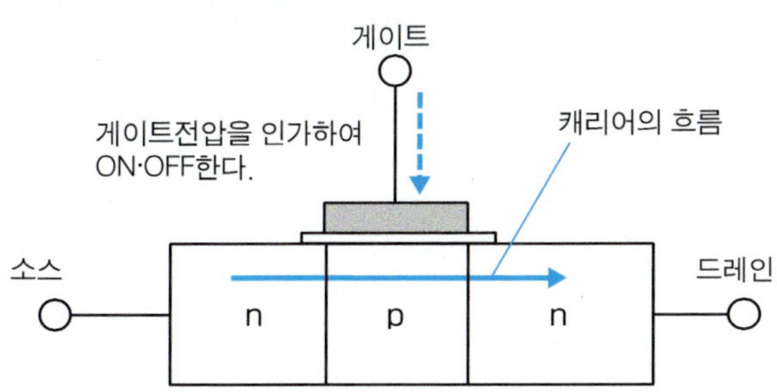

이 예를 n채널 MOS 트랜지스터(약칭하여 n-MOS)라고 한다. n채널이라는 것은 n형 영역의 소-스와 드레인이 p형 영역(채널)을 사이에 두고 구성되어 있다는 의미이다. 그 반대는 p 채널 MOS 트랜지스터(약칭하여 p-MOS)이다. 2-9절에서는 이 두 트랜지스터를 잘 결합한 예를 설명할 것이다.

2-6

전력반도체의 역사를 알아본다.

지금까지의 설명으로 전력반도체가 어떤 것인지를 어느 정도 이해할 수 있었을 것이므로 이 절에서는 전력반도체의 역사에 대하여 설명할 것이다. 상식을 넓히기 위하여 읽어 주면 좋겠다.

▶▶ 전력반도체의 기원은?

윌리엄 쇼클리 등의 트랜지스터 발명은 1947년 경이였다. 다만, 자세하게 설명하지는 않겠지만 당시는 게르마늄 단결정을 사용한 점접촉형의 트랜지스터였다. 그럼에도 불구하고 실리콘은 반도체소자 재료로 사용되어 반도체 산업의 발전을 촉진해 왔다. 전자소자의 대표이기도 한 반도체를 전력제어에 사용한다는 의미로 **전력전자**라는 단어가 사용되기 시작한 것은 1973년경부터라고 한다. 일렉트로닉스는 전자를 다루는 학문이다. 저자가 학생 시절에는 약전 등이라고 불리었다. 이에 대하여 전력을 다루는 분야는 강전이라고 불렀다.

언제부터 「전력반도체」라고 불리게 되었는지는 불명확하다. 다만, 이전에는 「반도체」라든가 「트랜지스터」라는 용어로 반도체소자 전체를 가리키고 있었던 것 같다. 저자가 이 분야에 입문하여 읽은 책 등도 그러한 표기로 쓰여져 있었다. 단, 전력 MOSFET라는 말은 1960년대부터 사용되고 있었던 기억이 있다. 저자의 추측으로는 1971년에 인텔이 1k bit DRAM을 시장에 내놓으면서 LSI라는 단어가 사용되기 시작한 것처럼 반도체소자도 각각 실태에 맞는 용어로 불리게 되었다고 생각한다.

덧붙여서 LSI란 대규모 집적 회로를 의미하는 Large-Scaled Integration의 약자로, 이 전에는 IC라는 단어가 사용되고 있었다. **IC**는 Integrated Circuit의 약자로 집적회로로 번역되고 있다. 지금은 집적회로라는 말 자체를 그다지 많이 사용하고 있지 않는다고 생각하지만, 80년대 전반 무렵까지는 자주 사용하고 있었다고 생각한다. 집적회로란 트랜지스터나 다이오드 등의 능동소자나 저항, 용량 소자 등의 수동 소자를 실리콘 웨이퍼 위에 집적한 것이다.

전력반도체는 그 후 2-7절에서 설명할 IGBT 등이 개발되고 개량되면서 발전이 진행되고 있다. 역사적인 동향을 그림 2-6-1에 정리해 보았다.

여기에 나오는 용어는 이 절에서는 설명하지 않고 다음 장에서 설명할 것이다. 가끔 이 그림을 되돌아 보리라 생각한다.

반도체소자의 역사 (그림 2-6-1)

전력반도체의 역할

이전 장에서 언급하였듯이 전력반도체의 역할은 전력 변환이다. 에너지 사회라고 불리는 21세기에 특히 중요해졌다. 전기에는 직류(DC: Direct Current)와 교류*(AC: Alternating Current)가 있다는 것은 이미 설명하였다. 일반적으로 송전에는 교류가 사용된다. 교류가 송전효율이 좋기 때문이다. 직류 송전에서는 저항 성분에 의한 손실(loss)이 커져 버린다. 이 때문에 교류에서 직류로 변환하거나 그 반대의 경우가 필요할 것이다.

수은정류기에서 실리콘 정류기로

교류를 직류로 변환하는 것을 정류작용이라고 한다. 전력반도체 등장 이전에 이 정류작용을 담당하고 있었던 소자가 수은정류기이다. 다만, 수은정류기는 진공 중에서 수은의 방전 현상에 의해 전력을 변환시키는 것으로써 많은 제약과 동작의 신뢰성에 문제가 있었다. 그것을 해결한 것이 사이리스터이다. 1956년에 GE** 에서 발명되었으며 당시에는 SCR(Silicon Controlled Rectifier)이란 이름으로 출시되었지만, 1963년부터 사이리스터라는 이름으로 사용되었다. 사이리스터의 동작이나 원리 등은 3-3절에 설명할 것이다.

그 후, 실리콘 단결정의 고순도화가 진행되어 고전압, 대전류화 등 특성이 개선된 전력반도체는 반도체 산업 중에서 독자적인 지위를 차지하게 되었다. 응용분야가 넓어짐에 따라 고전압화에는 실리콘 단결정의 고품질화가, 대전류화에는 구경이 큰 실리콘웨이퍼가 필요하게 되었다. 그들에 대해서는 6장에서 설명할 것이다. 이후에는 소위 전력반도체의 시대가 되어 전력반도체도 성능 향상이 요구되었으며 점점 발전해 나가고 있다. 자세한 것은 제3장이나 제9장에서 설명할 것이다. 덧붙여 말하자면 수은정류기는 1960년대 후반에 시장에서 철수하였으며 그때까지는 전철 등에도 사용되고 있었다.

---

* **교류** 현재의 교류 발전기는 니콜라 테슬라에 의해 19세기에 발명되었다.

** **GE** 제너럴·일렉트릭이라고 하는 1876년 창업한 미국의 종합전기 업체. 에디슨의 전등회사도 전신의 하나이다.

실리콘 다음의 재료

한편으로 기판재료에 대해선 어떠한가? 전력반도체의 기판재료는 현재 상기와 같이 실리콘이 주류이다. 그러나 최근 상황은 「탈실리콘」이라든지 「beyond Silicon」이라고 언급해도 과언이 아니다. 제10장에서 설명할 SiC나 GaN의 시대가 도래하고 있는 것이다. 덧붙여 설명하면 「탈실리콘」이라든지 「beyond Silicon」이라고 하는 명칭이 정착되고 있는 것은 아니다. 첨단 MOS LSI에서도 「탈무어의 법칙 J라든지 여러 가지 「패러다임 시프트」가 일어나고 있다. 현재는 전력반도체가 반도체 재료에 크게 의존한다는 것을 의미하며, 그림 1-1-2에 도시한 바와 같이 반도체의 가장 상부에서 다룰 필요가 있음을 의미한다. 전력반도체도 향후의 경향을 정확하게 찾아내는 것이 중요하다고 생각한다. 그 경향에 대해선 제10장에서 서술할 것이다.

2-7
전력 MOSFET의 등장

MOSFET은 전력반도체와 함께 사용하는 명칭이며 FET는 Field Effect Transistor의 약자로 전계효과 트랜지스터로 번역할 수 있다.

초고속 스위칭의 필요성

1950년대에 등장한(그림 2-6-1 참조) 바이폴라 트랜지스터를 사용하는 전력반도체는 한때 전성기를 맞았지만 문제점도 있었다. 이는 더 빠른 스위칭 기능이 필요했기 때문이다. 고속화에는 바이폴라 트랜지스터로써는 한계가 있었다. 왜냐하면 2-4절에서도 언급하였지만 바이폴라 트랜지스터는 두 종류의 캐리어를 사용하고 있으며 전류제어로 구동하기 때문에 스위칭 속도가 일반적으로 느려지기 때문이다. 자세한 내용은 3장에서 설명할 것이다.

이를 위해 등장한 것이 **전계효과 트랜지스터**(FET : Field Effect Transistor)라고 불리는 전력 MOSFET이다.

MOSFET란?

전계효과 트랜지스터의 역사는 오래되었으며 1930년에 라이프치히 대학(독일)의 Julius Lilienfeld에 의해 발견되어 특허도 신청되었다. 그 후 트랜지스터의 발명으로 유명해진 윌리엄 쇼클리가 1949년에 게르마늄를 이용한 FET의 시제품을 제작하였다. 실제로 현재의 전력 MOSFET의 개념이 확립된 것은 1964년 Zuleeg와 Tesgner의 독자적인 발표로 부터이다.

FET라는 말은 옛날부터 있었다. 그러나 전력반도체 분야에서만(이와 같이 언급해도 좋을지 잘 모르겠으나) 전력 MOSFET라고 하는 명칭이 남은 것은 저자로써는 잘 모를 일이다. MOS형이 아닌 접합형의 JFET(J는 접합을 의미하는 영어의 junction)라고 하는 방식도 당시 존재하였으며 전계효과형의 트랜지스터에서도 접합형과 MOS형이 있었으므로 그것들과의 구별 때문에 이름이 남았을지도 모른다. 그러나 JFET는 현재 거의 사용하지 않고 있으므로 이 책에서는 설명하지 않을 것이다.

바이폴라 트랜지스터와 MOSFET의 비교

MOSFET을 바이폴라 트랜지스터와 비교하여 간단히 설명하면 다음과 같다. 그림 2-7-1을 살펴보면, 이 그림은 상당히 개략적으로 그려진 것으로써 정확성이 부족할지 모르지만, 양자의 특징을 간단하게 비교한 것이다. 2-4절에서 언급한 바와 같이 바이폴라 트랜지스터의 경우는 각각 이미터, 베이스, 컬렉터 등

바이폴라 트랜지스터와 MOSFET 의 비교 (그림 2-7-1)

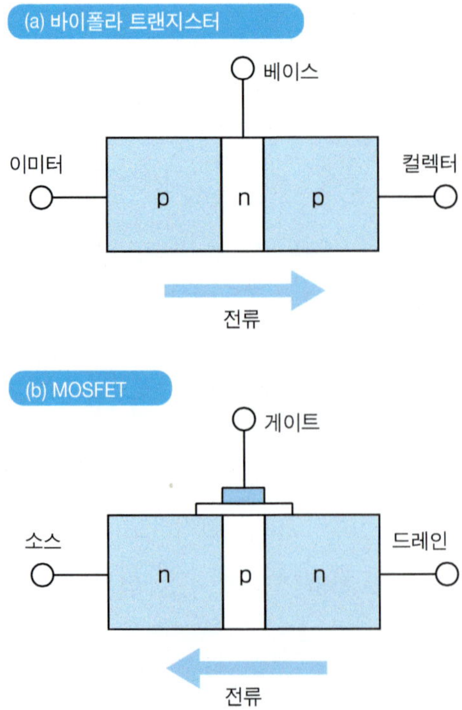

의 3개의 단자가 있으며 pn 접합에 바이어스를 인가하여 두 개의 pn 접합에서의 캐리어의 흐름을 제어하면서 전류를 흐르게 하는 소자이다. 컬렉터 전류의 ON · OFF는 베이스에 흐르는 전류로 제어된다. 이것이 바이폴라 트랜지스터가 전류 제어로 구동되는 소자라고 말한 이유이다.

한편 MOSFET의 경우는 2-5절에서 언급하였듯이 각각 소-스, 게이트, 드레인 등의 3 단자가 있다. 게이트에 전압을 인가하여 두 개의 n형 영역 사이의 p형 영역을 반전(p형을 일시적으로 n형으로 전환하는 것)시키는 것으로써 캐리어가 흐르는 통로(이것을 채널이라고 한다.)를 만들어 전류를 흐르게 하는 소자이다. 전류의 ON · OFF는 게이트에 인가하는 전압으로 제어한다.

다시 말하면, 바이폴라 트랜지스터는「전류 제어형」소자이며 MOSFET는「전압 제어형」소자이다. 그 이유는 바이폴라 트랜지스터는 베이스 전극으로부터 베이스 전류를 흐르게 하여 ON · OFF시키지만 전력 MOSFET는 게이트 전압(이를「문턱전압」이라고 함) 을 인가하여 ON · OFF시키기 때문이다. 게이트에는 전류가 흐르지 않는다. 그만큼 구동전력은 상대적으로 적다는 이점도 있다.

그림 2-7-1를 살펴보면 바이폴라 트랜지스터와 전력 MOSFET의 n형 영역과 p형 영역의 배치가 다르지만, 이것은 전자가 pnp형 바이폴라 트랜지스터이며, 후자는 n채널 전력 MOSFET이기 때문이다. 그것에 대해서는 다음 장 이후에 다시 설명할 것이다.

COLUMN 단면과 양면

웨이퍼의 두께 방향 전체에 전류를 흐르게 하는 전력반도체와 MOS LSI의 차이를 설명하였다. 웨이퍼의 직경이 300mm(인치로 환산하면 12인치 웨이퍼라고 부르는 경우도 있다.)에서도 775㎛의 두께이며 1mm에도 못 미친다. 젊은 사람들에게는 미안하지만, 아날로그 LP 레코드를 생각나게 한다. 그래서 잠깐 추억 이야기를 해 보면, 저자가 회사 생활을 하고 있었을 무렵, 반도체는 돈을 많이 사용한다고 하여서 본사의 연구개발 보고회에서(모든 회사에서 비슷한 회의가 있다고 생각한다.) 몇 번인가 성과를 발표할 기회가 있었다. 어쨌든 사용하는 돈이 다른 부서에 비해 「엄청난」 금액이었다. 언제인지 기억나진 않지만, 반도체 웨이퍼는 오직 표면에만 소자를 형성한다고 이야기를 하고 있어서, CEO가 「어째서 양면을 사용하지 않는 것인가」 라고 말한 것을 기억한다. 그는 음악가로도 유명했고 회사 일 중간 중간에는 오케스트라의 지휘를 할 정도로 음악에 조예가 깊은 사람이었기 때문에 레코드처럼 양면을 사용할 수 있지 않을까라고 생각했을지도 모른다. 저자는 발표만 할 뿐이어서 대답할 수 있는 입장이 아니었기 때문에, 그 후 어떻게 진행되었는지 기억나질 않는다. 그러나, 저자가 대답하는 것이 허락되었다면 「회장님, CD도 단면만 사용해요.」 라고 말씀드리고 싶었다.

2-8
바이폴라와 MOS의 결합체인 IGBT의 등장

이 절에서는 전력반도체에서 최근에 자주 사용되고 있는 IGBT의 등장을 간단하게 되돌아 보면서 그 특징에 대하여 설명한다.

IGBT의 등장까지

바이폴라 트랜지스터, 전력 MOSFET 그리고 전력반도체 등의 라인업이 갖추어져 왔다. 그런데 MOSFET가 고속 스위칭이 가능하더라도 MOSFET의 구조상 내압이 낮다는 문제가 있었다. 그러나 전력반도체의 응용 범위는 더욱 확장되어 비교적 대전압 영역에서 고속 스위칭이 가능한 것이 요구되고 있었다. 이것은 어떤 의미에서는 이율배반적인 과제이다. 바이폴라 트랜지스터와 전력 MOSFET만의 개선으로는 이룰 수 없는 과제였다. 여기서 등장한 것이 IGBT이다.

IGBT의 특징

IGBT는 Insulated Gate Bipolar Transistor의 약자로 절연 게이트형 바이폴라 트랜지스터라고 한다. 절연 게이트가 있는 바이폴라 트랜지스터인가 ? 지금까지 바이폴라 트랜지스터와 MOSFET에 대해 설명하였기 때문에 위화감을 느끼지는 않을 것이다.

IGBT를 한마디로 말하면 「pnp 바이폴라 트랜지스터에 n채널의 증식형 MOS 트랜지스터를 붙인 것」이다. n채널의 증식형이라고 하면 전혀 모르는 독자도 있을지 모르지만, 그에 대해서는 3-4절에서 설명할 것이다. 그림 2-8-1은 IGBT 구조의 개략도를 도시한 것이다. 이 그림은 MOSFET와 바이폴라 트랜지스터의 「장점만을 취한」 것으로써 이해해 주길 바라며 매우 개략적인 그림이므로 정확성은 부족하다, 이러한 관점에서 살펴보고, 자세한 구조는 3-5절에서 설명할 것이다. 간단히 말하면 그림 위의 MOSFET 구조에서 ON · OFF를 수행하고 전류는 수직으로 흐르게 하여 전류를 많이 흘릴 수 있는 구조로 되어 있다. 여기에서 말하는 수직방향으로 흐르게 한다는 것은 실리콘 웨이퍼의 두께 방향으로 전류를 흐르게 한다는 의미이다.

이것을 웨이퍼의 단면에서 보면 스위칭은 웨이퍼의 수평방향으로 수행하고, 전류는 웨이퍼의 수직방향으로 흐르게 하는 것이다.

다시 말하여, IGBT는 바이폴라 트랜지스터와 MOSFET의 장점만을 취한 것이라고 이해하는 것이 좋을 것이다. 고속 스위칭 성능은 MOSFET부에서 얻고, 전류, 내압은 바이폴라부에서 얻을 수 있다는 것으로 이해하면 좋을 것이다. LSI에서도 바이폴라와 MOS의 우수한 면만을 취한 BiCMOS라고 하는 소자가 있으며 전력반도체 부문에서의 BiCMOS라고 이해하는 것은 어떨까?

그림 2-6-1에 도시한 바와 같이, IGBT는 1980년대에 등장하였으며 고속으로 동작하며 구동력이 큰 것이 특징으로써 그 후 수요가 크게 성장하고 있다. 교류를 다이오드나 평활콘덴서로 직류로 바꾼 후, 다시 교류로 변환할 때 고속으로 스위칭하는 인버터에 그 고속성을 이용하여 사용하고 있다. 제4장에서도 설명하겠지만, 일본 도요타의 HV 자동차(하이브리드카)나 도카이도 · 산요 신칸센의 N700계에서 IGBT를 사용하고 있다.

이 책에서는 3-5절에서 IGBT의 원리나 동작 등을 설명할 것이며, 제9장에서 IGBT의 발전된 형태에 대하여 서술할 것이다.

IGBT의 모형도 (그림 2-8-1)

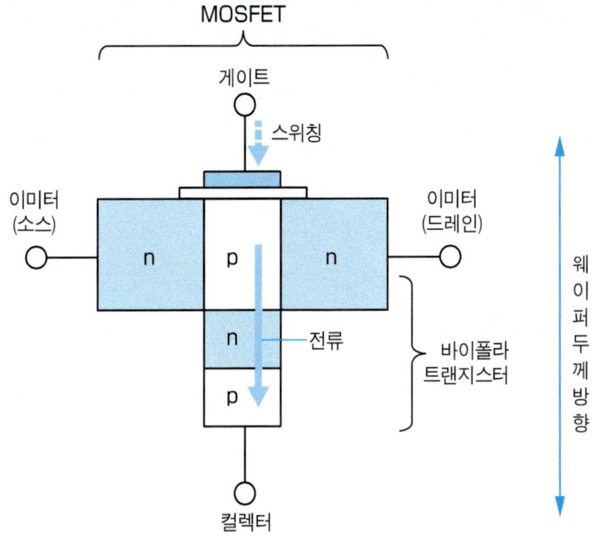

2-9
신호 변환과의 비교

이 절에서는 전력반도체와는 직접 관계는 없지만, MOS형 트랜지스터를 이용한 논리 LSI에서 신호의 변환에 대해서 설명한다. 이는 보다 깊이 있게 반도체를 이해하기 위해서이다.

신호 변환이란?

전력반도체는 「전력의 변환」을 실시하는 소자라고 설명하였다. 그렇다면 MOS-LSI의 대표인 논리 LSI는 어떤 소자일까? 여기서는 논리 LSI를 구성하는 기본 게이트 중 인버터를 소개한다. 기본 게이트는 신호를 변환하는 것이다. 인버터라는 용어는 전력반도체에도 있었다. 교류를 직류로, 혹은 직류를 교류로 변환하는 것이었다. 같은 용어일지라도 사용분야가 다르거나 다른 의미로 사용되는 것이 반도체이기도 하다.

여기에서는 저자가 사용한 용어로써 「신호의 변환」으로 소개한다. 전자회로를 이용한 논리회로에서는 이진법을 사용한다. 십진법에서 수는 0, 1, 2, 3, … 9이지만, 2진법에서는 0과 1 밖에 사용할 수 없기 때문에, 0, 1, 10, 11 … 등을 사용한다.

전자회로에서는 상대적으로 전압이 높은 상태(high)와 낮은 상태(low) 밖에 만들 수 없기 때문에 필연적으로 이진법으로 표현할 수밖에 없다고 이해하면 좋을 것이다. 여기서 전압의 높은 상태를 1, 낮은 상태를 0으로 나타내는 것이 반도체 디지털 기술의 약속이다. 이제 논리 회로를 구성한 경우 1에서 0으로 변환하고 반대로 0에서 1로 변환할 필요가 있을 것이다. 이 동작을 디지털 기술 분야에서는 「인버터」라고 부른다. 그림 2-9-1은 인버터의 기본 구성 (a)와 그 기호 (b)를 도시한 것이다. 진리표에 대해서는 참고사항으로 그림에 삽입하였다. 다음은 MOS 트랜지스터를 사용하여 이와 같은 「인버터」를 구성하는 방법을 살펴보겠다.

CMOS 인버터의 기본구성과 기호 (그림 2-9-1)

in	out
0	1
1	0

(a) 기본 게이트 구성

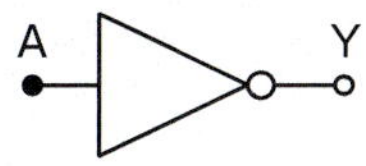

(b) 기호

A	Y
0	1
1	0

(c) 진리표

주) 기호나 진리표를 참고하시오. in의 정보가 역전되어 out으로 나오는 논리회로가 인버터이다.

CMOS 인버터의 동작

여기서는 일반적인 인버터로 사용하는 **CMOS 인버터**의 동작을 설명한다. 우선, CMOS란 무엇인가? Complementary MOS의 약자이며 상보형 MOS라고 번역하고 있다. 그림 2-9-2의 왼쪽을 보면 알 수 있듯이 CMOS는 n-MOS 트랜지스터와 p-MOS 트랜지스터(그림 2-5-3 아래의 문장 참조)를 각각의 게이트와 드레인을 공통으로 결합한 구조로써 게이트에서 입력되고 드레인에서 출력된다.

또한 p-MOS의 소-스는 전원 라인(V_{dd})에 연결되고 n-MOS의 소-스는 접지에 연결된다. 이 경우 전원이 High 즉「1」에, 접지가 Low 즉「0」에 해당한다. 이 n-MOS 트랜지스터 (이후, n-MOS)와 p-MOS 트랜지스터 (이후, p-MOS)를 각각의 게이트와 드레인을 공통으로 조합한 구조로 되어 있는 것이 특징이며, 입력단자(그림의 in : 이후 동일)에 1 (높은 전압)을 인가하면 n-MOS만 켜지고 p-MOS는 꺼지게 된다. 왜 그렇게 되는지는 지면상 생략한다.

따라서 출력단자(그림중의 out: 이후 동일)에는 그림 중에 접지로 나타낸 전압(저전압: 0)이 출력된다. 반대로 입력단자에 0(낮은 쪽의 전압)을 인가하면 상기와는 반대로 p-MOS만이 ON되고 n-MOS는 OFF인 상태가 된다. 따라서 출력단자에는 그림에서 V_{dd}로 나타낸 전압(높은 전압: 1)이 출력될 것이다.

즉, 그림의 표에 기재된 입력과는 반대의 신호가 출력되는 변환이 이루어지게 되며 이것이 CMOS 인버터의 동작이다.

지면의 관계로 간단하게 밖에 설명할 수 없지만, 흥미가 있는 독자는 그 방면의 입문서를 참고해 주길 바란다.

이상과 같이 매우 간단하게 CMOS 인버터를 이용한 「신호의 변환」에 대해 설명하였다.

이 책에서는 전력반도체와 LSI와의 차이점에 촛점을 맞추고 있으며 보다 깊이 있게 전력반도체를 이해시키고자 하므로, 참고가 되었으면 한다. 양자의 공정상의 차이 등은 제7장에서 설명할 것이다.

CMOS 인버터의 구성 (그림 2-9-2)

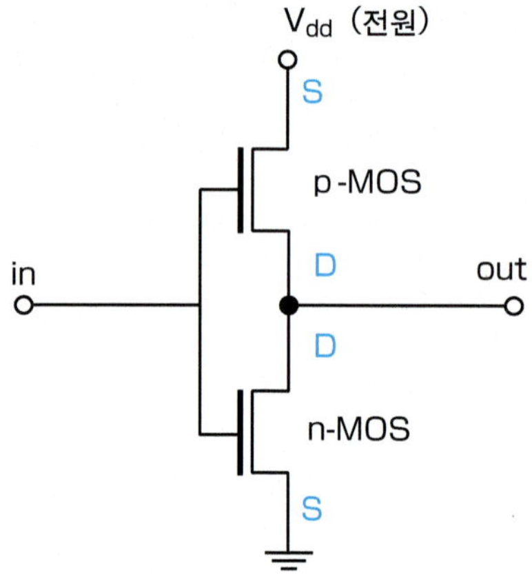

p-MOS와 n-MOS를 조합하여 기본게이트를 형성하고 쌍방 상보형으로 동작한다.

입력	p-MOS	n-MOS
0 (Low)	on	off
1 (High)	off	on

덧붙여 이 책에서는 캐리어가 전자인지 정공인지에 대해서는 설명이 복잡하게 되어 오히려 이해하기 어렵다고 생각하여 굳이 기록하고 있지 않지만 참고삼아 설명하면 전술한 바와 같이 n-MOS는 전자, p-MOS는 정공이 각각의 캐리어가 된다.

제 3 장

각종 전력반도체의 동작과 역할

이 장에서는 각 전력반도체에 대하여 그 원리와 동작을 설명하고 그 역할에 대하여 서술한다. 바이폴라 트랜지스터나 사이리스터의 원리나 동작은 이해하기 어렵기 때문에 이해하기 쉬운 예를 들어서 설명한다.

3-1
일방통행인 다이오드

먼저 다이오드에 대하여 설명한다. 일반적으로 다이오드라고 하면 발광 다이오드가 유명하지만, 발광 소자만이 다이오드는 아니다. 전력반도체에서는 정류작용을 하기 위한 소자를 다이오드라고 한다.

다이오드와 정류작용

원래 **다이오드**(diode)라는 용어는 2단자(접두어 di)의 전극(ode)을 가진 소자라는 의미로 사용된 것으로, 2단자(전극) 소자이다. 이 소자의 가장 큰 기능은 정류작용이다. 이것은 1-4절에서 열거한 전력반도체의 전력 변환 중의 하나로 컨버터라고 불리고 있다. 반복하지만 정류작용이란 매우 간결하게 말하면 한 방향으로 전류를 흐르게 하는 기능이다.

전류에는 직류(DC: Direct Current)와 교류(AC: Alternating Current)가 있다. 1-2절에서 설명한 바와 같이 전력반도체 측면에서는 교류에서 직류, 직류에서 교류로의 변환이 중요하다. 주변의 가전제품에서도 일반 가정용 교류 220V를 직류로 변환하여 사용하는 것도 많이 있다. 그 때, 그림 3-1-1에 도시한 바와 같이 교류를 우선 정류작용으로 단방향의 리플(ripple)전류 (맥류라고도 한다.)로 변환할 필요가 있다. 이 작업을 수행하는 것이 다이오드이다.

교류의 정류화 (그림 3-1-1)

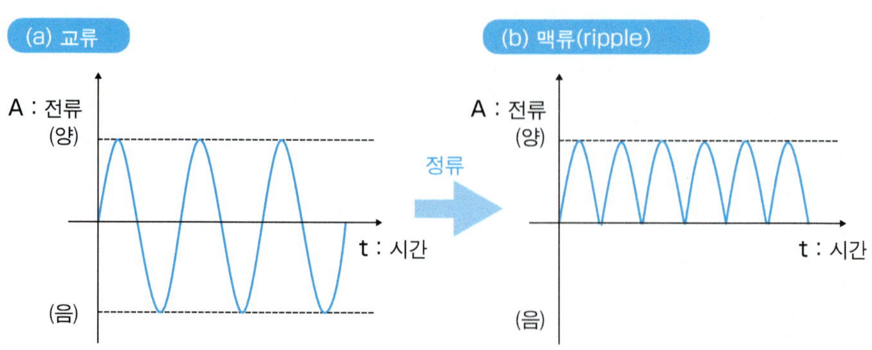

실제 다이오드의 정류작용

실제로는 이후, 평활 콘덴서로 리플 전류를 일정한 직류로 만드는 것이며 이는 전력반도체의 작용과는 무관하므로 생략한다.

실제 다이오드의 정류작용을 그림 3-1-2에 설명하였다. 이것은 단상 교류를 정류하는 예로서 다이오드를 4개 사용해 수행하는 것이다. 다이오드의 회로 기호는 그림 3-1-2의 왼쪽과 같다. 네 개의 다이오드 배열은 그림 3-1-2 왼쪽과 같으며 그림 3-1-2 오른쪽에 표시된 것처럼 4개의 기계적 스위치로 대체 할 수 있다. 양의 전류일 때는 그림 3-1-3(a)와 같은 전류의 경로가 되고, 반대로 음의 전류의 경우는 그림 3-1-3(b)와 같이 될 것이다.

다이오드의 단상 교류의 정류화 (그림 3-1-2)

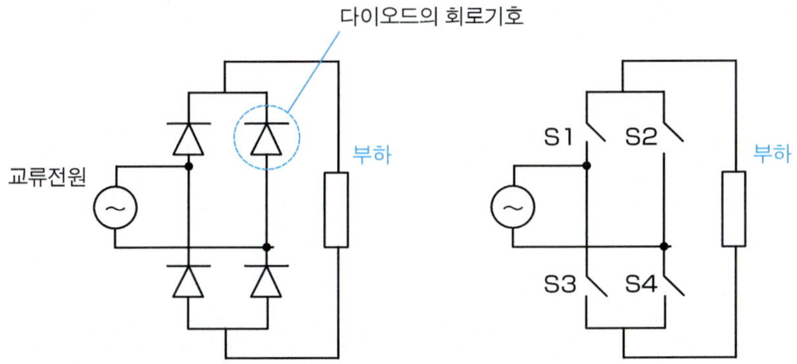

다이오드는 그 기호와 같이 △방향으로만 전류를 흐르게 한다. 따라서 교류에서 양의 전류에서는 그림 3-1-3(a)와 같이 흐를 것이며, 반대로 음의 전류에서는 그림 3-1-3(b)와 같이 흐를 것이다. 4개의 다이오드 중, 양과 음의 전류는 각각 대각선으로 놓인 다른 조합의 다이오드로 흐르게 된다. 한편, 부하에 흐르는 전류의 방향은 일정하다는 것을 주목하길 바란다. 이것이 중요한 사항이며 회로의 부하에 흐르는 전류의 방향이 일정하므로 교류의 정류화가 가능해지는 것이다.

이것은 그림 3-1-2의 오른쪽에 도시한 기계적 스위치에서는 양의 전류의 경우, S1과 S4가 켜지고 S2와 S3이 꺼져 있는 것과 같다. 음의 전류의 경우는 그 반대이므로 확인해 보길 바란다. 이것이 이른바 정류작용에 의한 교류에서 직류로의 변환(컨버터)이다. 이것을 기계적 스위치로 수행한다고 하면, 그 구동부나 그것을 제어하는 시스템을 제작하는 것만으로도 어려울 것이다. 반도체소자인 다이오드를 이용하면 전류의 방향에 대하여 자율적으로 동작하기 때문에 고속 스위칭을 할 수 있는 것이다.

또한 다이오드를 「일방 밸브」에 비유하는 경우도 있으므로 그것으로 생각해 보면 이해가 쉬우리라고 생각한다.

다이오드에 의한 교류에서 직류로의 변환 (그림 3-1-3)

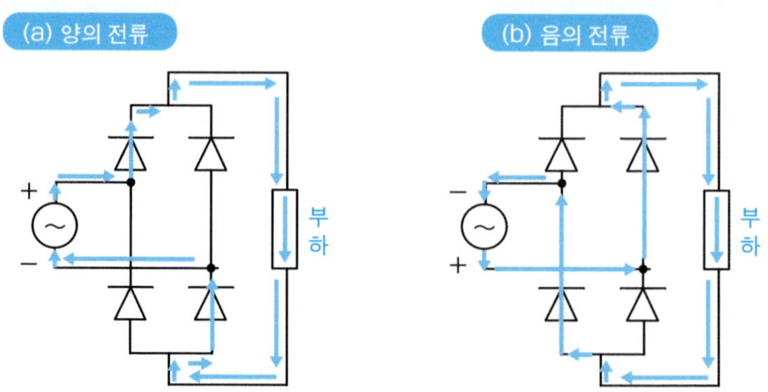

주) 양의 전류와 음의 전류의 방향이 반대이다.

정류작용의 원리

정류작용에는 pn 접합의 역할이 중요하다. 여기에서는 그 중요성에 대하여 설명할 것이다. 다시 한번 그림 2-2-3의 pn 접합에 대하여 전압 인가 시의 pn 접합의 개략도를 그림 3-1-4에 도시하였다.

이 책에서는 실리콘의 고체 물성을 설명할 때에 이용하는 에너지대역도*를 가능한 한 사용하지 않고 설명하고자 하였으므로 그림과 같이 개략적인 형태로 도시하였다. 전압 인가의 방향에 의하여 pn 접합 간에 형성되어 있는 경사의 기울기가 변화한다고 생각하면 이해하기 쉬울 것이다. 순방향의 경우는 전압 0(점선)의 경사에 비하여 기울기가 감소하여 캐리어 이동이 원활하므로 전류가 잘 흐를 수 있으나, 역방향의 경우는 그 반대로 경사의 기울기가 커지므로 캐리어의 이동이 일어나기 어려워 전류가 흐르지 않게 되는 것이다. 이상과 같이 쉬운 예를 들어 설명해 보았다.

순방향의 경우, 전류의 방향은 p형에서 n형으로 향한다. 캐리어인 전자의 이동은 반대로 n형에서 p형으로 이동할 것이다. 캐리어는 음전하를 가지는 전자이므로 캐리어의 이동 방향과 전류의 방향이 이와 같이 반대가 된다. 다소 어렵지만 그렇게 이해하길 바란다.

다이오드의 전류 흐름 (그림 3-1-4)

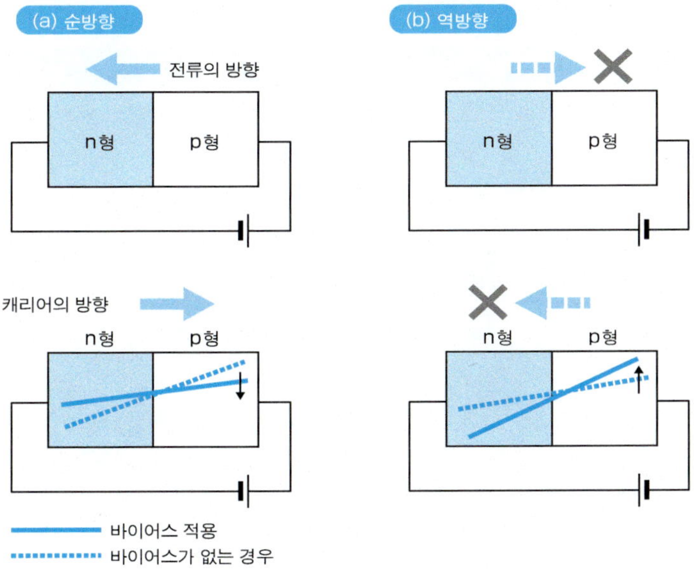

* **에너지대역도** 고체결정 내에서 전자의 에너지 분포를 나타내며 가전자대, 전도대, 그 사이의 금지대로 분류하여 도시한다. 그림 2-1-2에 개략적으로 도시되어 있다.

3-2
대전류 바이폴라 트랜지스터

바이폴라 트랜지스터는 다이오드보다 단자 수 (전극)가 하나 더 많은 3단자 소자이다. 주요 역할은 고전류 스위칭이다.

바이폴라 트랜지스터란?

여기서는 바이폴라 트랜지스터의 원리와 기본적인 특성을 좀 더 자세히 설명하고자 한다. 2-4절과 2-5절에서도 언급한 MOS 트랜지스터는 「전압 구동의 소자」인데 반해, 바이폴라 트랜지스터는 「전류 구동의 소자」로써, npn형 또는 pnp형이 있으며, 양쪽 모두 2개의 접합면을 가지고 있는 것이 특징이다. 그림 3-2-1에 pnp형 바이폴라 트랜지스터의 모형과 회로 기호을 도시하였다.

바이폴라 트랜지스터의 모형과 회로 기호 (그림 3-2-1)

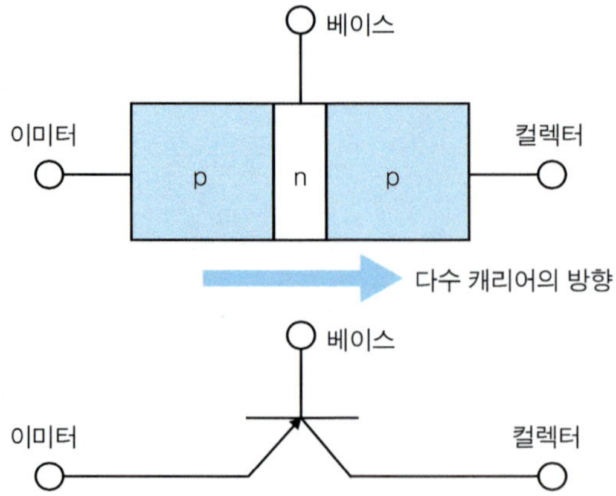

바이폴라 트랜지스터라면 제2장에서도 설명하였듯이, 그 동작에 전자와 정공이라고 하는 두 개의 다른 극성의 캐리어가 관여하고 있다. 이에 대하여 MOS 트랜지스터와 같이 다수 캐리어만이 동작과 관련된 트랜지스터를 「유니폴라 트랜

지스터」라고 하는 경우도 있지만, 어디까지나 바이폴라 트랜지스터에 대응하는 용어이며, 일반적으로 사용하는 용어는 아니다. 바이폴라 트랜지스터는 다수 캐리어(majority career)와 소수 캐리어(minority career)의 작용을 이해하는데 있어서도 좋은 예이다.

또한 바이폴라 트랜지스터를 다중 접합 소자라고도 한다. 앞서 언급하였듯이 바이폴라 트랜지스터는 npn형 또는 pnp형 모두 두 개의 접합면이 존재한다. 이것에 대해서는 5-3절에서도 설명할 것이다.

고속 스위칭이 필요한 이유

3-1절에서는 교류를 직류로 변환하는 것을 설명하였으며 마찬가지로 전력반도체의 동작에 요구되는 것으로서 직류를 교류로 변환하는 경우가 있다. 이것이 이른바 인버터이다. 어떤 곳에서 사용되는지는 제4장에서 설명할 것이다. 이 변환을 위해서는 고속 스위칭이 필요하다. 그 이유는 직류를 교류로 변환하는 것이기 때문에, 직류를「세분화」하고 유사 교류로 취급하기 위하여 그림 3-2-2에 도시한 바와 같은 전기적인 변환이 필요하다. 실제로는「세분화」후에 LC회로*를 넣어 파형을 정리해 교류로 만들며 전력반도체의 동작과는 별도이므로 여기서는 생략한다.

고속 스위칭에는 트랜지스터가 필요하다. 앞 절의 다이오드는 어디까지나 전기의 방향이 외부에서 변환되고 있는 것(교류)으로 스위치의 기능을 했지만, 이번은 직류를 변환하는 것이기 때문에 그렇게 되지 않는다. 이 절부터 설명하는 전력반도체는 이 스위칭 동작을 수행하는 예이다. 결국 IGBT로 연결되기 때문에, 차분히 읽어 주길 바란다.

* **LC 회로** L은 코일, C는 케패시터를 나타내고 공진 회로를 형성한다. 이들을 사용하여 펄스형태로 된 전류를 정현파(교류)로 성형한다. (b)에 나타낸 그림에서는 편의상 일정폭의 펄스로 그려져 있지만, 실제로는 다양한 펄스폭을 가진 신호를 정현파로 계속 만들며 그들을 이용하여 정현파로 사용한다.

직류에서 교류로의 변환 (그림 3-2-2)

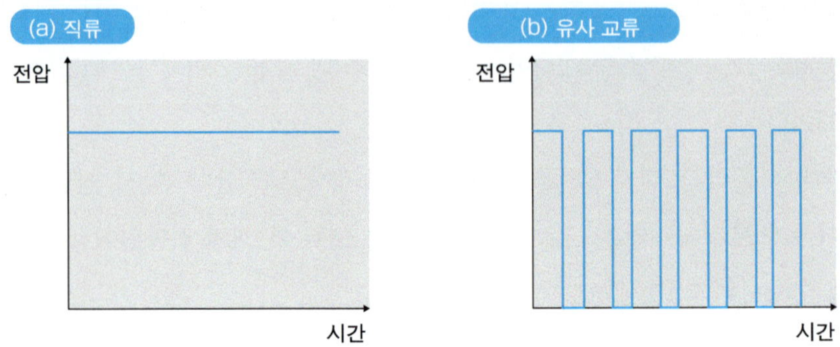

바이폴라 트랜지스터의 원리

여기에서는 2-4절보다 조금 더 자세히 바이폴라 트랜지스터의 원리를 설명한다. 바이폴라 트랜지스터의 경우, 이미터, 베이스, 컬렉터인 3개의 전극이 있는 3단자 소자이다. 다시 말하지만, 이미터 (emitter)는 방출한다는 의미이다. 컬렉터는 수집한다는 의미이며 여러 가지를 모으는 수집가를 컬렉터라고 부르기도 한다. 베이스(base)는 기본이 된다는 의미로 바이폴라 트랜지스터의 경우는 베이스 전류를 제어해 트랜지스터를 동작시킨다고 기억해 두면 좋을 것이다.

지금 그림 3-2-3에 도시한 바와 같은 pnp형 바이폴라 트랜지스터를 생각해 보자. 이것은 pn 접합 다이오드 두 개가 서로 마주보고 있는 형태라고 할 수 있다. 각각 왼쪽에서 이미터, 베이스, 컬렉터가 되며 또한 컬렉터는 이미터에 비해 저농도의 불순물 영역으로 되어 있다.

그런데 접합을 형성한 것만으로는 소자로서 동작하지 않기 때문에 단자를 마련하여 전기를 공급하는 회로를 만들 필요가 있다. 여기서 두 개의 pn 접합 다이오드를 「어떻게 바이어스 하는지」가 문제이다. 이에는 다양한 접지* 방법이 있

* **접지** 그라운드 전위로 하는 것

으며 바이폴라 트랜지스터의 경우에는 이미터 접지, 베이스 접지, 컬렉터 접지가 있으며 여기서는 베이스 접지에 대하여 설명할 것이다. 2-2절에서 설명한 것처럼 이러한 pn 접합의 바이어스를 어떻게 하는지가 문제이다. 일반적으로 이미터-베이스를 순방향 바이어스로 컬렉터-베이스를 역방향 바이어스로 설정한다. 이와 같은 바이어스를 그림 3-2-3에 도시하였다.

베이스 접지인 바이폴라 트랜지스터 (그림 3-2-3)

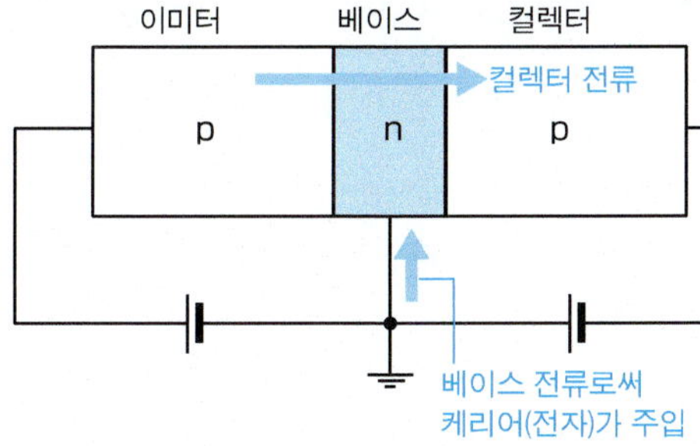

다음으로 바이폴라 트랜지스터를 어떻게 스위칭 시키는가가 이 절의 핵심이다. 이미터와 베이스 사이에 인가된 순방향 바이어스는 이미터로부터 캐리어가 베이스 영역에 도달하고 짧은 베이스 영역을 통과하면 캐리어가 이미터에서 컬렉터에 도달하게 한다. 즉, 그림과 같이 컬렉터 전류(ON 전류)가 흐른다는 것을 의미한다. 그러나 실제로는 베이스 영역에서 다른 형태의 캐리어(전자와 정공의 두 개의 캐리어가 있지만, 이 경우는 정공이 캐리어로서 주입되기 때문에, 베이스 영역에서의 다수 캐리어인 전자와 재결합할 것이다)와 재결합한다. 그러나 그때에 베이스 단자로부터 베이스 전류로서 부족한 전자를 주입하면, 캐리어가 컬렉터에 이르게 되어 트랜지스터를 ON 시키게 된다. 베이스에서 캐리어를 주입하지 않으면 트랜지스터가 OFF 된다.

바이폴라 트랜지스터의 동작점

여기에서 더 어려운 이야기이지만, 바이폴라 트랜지스터의 I-V (전류-전압) 특성의 어느 점을 전력반도체의 동작점으로 사용하는지를 설명하면서 실제 바이폴라 트랜지스터의 동작에 대하여 추가 설명하고자 한다. 바이폴라 트랜지스터의 I-V 특성은 그림 3-2-4와 같이 바이폴라 트랜지스터의 전류를 y축, 전압을 x축으로 도시한 그래프이다. 이것은 이미터-컬렉터 전압에 대해 얼마나 많은 컬렉터 전류 (이것이 소위 ON 전류가 된다.)가 흐르는지를 나타내는 바이폴라 트랜지스터의 동작 특성을 도시한 그래프이다. 그림 3-2-4에서는 베이스 전류 I_B를 파라미터로 하여, 이미터-컬렉터 전압 V_{CE}에 대해 얼마나 많은 컬렉터 전류(ON 전류)가 흐르는지를 나타내고 있다. 베이스 전류 I_B를 증가시키면 컬렉터 전류 I_C도 증가해 가는 것을 알 수 있다. 이것은 베이스 전류로 컬렉터 전류를 제어한다는 것을 의미하며, 바이폴라 트랜지스터가 전류 제어소자인 이유이다.

베이스 전류가 흐르지 않으면 컬렉터 전류가 흐르지 않는다. 이를 그림에 표시한데로 **차단영역**이라고 한다. 한편, 베이스 전류가 증가함에 따라 컬렉터 전류가 흐르기 시작하며 이 영역을 **활성영역**이라고 한다. 또한 베이스 전류를 늘려 가면 전원 전압과 부하에 의해 결정되는 컬렉터 전류가 흐른다. 이와 같이 충분한 베이스 전류를 흐르게 하여 ON 상태로 한 영역을 **포화영역**이라고 한다.

실제 전력반도체용 바이폴라 트랜지스터는 활성 영역을 사용하지 않고, 베이스 전류를 0 또는 충분히 흐르게 하므로써 ON · OFF 동작을 하며 이는 그림 중의 차단영역인 A점과 포화영역인 B점 사이를 고속으로 이동시킴으로써 이루어진다. 이 차이가 클수록 **ON·OFF비***가 커진다. 이렇게 하면 충분히 큰 컬렉터 전류를 ON · OFF 한다. 조금 어려운 이야기지만, 상기의 이론에서 전력의 변환을 수행하는 전력반도체인 바이폴라 트랜지스터는 신호의 증폭 등을 수행하는

* **ON·OFF비** ON일 때와 OFF일때 흐르는 컬렉터 전류의 비. 물론 자릿수 차이의 승수로 표현한다. 이것이 클수록 좋다고 할 수 있다.

바이폴라 트랜지스터와 다른 동작점을 이용한다고 하는 것만은 기억해 두기 바란다.

이와 같이 베이스 전류에 의한 전류 제어로 트랜지스터의 ON · OFF의 고속 스위칭을 할 수 있다. 조금 번거로운 이야기지만, 이해해 주길 바란다. 이상은 어디까지나 설명하기 쉬운 예를 든 것이다. 또한, 바이폴라 트랜지스터의 접지 방법은 전술한 바와 같이 여러 가지 형태가 있으며 동작도 조금씩 다르다. 흥미 있는 독자는 전문서를 참고하길 바란다.

덧붙여 이 그림은 이미터 접지에서의 동작이다. 위의 바이폴라 트랜지스터의 동작 원리를 보여주는 설명에서는 알기 쉽게 베이스 접지에서 설명하였지만 전력반도체의 경우는 이미터 접지를 사용하고 있다.

바이폴라 트랜지스터의 동작점 (그림 3-2-4)

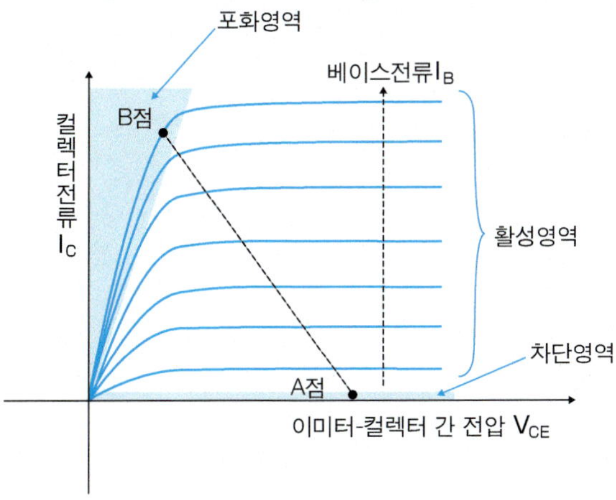

3-3

쌍안정 사이리스터

사이리스터는 바이폴라 트랜지스터보다 접합면이 하나 더 많은 3개의 접합면을 가진 소자이다. 주요 역할은 고전류 스위칭이다.

사이리스터란?

사이리스터(Thyristor)는 다이오드나 트랜지스터에 비해 익숙하지 않은 독자가 많다고 생각한다. 그 이름은 가스 사이라트론*(Gas Thyratron)에서 유래하였다. 사이리스터는 전력 제어에 사용하는 바이폴라 소자지만, 전력반도체에서 독자적인 소자라고 해도 지장이 없다고 생각한다. 그 역사적 배경은 2-6절에서 설명하였다. 그러나 바이폴라 트랜지스터와는 원리와 구조뿐만 아니라 동작도 다르다. 그 동작 원리는 간단한 설명으로 끝나는 것이 아니며 복잡하지만 ON과 OFF 상태를 만들 수 있다. 역시 고속 스위칭을 할 수 있다는 것이 강점이다.

사이리스터는 2-6절에서도 설명하였듯이 SCR (Silicon Controlled Rectifier)이라고도 불리고 실리콘 제어 정류기로 번역하고 있다. 회로 기호는 그림 3-3-1과 같다. (a)는 일반 사이리스터이고 (b)는 나중에 설명할 GTO 사이리스터이다.

사이리스터의 원리

기본적인 사이리스터는 그림 3-3-2와 같은 3단자 소자로써, pnp형과 npn형의 두 개의 바이폴라 트랜지스터에 대하여 하나의 베이스와 컬렉터를 각각 다른 쪽의 컬렉터와 베이스에 연결한 것과 동일한 구조이다. 그림과 같이 접합면이 3개 있다. 게이트와 캐소드에 전압을 인가하여 베이스에 게이트 전류를 흐르게 하여

* **가스 사이라트론** 아르곤 등의 비활성 가스를 봉입한 방전관으로 에노드와 캐소드 사이에 그리드를 넣어 대전류의 ON·OFF 등에 사용되었다.

ON 상태로, 에노드에 역방향 전압을 인가하는 것으로 OFF 상태로 할 수 있다. 더우기 사이리스터에서는 입력 신호를 제거해도 그 상태가 유지(영어로는 래치 : latch)되는 특징을 가지고 있다.

사이리스터 동작은 그림 3-3-3과 같은 I-V 특성을 지니며 ON과 OFF 상태를 가진다. 이 ON과 OFF 사이를 스위칭 하는 것이다. 다만 앞에서 설명한 것처럼 외부 전원 전압을 이용하여 역전압을 인가하여 OFF시키는 것으로써 스위칭을 가능하게 하고 있다.

사이리스터의 기호 (그림 3-3-1)

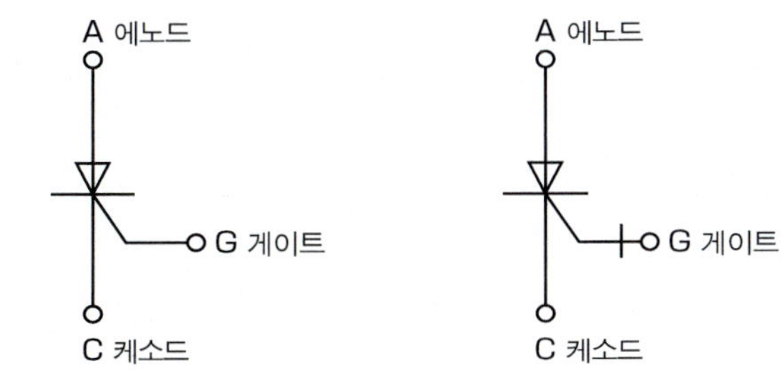

(a)사이리스터 (b)GTO사이리스터

사이리스터의 구조 (그림 3-3-2)

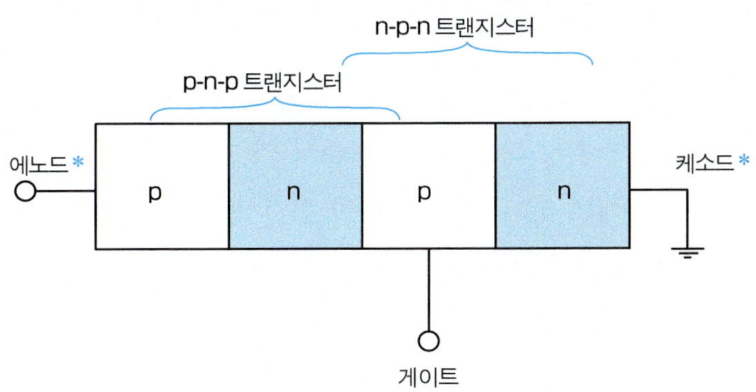

* **에노드, 게소드** 가스 사이라트론시대의 명칭에서 답습했다고 생각한다.

GTO 사이리스터의 등장

GTO 사이리스터는 게이트 · 턴 · 오프 · 사이리스터(Gate Turn Off Thyristor)의 약자이다. 일반적인 사이리스터로 ON 상태를 만들면 그것으로 안정되어 버려, OFF 상태로 하기 위해서는 전환회로라고 하는 다른 회로로부터 전류를 공급하여 OFF 상태로 할 필요가 있다. GTO 사이리스터의 경우는 OFF용 게이트를 별도로 마련해 OFF 상태로 할 수 있는 것이 특징이다.

레치업 동작의 모형도 (그림 3-3-3)

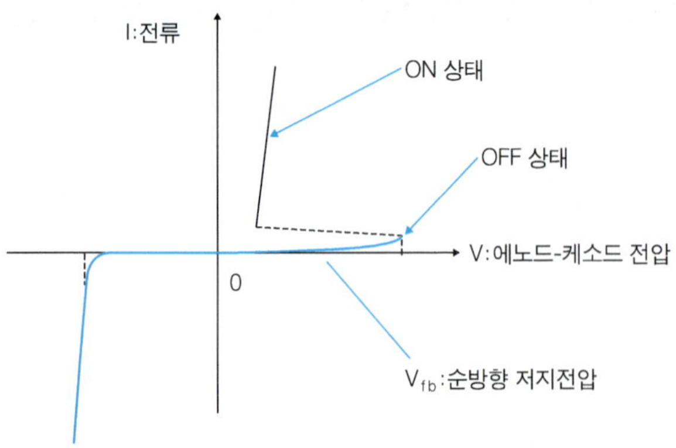

사이리스터의 응용

사이리스터는 이러한 스위칭 작용을 이용하여 산업 기기의 전력제어 및 전력변환에 사용하고 있다. 예를 들어, 기차 모터의 회전 제어 등이다. 그러나 사이리스터는 스위칭이 빠르지 않기 때문에 기차 모터의 회전 제어 등도 IGBT로 대체되고 있다.

또한 사이리스터는 전원 전압을 이용하여 외부에서 역전압을 인가하여 OFF시켜야 하므로 복잡한 전환회로가 필요하다. 이것을 타여식 변환이라고 한다.

나중에 언급하는 IGBT는 이 전환회로가 불필요(이것을 자려식이라고 함)한 것이 장점이다.

3-4
고속동작 전력 MOSFET

이 절에서는 MOSFET의 동작 원리를 설명함과 동시에 전력 MOSFET 발전의 역사를 간단히 서술한다. 실제로는 MOS LSI에서 사용되는 MOS 트랜지스터와 원리나 동작은 동일하지만, 동작의 전압이나 흐르는 전류는 자리수가 다르다.

MOSFET의 동작원리

바이폴라 트랜지스터의 경우는 전류 제어형이지만 MOSFET의 경우는 2-5절에서 설명하였듯이 그림 3-4-1과 같이 게이트에 전압을 인가함으로써 소-스와 드레인 사이의 전류 경로를 형성하여 트랜지스터의 ON · OFF 동작을 발생시키는 전압 제어 소자이다. 게이트 전압에 의한 제어이므로 입력 임피던스*가 높은 것이 특징이다. 이것이 나중에 문제가 되는 ON저항 문제로 이어질 수 있다.(그림에서는 캐리어의 흐름을 도시하였다. 이 경우는 n채널형이라고 부르며, 전자가 캐리어가 되므로 전류의 방향은 반대이다.) 그림 3-4-1은 도식적으로 그린 것이므로 실제에 가까운 형태는 그림 9-3-1을 참고하길 바란다.

MOS 트랜지스터에 익숙한 사람이라면 알겠지만, 전력반도체에 사용하는 MOSFET은 n채널의 증식형(enhancement)이다. 그 이유는 더 큰 전류가 흐를 수 있고 높은 ON · OFF 비를 취할 수 있기 때문이다. n채널이라고 하는 것은 캐리어가 전자이며 증식형이라고 하는 것은 노멀리 오프(normally off)형이라고도 불리 우며, 게이트에 전압을 인가하지 않으면 트랜지스터가 동작하지 않는 형태이다. 이것을 자세히 설명하지는 않을 것이며 어느 정도 알고 있다는 전제하에 이후의 설명을 진행해 나아갈 것이다. 이해하기 쉽게 비유해 보면, 수도꼭지를 열지 않으면 물이 흐르지 않는 것과 같다. 게이트 전압을 인가하지 않아도 약간의 전류가 흐르는 것을 누설 전류라고 부르고, 에너지 절약에는 적합하지 않은 요

* **임피던스** 교류동작시 저항

소이다. 수도에서도 누수가 있으면 미터기 숫자가 올라가는 것과 같다. 이 노멀리 오프라는 말은, 제10장의 GaN에 관한 설명에서 다시 나올 수 있으므로 기억해 두길 바란다.

MOS 트랜지스터의 동작원리와 회로기호 (그림 3-4-1)

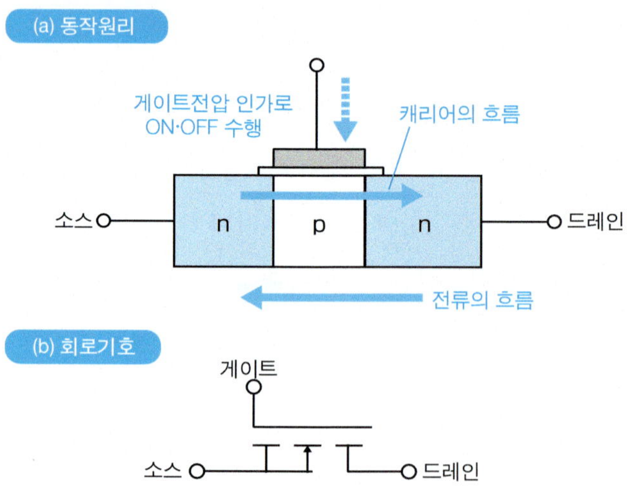

VD-MOSFET의 모형도 (그림 3-4-2)

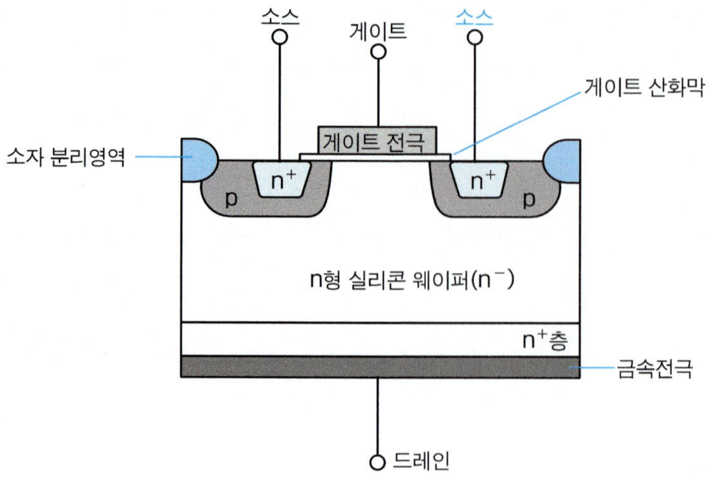

또한, 여기에서는 원리의 설명을 위해 일반적인 MOS 트랜지스터인 그림 3-4-1에 대해서 설명하였지만, 전력 MOSFET의 경우는 큰 전류를 흐르게 할 필요가 있고, 내압도 필요하므로, 그림 3-4-2에 도시한 바와 같이 **수직형** 구조를 채택하는 것이 일반적이다. 또한 그림에 도시한 구조는 확산층을 이중으로 한 **수직 이중 확산형**이라고 불리는 구조이다. 영어로는 Vertical Diffusion MOSFET 이라고 하며 약자로 VD-MOSFET이라고 한다. 또한 1-6절에서 언급한 바와 같이 대전류를 얻기 위해서 위에서 본 구조도 다르다.

전력 MOSFET의 특징

MOSFET의 역사적 배경은 2장에서 다루었다. 전력반도체에 MOSFET가 필요한 이유를 3-2절에서 배운 지식을 바탕으로 제2장보다 조금 자세히 설명해 보면, 바이폴라 트랜지스터의 경우 스위칭은 그 원리로부터 전류 제어이므로 베이스 영역에서 재결합 과정(~3μsec)이 턴-오프(turn-off) 속도가 된다. 요점은 끄는데 시간이 걸린다는 것이다. 그러나 전력 MOSFET의 경우, 게이트 전극에 전압을

MOSFET와 바이폴라 트랜지스터의 손실 비교 (그림 3-4-3)

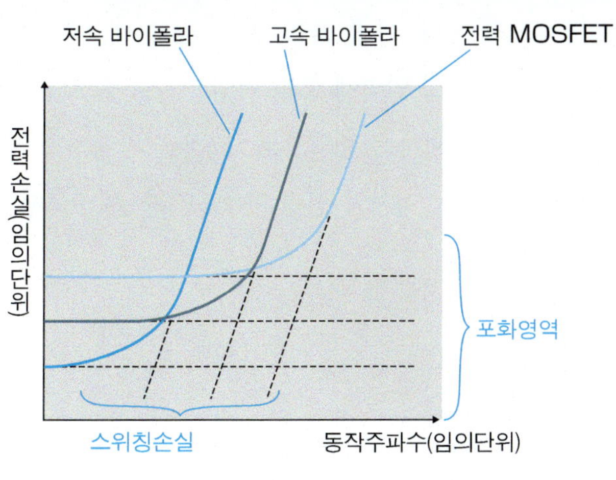

인가하는 전압 제어형이므로. OFF시키기 위한 재결합 과정이 불필요하여 스위칭은 한 자리 수만큼 빨라진다. 바이폴라 트랜지스터의 경우 전도도 변조*로 인하여 전력 MOSFET보다 포화 손실이 낮아진다. 그러나 스위칭 손실은 한자리수 크며 동작 주파수에 비례하여 커진다. 그림 3-4-3에 그 개략도를 도시하였다. 고속에서는 전력 MOSFET의 스위칭 손실이 가장 작아진다.

MOSFET의 가장 큰 특징은 고속 스위칭이 가능하다고 서술하였으며 동작시 수 MHz(메가헤르츠)의 고속 동작이 가능하다. 수 MHz라는 것은 초당 수백만 번 스위칭 하는 것이다.

단, MOSFET는 고내압화나 대전류에는 적합하지 않기 때문에, 수 kVA 이하의 소~중전력 영역에서의 민간제품에 주로 이용한다. 고내압화에 적합하지 않은 이유를 살펴보면, n형 영역의 두께를 얇게 하여 ON저항은 감소시킬 수 있지만 그렇게 하면 고내압을 취할 수 없게 되기 때문이다. ON저항과 내압에 대한 사항은 3-6절에서 자세히 설명할 것이다.

MOSFET의 다양한 구조

이와 같이 고속 동작에 이용되어 온 MOSFET이지만, 응용 범위가 늘어남에 따라 다양한 구조가 개발되고 있다. 이것도 전부 소개하지는 않을 것이며 단지 몇 가지 예를 설명하고자 한다. 예를 들어, 보다 높은 내압을 얻을 수 있는 구조로서, 그림 3-4-4와 같이 채널 영역에 홈을 형성한 구조를 고안할 수 있다.

그러나 V자의 끝에 전계가 집중되므로, 그것을 완화하기 위해서 U자형의 홈으로 제작한 구조도 있다. 이처럼 전력 MOSFET도 세대교체와 함께 구조도 크게 바뀌어 왔다.

* **전도도 변조** 영역 내의 캐리어의 농도가 높게 됨으로써 저항이 내려가 전도도가 향상되는 현상.

공정과 관련된 이야기이지만, V자홈의 경우는 수산화칼륨(KOH) 등을 이용해 실리콘 결정의 특정 방위에 식각이 진행되는 **이방성 식각**(7-2절 참조)을 이용하여 형성할 수 있다. 그러나 U자형 홈의 경우 **건식 식각***을 사용한다. 이와 같이 트랜지스터 구조에 따른 공정은 전력반도체에서도 복잡하다. 7-2절도 참고하길 바란다.

전력 MOSFET의 예-V-Groove 형 (그림 3-4-4)

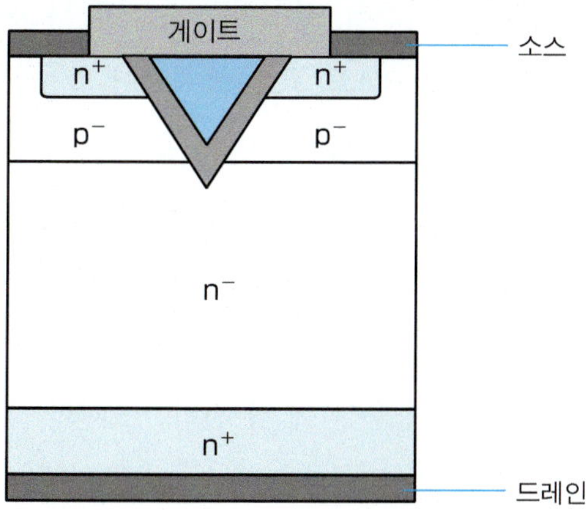

* **건식 식각** 반응성 가스로 플라즈마를 이용하는 식각. 이것에 대하여 약품을 사용하는 것을 습식 식각이라고 한다.

3-5

친환경시대의 IGBT

2장에서 언급하였듯이 IGBT는 Insulated Gate Bipolar Transistor의 약자로 절연 게이트형 바이폴라 트랜지스터라고 한다. 이 절에서는 IGBT의 원리와 동작에 대하여 설명한다.

IGBT 등장의 배경

2장과 다소 겹칠 수 있지만 IGBT의 등장에 대해 설명한다. 지금까지 설명한 바와 같이 바이폴라 트랜지스터, 사이리스터, 전력 MOSFET와 전력반도체가 출시되고 있다. 그럼에도 불구하고 고속 스위칭이 가능한 MOSFET에도 문제가 있다. 고속화를 이루어야 하나 MOSFET의 구조적 제약 때문에 내압이 낮다는 문제이다. 그러나 응용시장에서는 대전압 영역에서의 전력 변환이 필요하게 되었다. 예를 들면 신칸센의 유도 모터용 인버터 등이다. 따라서 비교적 대전압 영역에서도 고속 스위칭이 가능한 전력반도체가 필요하게 되었으며 이때 등장한 것이 IGBT이다. 먼저, 그림 3-5-1에 각 전력반도체의 사용범위를 도식적으로 도시하였다.

각 전력반도체의 사용범위 (그림 3-5-1)

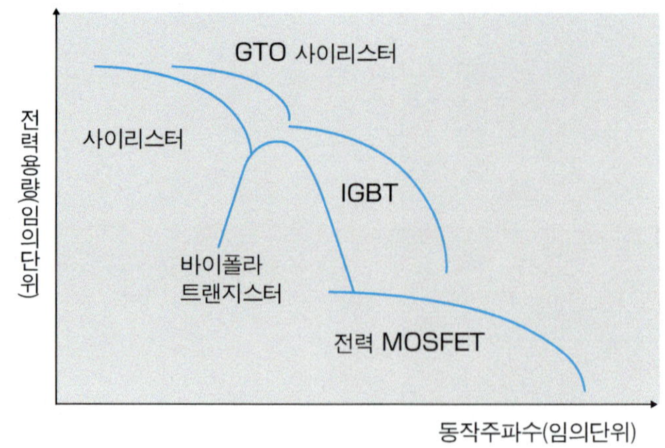

출처 : 다양한 자료에서 작성

그림 3-5-1은 동작 주파수를 x축, 전력용량을 y축으로 하여 각 전력반도체의 고유 사용영역을 도시하였으며 IGBT가 바이폴라 트랜지스터와 MOSFET의 부족한 영역을 잘 보충하고 있다는 것을 알 수 있다. 여기서 동작 주파수는 스위칭 속도, 전력용량은 내압으로 해석해도 좋을 것이다.

일반적인 수직형 IGBT를 예를 들어 설명해 보면 먼저 그림 3-5-2에 IGBT 구조의 모형도와 회로 기호를 도시하였다. 그림 3-4-2의 VD형 전력 MOSFET과 비교할 수 있다고 생각하며, 폭넓게 살펴보면 전력 MOSFET의 하부에 바이폴라 트랜지스터를 붙인 것과 같은 형태로 되어 있는 것을 알 수 있다. 실리콘 기판측이 하부에서 부터 p^+-n^+-n의 3층으로 되어 있는 것이 특징이다. 여기서 n은 실리콘 기판이다. 이 p^+와 n^+-n 그리고 이미터 아래의 p층에서 p-n-p의 바이폴라 트랜지스터를 형성하고 있는 것이다. 이것을 그림 3-5-3에 도시하였다.

게이트 전압을 인가하면 채널이 형성되어 MOSFET의 드레인 전류가 흐르며 이것이 pnp 바이폴라 트랜지스터의 베이스 전류가 되어, 하부의 바이폴라 트

수직형 IGBT의 구조 (그림 3-5-2)

(a) 단면구조의 개략도

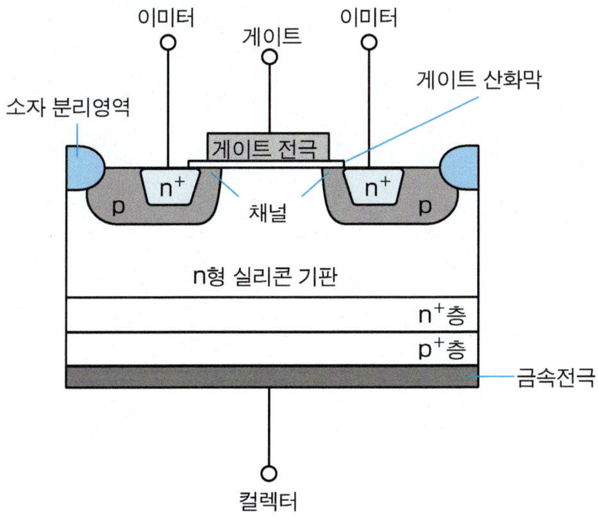

(b) 회로기호

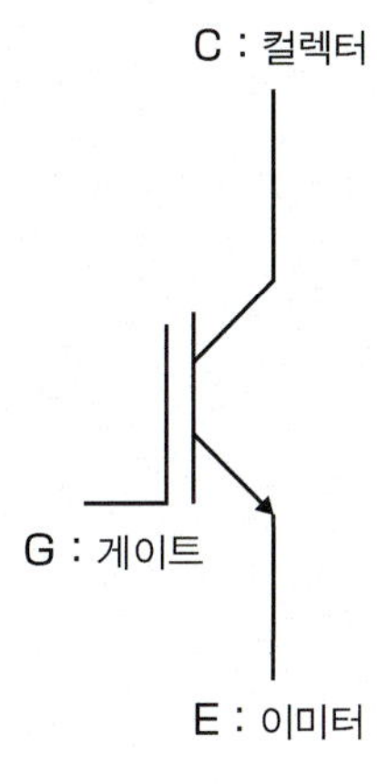

랜지스터가 ON 되어 IGBT가 ON 된다. 게이트 전압을 끄면 IGBT가 OFF 된다.

IGBT의 경우는 사이리스터와 같이 전환회로를 필요로 하지 않고, MOSFET부에서 켜고 끌 수 있다는 것이 가장 큰 장점이다.

IGBT의 구조 분석 (그림 3-5-3)

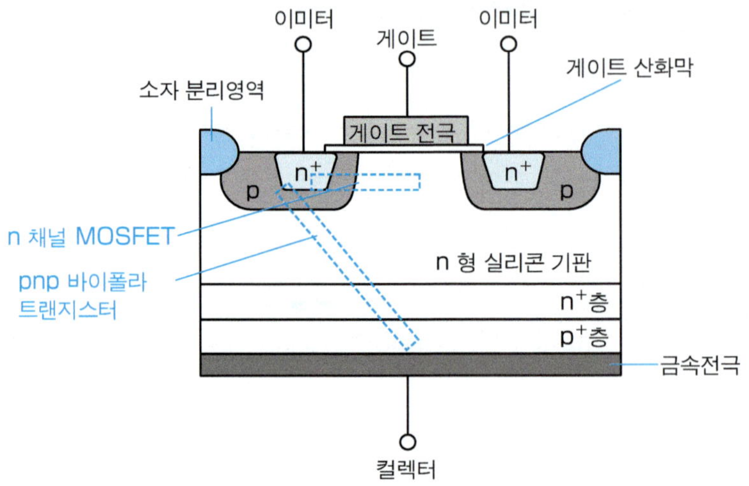

수평형 IGBT의 예

IGBT에는 수직형 뿐만 아니라 수평형도 있다. 그림 3-5-4는 수평형 IGBT의 예를 도시한 것이다. 먼저 그림과 같이 높은 절연 내압이 필요하기 때문에 두꺼운 절연막에 의해 게이트 전극(그림에 색이 있는 굵은 선으로 표시)이 덮여 있다. 또한 전류 통로도 내압이 필요하기 때문에 이미터, 컬렉터 사이의 크기는 커지고, 또한 대전류를 흐르게 하기 위하여 확산층의 깊이도 깊은 것이다. 그림은 편의상 가로세로비가 정확하지 않다는 것을 유념하길 바란다. n^- 층의 두께(깊이)는 수백 ㎛ 단위이다. 첨단 MOS 트랜지스터와 비교하면 몇 자리수가 다른 것을 알 수 있다. 여기서 굳이 수평형 IGBT를 다룬 것은 반도체소자의 깊이를 알기 위해서라는 의미도 있다. 수평형 IGBT에서 전류의 ON · OFF는 게이트의 인가 전압에 의해 그림의 게이트 전극 아래의 p층을 반전시킴으로써 전자의 통로(채널)가 형성되며 수행된다. 바이폴라 트랜지스터는 이미터 아래의 p층과 이어지는 n^-층과 컬렉터의 p/p^+층으로 형성되어 있다.

왜 수평형의 IGBT가 필요한가? 이는 구동회로 등과 집적화하기 쉽기 때문이다. 그 일례로 저소비 전력의 CMOS 회로를 구동 회로로 일체화하는 경우가 있다. 이 경우는 일반적으로 MOS LSI 공정을 사용할 필요가 있기 때문에 수평형으로 제작한다. 수직형 IGBT는 제9장에서 설명할 것이지만 일반적인 MOS LSI 공정과는 상당히 다르다.

수평형 IGBT의 예 (그림 3-5-4)

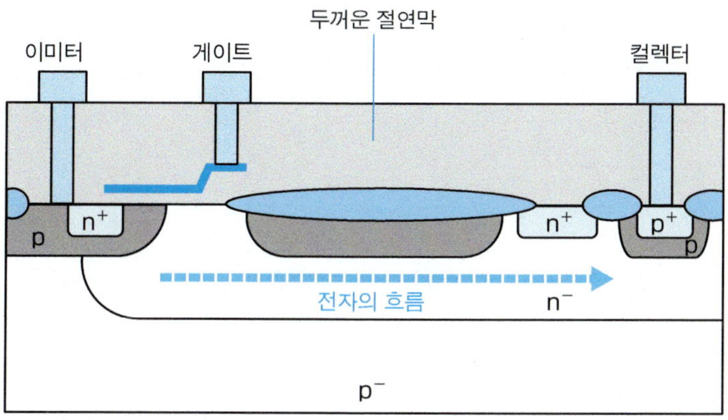

IGBT의 문제점

IGBT는 대전류 영역에서 고속 스위칭이 가능하다는 특징이 있지만, 지금까지 설명한 바와 같이 바이폴라 트랜지스터와 MOSFET의 조합이기 때문에 구조도 복잡하고 그 때문에 제조 공정도 복잡해진다. 물론 공정비용도 높아지는 요인이 된다.

예를 들어, IGBT에서는 펀치스루(punchthrough)형이라고 하는 9-3절에서 설명할 **에피택셜 성장**을 사용하는 것이 있으며 IGBT의 절반 정도를 차지하고 있다고 알려져 있지만, 에피택셜 성장층의 불순물 농도 제어가 어렵다고 한다. 이와 같은 문제점을 해결하기 위하여 IGBT의 다양한 구조가 제안되고 있으며 이 부분은 제9장에서 더 자세히 설명할 것이다.

3-6 전력반도체의 문제점

전력반도체의 문제점은 여러 가지 있지만, 이 절에서는 ON 저항과 내압의 문제에 초점을 맞추어 설명한다. 전력반도체만의 문제점이다.

ON저항이란?

ON저항은 트랜지스터가 동작할 때의 입력 저항이다. 이해하기 쉽게 설명하자면 입력저항이 높다는 것은「대식가」라는 의미이다. 반대로 말하면, ON저항을 감소시킬 수 있다면 보다 큰 부하를 부과할 수 있다고 말할 수 있다.

ON저항에 영향을 미치는 요인은 여러 가지이며, 간단히 설명할 수 있는 것은 아니지만, 일례로서 그림 3-6-1에 도시한 바와 같이 pn 접합의 순방향으로 전압을 걸었을 때 전류 흐름의 용이성으로 이해할 수 있다. 전류가 흐르기 어려울수록 ON저항이 높다는 것이다.

pn 접합에서 본 ON 저항과 내압의 관계 (그림 3-6-1)

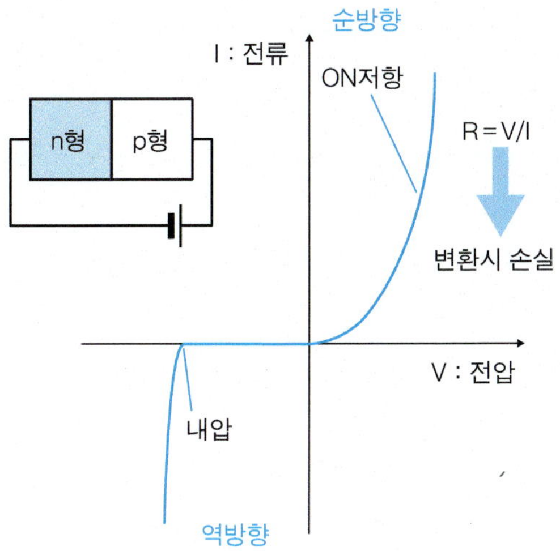

그 대책으로서는 MOSFET로 예를 들어 설명하면, 우선은 (100)기판*을 이용하는 것이다. (100) 기판이 전자의 이동도가 높아 ON저항을 낮추기에 적합하기 때문이다. 또한 에피택셜 웨이퍼를 사용하는 것도 대책의 하나이다. 에피택셜 층의 불순물 농도와 두께로 ON저항과 다음에 설명하는 내압이 정해진다고 할 수 있다.

즉, 채널 저항을 낮추는 것이 필요하다는 것이다. 따라서 짧은 채널 길이와 넓은 채널 폭을 가진 VMOS 및 DMOS로 구현할 수 있다.

설명에서는 이해하기 어렵다고 생각하지만, 3-4절에서 설명한 바와 같다.

내압이란 ?

내압은 몇 볼트까지의 전압에 견딜 수 있는가를 나타낸다. 실제로 공급 측에서의 공급 전압은 어느 정도 정해서 있으므로 그 용도에 따라 내압을 얼마나 요구하는지에 대한 것이다. 이것은 어느 정도는 표준화되어 있으며, 그림 3-6-2와 같은 기준이 있다.

내압의 기준 (그림 3-6-2)

- 저내압 ~ 300V
- 고내압 300V 이상

(a) 내압구분의 예 1

- 저내압 ~ 150V
- 중내압 150V ~ 300V
- 고내압 300V 이상

(b) 내압구분의 예 2

* **(100) 기판** 면 방위가 (100)인 실리콘 웨이퍼를 지칭한다.

내압은 ON저항과 양립할 수 없다. 왜냐하면 pn 접합에 흐르는 전류의 저항을 낮추기 위해서는 반도체 층의 두께를 얇게 하여야 하지만, 반도체 층을 얇게 하는 것은 인가전압의 저하, 즉 내압의 저하를 의미하기 때문이다. 그림 3-6-1의 왼쪽에 도시하였다. 이것은 pn 접합에 역방향 전압을 인가하였을 경우 내압을 나타낸다.

실리콘의 한계는 ?

제6장의 실리콘 웨이퍼에서 자세하게 설명하겠지만, 실리콘의 경우 이미 물성적으로 한계가 있으므로 ON저항의 저감과 내압 향상을 도모하기 위해서 새로운 재료로 이동하려는 움직임이 있다. 그것이 SiC와 GaN이다. 이러한 재료는 물성적으로 실리콘의 내압을 능가하고 있으며 SiC나 GaN의 전자 이동도에 의하여 ON저항을 감소시키는 것도 가능하다. 이와 같이 전력반도체 분야에서는 첨단 MOS LSI와는 다른 기판 재료의 개발이라는 영역의 경쟁이 시작되고 있다. 그것이 이 분야의 특징이라고 말할 수 있다.

한편, 실리콘을 이용한 전력반도체에서는 플래너(planar)형으로는 대응할 수 없어, 트렌치형 등으로 수행하고 있다. 실리콘의 경우는 구조의 변화로 대응하고 있는 것이다. 발전 동향으로는 웨이퍼의 박막화, 평면화, 트렌치화, 그리고 펀치스루형에서 비펀치스루(non punchthrough)형, 그리고 필드스탑(field stop)형 등이 있다. 자세한 내용은 제9장과 제10장에서 설명할 것이다.

제 4 장

전력반도체의 용도와 시장

이 장에서는 전력반도체의 응용 분야를 산업계에서 일반 가정까지 폭넓게 다루면서 설명한다. 주변에서 눈에 띄지 않지만 전력반도체의 역할은 광범위하다.

4-1
전력반도체의 시장 규모

넓은 의미에서의 전력반도체의 시장 규모는 세계적으로 30조원 정도이다. 이것은 지금의 플래시 메모리에 해당하는 시장 규모이다.

전력반도체 시장

환율에 따라 변동은 있지만 전 세계(2020년도 기준) 반도체소자 시장은 약 500조원 정도이다. 그중에서 전력반도체 시장은 28조원을 넘는다는 조사 결과도 있어, 플래시 메모리 시장에 상응하는 하나의 시장을 형성하고 있다. 시장의 성장도 기대되어 2030년에는 50조원에 이를 것이란 예측도 있다. 어쨌든 시장의 성장이 기대되는 분야이다. 제11장에서 설명하는 탈탄소 정책의 추진 등으로 점점 전력반도체의 출시가 많아질 것으로 예상되어 향후 시장 동향이 주목된다. 게다가 제10장에서 설명하는 실리콘을 대체하는 새로운 재료인 SiC나 GaN 등의 소위 광대역폭 반도체* 재료에 의한 성능 향상 등 향후 성장도 기대된다. SiC나 GaN은 아직 재료비용이 높지만 향후 저렴해지면서 급격히 시장 점유율도 커질 것으로 보인다.

참고로 각 반도체 제품별 점유율을 그림 4-1-1에 도시하였다. 이것은 2020년도에 해당하는 실적으로써 압도적으로 IC(LSI)가 많은 가운데, 전력반도체를 포함한 개별 반도체소자도 5.4%로 아직은 작지만 향후의 성장이 기대된다.

전력반도체에 진입한 업체

이 분야에 진입한 기업은 크게 나누어 3개의 그룹으로 나눌 수 있다고 생각한

* **광대역폭 반도체** 실리콘에 비해 금지대가 큰 반도체 (10-1절 참조)

다. 하나는 전통적인 종합 전기 부문을 가진 제조업체이다. 일본에서는 도시바, 히타치, 미쓰비시, 르네사스 등이다. 해외에서는 인피니언(독일의 지멘스로부터 분리), 온세미컨덕터 등이 있다. 또 다른 하나는 전력반도체 전문 제조업체이다. 전체적인 반도체 사업의 규모로는 작으나, 일본의 후지전기, 신덴겐, 산켄전기, 해외에서는 Vishay등 정도이다. 그 외는 새롭게 전력반도체를 다루는 신흥 세력이다. 일본에서는 로옴, 교세라 등의 부품 메이커가 참가하고 있다. 이것들을 그림 4-1-2에 정리해 보았다.

여러 가지 견해가 있다고 생각하지만 제8장과 비교하면서 읽어주세요.

일본기업이 강한 전력반도체 부문

메모리나 첨단 로직에서는 고전하고 있는 일본기업이지만, 전력반도체 분야에서는 존재감을 나타내고 있다. 자세한 내용은 제8장에서 설명할 것이다. 전력반도체 분야는 앞으로의 반도체 비즈니스 전개 상, 여러 가지 생각하게 하는 것이 있다. 일본 입장에서는 앞으로도 이 강점을 발휘할 수 있는 전략을 숙고해 가야 한다고 생각한다.

각 반도체 제품의 시장 (그림 4-1-1)

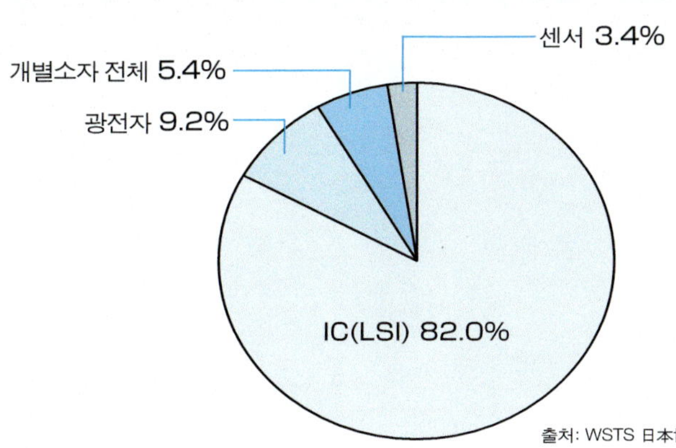

출처: WSTS 日本協議會자료

전력반도체 참가기업 (그림 4-1-2)

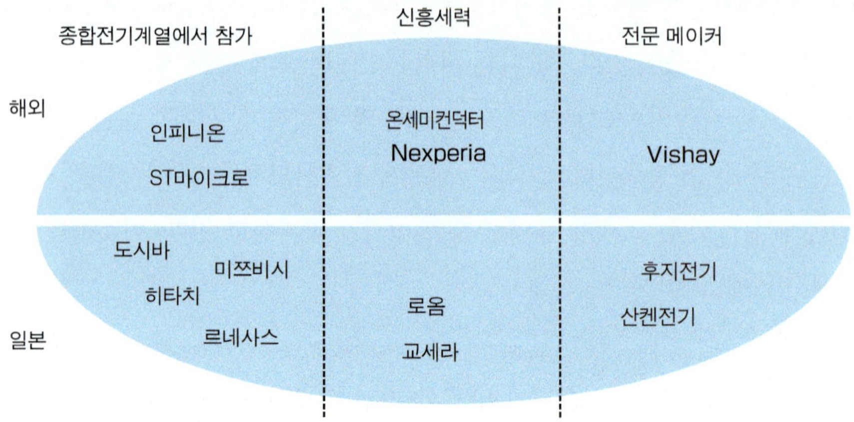

4-2
전력인프라와 전력반도체

전력반도체의 응용을 살펴보기 전에 발전소에서 만들어진 전력은 어떻게 우리 근처까지 도달할까? 여기에서는 그것을 먼저 알아보고자 한다.

전력망과 전력반도체

기존의 전력망은 수력이나 화력, 원자력 등의 각 발전소에서 발전된 전력을 송전하는 것이다. 송전에는 3상 교류 송전과 직류 송전이 있다.(각각의 장점 및 단점이 있으며 여기에서는 설명하지 않으므로 자세한 것은 관련서적을 참고해 주길 바란다).

우리나라에서는 큰 전력을 보낼 수 있는 3상 교류가 주류이다. 직류 송전은 교류와 같은 리액턴스*가 없고, 교류 전압 실효치의 $1/\sqrt{2}$의 절연으로 충분하다는 장점 때문에, 예를 들면 일본의 경우 홋카이도~혼슈간이나 시코쿠~혼슈간의 송전에 이용되고 있다. 이러한 송전망에서 교류 ⇨ 직류, 직류 ⇨ 교류의 변환이 행해질 때에 전력반도체를 이용한다. 또한 아시다시피 일본에서는 후지가와를 경계로 동쪽은 50Hz, 서쪽은 60Hz로 주파수가 다르다. 전력 융통을 위해 주파수 변환소가 어딘가 경계에 설치되어 있지만 그 규모는 그리 크지 않다. 이 주파수 변환을 실시하는 것도 전력반도체의 역할이다. 이상, 설명한 송전의 구조를 그림 4-2-1에 정리해 보았다.

발전소에서 만들어지는 전압은 27.5 만V와 같은 고압이므로 발전소에서 고압 송전선으로 송전되어 변전소에 도달한다. 그림에서는 편의상 1회의 변전이 되고 있지만, 실제로는 몇 단계의 변전소를 거쳐, 사용자에 배전되는 최종 변전소까지 보내진다. 그림에서는 단방향으로 그려져 있지만 송전망은 네트워크화 되어 과부족에 대응하면서 송전을 제어하고 있다. 여기에서 사용자에 공급을 배전*이

* **리액턴스(reactance)** 교류 회로에 들어가는 코일과 콘덴서의 전압과 전류의 비율로서 유사 전기 저항으로 생각할 수 있다.

라고 부르고, 발전소에서 변전소까지의 **송전***과는 구별한다. 최종적으로 빌딩 등에는 교류 22,000 V를 공급하고, 일반 가정에는 전주에서 변압기를 거쳐 교류 220V의 전기를 공급한다. 대량 소비자인 공장 등에서는 자체 변전소 등이 있는 경우도 있어, 그림은 어디까지나 일반적인 것으로 이해하길 바란다.

전력 송전망과 배전 (그림 4-2-1)

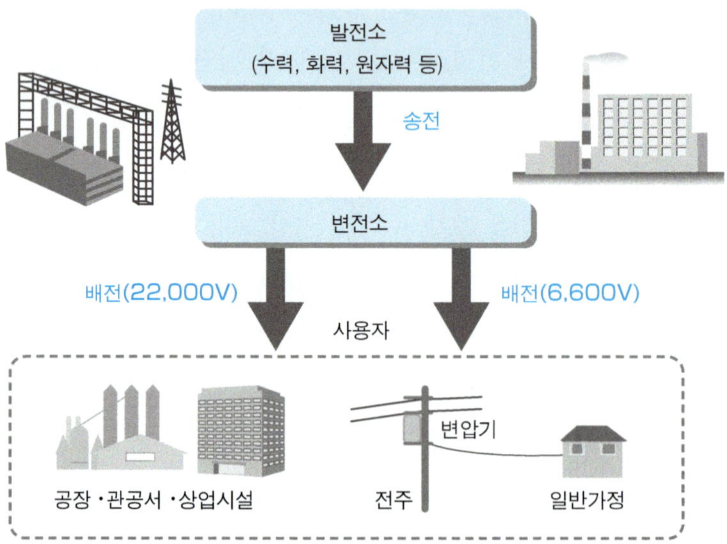

실제 사용지점에서는

전력회사가 공급하는 전기는 전압이나 주파수가 일정하지만, 실제로 사용하는 지점(공장, 상업시설, 오피스, 일반 가정)에서는 장소나 기기에 따라 다양한 전압이나 주파수가 필요하다. 따라서 기본적으로는 1-2절에서 설명한 인버터나 컨버터를 이용하여 기기(부하)에 최적인 전압이나 주파수로 변환할 필요가 있다.

* **송전과 배전** 발전소의 전기는 전술한 바와 같이 27.5 만V 이상의 초고압이므로, 순차 변전소에서 변압된다. 여기까지를 「송전」이라고 한다. 시내에서는 배전 변전소에서 6.600V로 변압되어 「배전」 된다. 가정에서는 전주의 변압기에서 220V로 변압되어 공급된다.

한편, 가정용 태양전지나 연료전지에서도 가정용 전원에 맞추어 공급할 필요가 있다. 이에 대해서는 제11장에서 설명할 것이다. 이러한 컨버터, 인버터를 구성하는 주요 요소가 전력반도체이다. 이때 중요한 것은 9-1절에서 설명할 **변환효율**이다.

전력반도체의 산업기기에서의 응용

산업기기에서는 모터가 사용되는 경우가 많으며 인버터로 만들어지는 교류는 가변전압, 가변주파수의 교류라고 생각되기 때문에 유도 모터의 속도제어에 적당하다. 따라서 공장의 펌프나 팬, 컨베이어 벨트, 공작기계 등 유도 모터가 사용되는 장비 · 기기의 속도제어에 전력반도체가 사용된다.

이 원리는 4-3절에서 설명할 것이므로 참고하길 바라며, 여기에서는 산업 기기에 사용되는 유도 모터에서 속도제어에 전력반도체로 구성된 인버터가 사용되고 있다는 것을 기억하길 바란다.

이와 같이 전력반도체는 에너지(전력) 공급측과 에너지 소비측 사이에서 전력변환이라고 하는 일을 담당하는 소자라고 할 수 있다. 즉, 전력 공급측의 전력을 사용자 측에서 사용할 수 있는 전력으로 변환하는 소자라고 할 수 있다. 사용자측에서는 다양한 요구가 있으므로 그 역할도 폭넓다고 할 수 있다. 그림 4-2-2에 그것을 정리해 보았다. 다만, 여기에서는 기존의 발전 자원과의 관계를 설명하였을 뿐이며 향후의 전력망인 스마트 그리드에서 수행하는 역할도 제11장에서 설명해 보고자 한다. 그것이 전력반도체의 잠재력이라고 할 수 있다.

전력반도체의 역할 (그림 4-2-2)

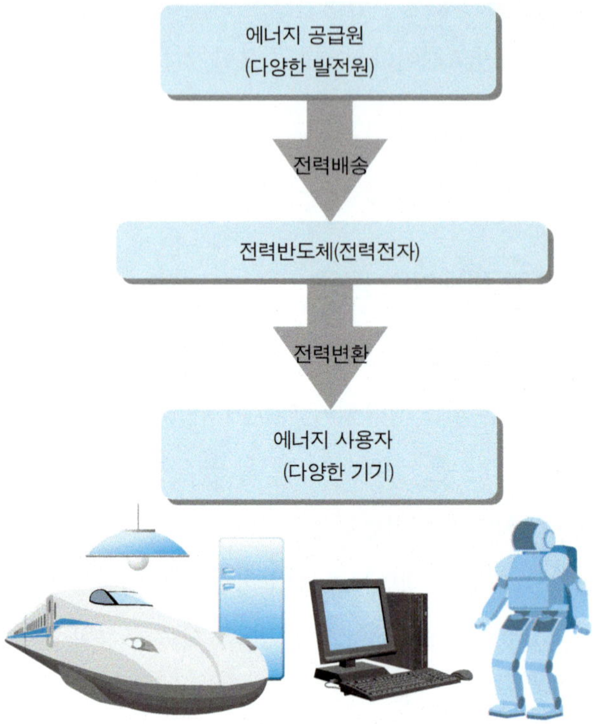

4-3 교통 인프라와 전력반도체

이 절에서는 기차나 자동차 등의 교통 인프라와 전력반도체의 관계를 설명한다. 향후 청정 에너지 시대에서는 매우 중요한 사항이 될 것이다.

기차와 전력반도체

자동차 시대로 인해 일시 폐지된 노면전차, 소위 경전철(Light Rail Transit)의 부활에서 볼 수 있듯이 철도가 복귀하려 하고 있다. 현재 CO_2 배출량 중 20% 정도를 운송 관계가 차지하고 있다는 데이터가 있으며 이것은 자동차의 배기에 의한 영향으로 여겨지고 있다. 그와 같은 관점에서 전철로 대표되는 철도는 CO_2의 배출이 없다고 해도 과언이 아니기 때문에, 환경 · 에너지의 시대라고 불리우는 21세기의 이동 수단으로서 재검토되고 있다. 실은 이 전철 · 전기기관차에도 전력반도체가 필요하다.

2-1절에서도 소개하였지만, 전철 등의 정류기기나 인버터에는 전력반도체가 사용되고 있다. 어떤 의미에서, 현재 전기기관차 및 기차의 발전은 전력반도체에 의존한다고 해도 과언은 아닐 것이다.

여기에서 약간 복습이라고 해야 할지 모르겠지만, 철도 인프라에 대해서 알아보자. 일본에서는 이전에는 직류전기를 사용하였다. 특히 2차 대전 전부터 전동화 된 지역을 중심으로 재래선은 지금도 직류전기 선로가 있다. 현재는 신칸센을 비롯해 새롭게 전동화된 재래선의 전동화 구간도 대부분 교류전기화*되어 있다. 이것은 직류전기에서는 수 km 간격으로 변전소를 설치해야 하므로 철도의 건설비용이 크게 요구되기 때문이다. 한편, 교류전기에서는 수십 km에서 110km정도까지 변전소의 간격을 넓힐 수 있기 때문에 건설비용을 절감시킬 수

* **교류전기화** 일본에서는 1954년에 센잔선(센다이-야마가타 구간)의 센다이-사쿠나미 구간에서 시운전이 시작되었다.

있다. 그렇다면 기차에서 사용하는 모터는 어떠한가? 이것도 얼마 전까지는 직류 모터가 사용되었다. 직류 모터는 브러쉬와 정류자를 조합한 재미있는 원리의 모터이지만, 반대로 그 때문에 유지보수의 부하가 큰 것이 단점이다. 따라서 최근에는 교류 모터인 소위 유도 모터(induction motor)를 사용하고 있다. 공작시간에 브러쉬가 부착된 직류 모터를 만든 적이 있으면 실감할 수 있다고 생각한다. 저자도 익숙치 않아서 고생한 기억이 있다. 또한 브러쉬가 소모되는 점도 문제였다.

이 교류전기화로 직류 모터를 사용하는 시스템에서는 정류기가 필요하였다. 2-6절에서 설명하였듯이 옛날에는 수은정류기가 사용되었으며 실리콘 정류기가 발명된 이후에는 전력반도체의 시대가 되었다. 이것은 1960년대에는 실리콘 사이리스터가 사용되었으며 1970년대에는 스위치 OFF도 가능한 GTO 사이리스터가 등장하였기 때문이다.

실제 전력 변환

다만, 실제 전철이나 전기 기관차에서 전력 변환이 필요하게 되는가는 매우 복잡한 문제이므로 이 책에서는 일본의 신칸센을 예로 설명할 것이다. 신칸센은 교류전기로 25,000V를 사용한다. 모터는 100계에서는 직류 모터(230kW, 800kg)이었지만, 300계 이후에서는 교류 모터(300kW, 375kg)를 사용한다. 교류 모터 쪽이 가볍지만 고출력을 낼 수 있다는 것을 알 수 있다. 교류전기로 직류 모터를 동작하려면 정류기가 필요하다는 것을 알고 있겠지만, 교류전기로 교류 모터를 사용할 경우에는 추후 설명하겠지만 전압 변환이나 주파수 변환을 수행해야 한다. 전철에 흥미가 없는 독자는 100계라든가 300계라든지 N700계라든지 이러한 용어에 대하여 잘 모른다고 생각하지만 단지 이 순서대로 새로운 계통이라고 이해해 주길 바란다.

N700계에는 IGBT

교류전기로 교류 모터를 사용하는 경우이며 그림 4-3-1에 도시한 바와 같이 변전소에서 감압하여 전선에 보내진 교류는 전철 내에서 더욱 변압되고, 그 후 3상 인버터로 교류 유도 모터의 회전 속도를 제어한다. 1대의 인버터로 복수의 모터를 움직이는 구조이다.

이 방식을 VVVF(variable voltage variable frequency) 방식이라고 하며, 가변전압 가변주파수형이라고도 한다. 그림 4-3-2에 도시한 바와 같이 교류의 전압과 주파수를 왼쪽 파형에서 오른쪽 파형으로 인버터에 의하여 변환하여 유도 모터의 회전을 바꾸어 속도를 제어하는 형태이다. 이 인버터에 의한 속도제어에는 1990년대 중반부터 IGBT가 사용되고 있다. 예를 들어 도카이도 신칸센에서도 300계까지는 GTO 사이리스터가 사용되고 있었지만, 현재 주류인 N700계 이후는 IGBT가 사용되고 있다.

그림 4-3-1은 모형을 도시한 것으로써 이러한 전력전자 장치는 차체 아래에 수납되어 있다. 이러한 장치의 설치는 반전 의장이라고 하여 차체를 반전시킨 상태에서 실시한다. 저자는 우연히도 차량공장에서 볼 기회가 있었으므로 기술

기차와 전력반도체의 모형 (그림 4-3-1)

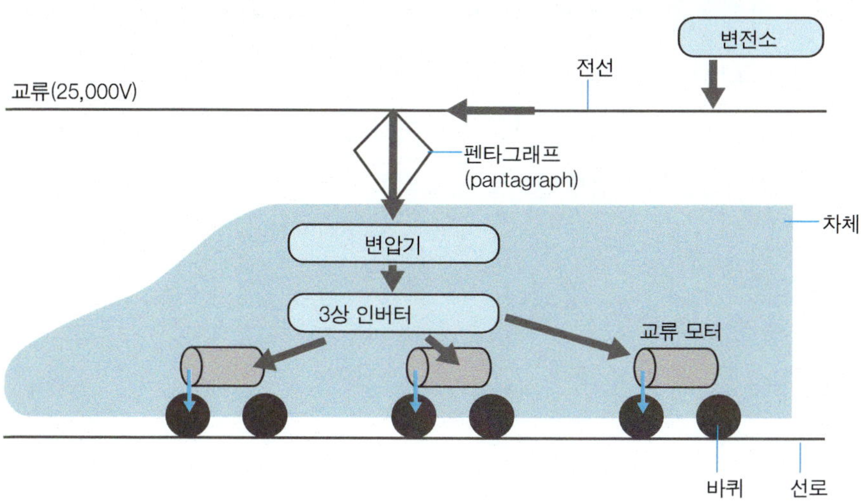

한 것이다.

전문가에 의하면 전철이 달릴 때「피-」라는 귀에 거슬리는 소리는 인버터의 스위칭 소리라고 한다. 다음에 전철을 탈 때, 귀기울여 들어봐 주세요. 신칸센이 아닌 전철(오다큐)에서도 GTO 사이리스터와 IGBT에서는 대부분의 소리가 다르다고 하므로, 흥미가 있는 독자는 확인해 보세요.

VVVF 방식의 개요 (그림 4-3-2)

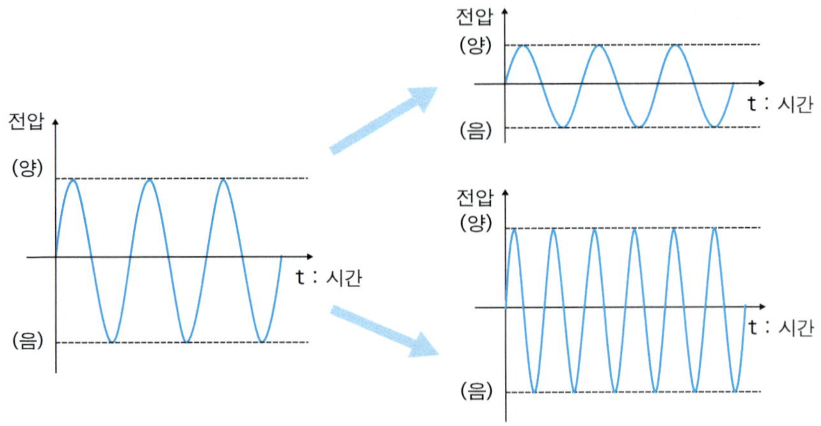

여기에서는 속도 제어계의 전력 변환만을 설명하였다. 전철에서도 그 이외에 다양한 전력을 사용하고 있다. 즉, 에어컨, 컴프레서 등의 3상 교류를 사용하는 것, 히터나 조명과 같이 단상 교류를 이용하는 것, 배터리와 같이 직류 전원을 사용하는 것 (4-4절 참조) 등 다양한 사용처가 있다. 따라서 다양한 전력 변환을 수행하는 전력반도체도 다방면으로 사용되고 있다.

하이브리드 열차의 등장

4-4절에서 하이브리드 자동차의 전력반도체 응용에 대하여 설명할 것이지만, 그 전에 하이브리드 열차나 하이브리드 기관차가 등장한 것을 소개한다. 예를 들어 JR 동일본(회사명)이 코카이선에 사용한 「키하 E200형」은 동사에 의하면 세계 최초의 상용 운전이라고 한다. 「키하」라고 하는 것은 디젤 엔진으로 달리는 차량으로 「E」는 JR 동일본의 East에 해당한다. 그 구조는 디젤 엔진으로 발전한 전기로 상기와 같은 메카니즘으로 유도모터의 회전을 제어하는 것이다. 그림 4-3-3에 게재한 일본 오노센의 「리조트 시라가미호」도 하이브리드화되어 있다. 세계 자연 유산의 옆을 달리기 때문에 환경을 배려한 것이라고 생각한다. 또한 비전기화 구간뿐만 아니라 센고쿠-도후쿠 라인과 같이 직류와 교류의 혼재 구간*에서도 실용화되었다.

하이브리드 관광열차 「리조트 시라가미호」 (그림 4-3-3)

"부나" 편성 아지가자와(鯵ヶ沢)역에서

주) 동 열차에는 "아오이케", "쿠마게라", "부나" 의 3량으로 편성

* **혼재 구간** 혼재 구간이라고 서술한 바와 같이 일본 토후쿠 본선은 교류 전기화, 센고쿠선은 직류 전기화되어 있다. 그 때문에, 상호 탑승이 불가능하여 하이브리드 차량을 도입하였다. 양방향의 선을 연결하는 연락선은 비전기화 구간이 된다.

4-4
자동차와 전력반도체

다음은 자동차 등의 교통 인프라와 전력반도체의 관계를 알아본다. 자동차는 기차에서 요구되는 전력 변환과는 다른 전력 변환이 요구된다.

전기 자동차의 등장과 전력반도체

전 절에서도 설명한 바와 같이, 현재의 CO_2 배출량 중, 20% 정도가 차량 관계에서 발생되고 있다는 데이터가 있으며 이는 자동차의 배기에 의한 것이 대분분을 차지한다. 자동차도 하이브리드 자동차(HV : Hybrid Vehicle) 및 전기 자동차(EV : Electric Vehicle)로의 전환이 시작되었다. 그림 4-4-1은 하이브리드 자동차의 사진이다. 한편, 탈탄소화 정책에 의해 급격히 전기 자동차로 진행되려는 움직임도 있다. 일본에서도 EV 차량의 증가와 함께 충전소가 증가하고 있다.

현재의 자동차는 전자 제어를 이용하고 있어서 차량 탑재용 반도체가 사용되고 있다. 여기에서는, 그것과는 별도로 자동차의 동력과 전력반도체에 관하여 관점을 좁혀 설명한다. 특히 앞서 언급하였듯이 환경문제에 대한 대책으로 하이브리드카(이후 HV)가 실용화되어 오랜 시간이 지났다. 또한 최근에는 전기자동차(이후 EV)의 실용화가 가속화되고 있다. 이에는 전력반도체가 필수적이다. 알려진

토요타 자동차가 개발한 HV「프리우스」(그림 4-4-1)

ⒸMytho88

HV 자동차와 전력반도체 (그림 4-4-2)

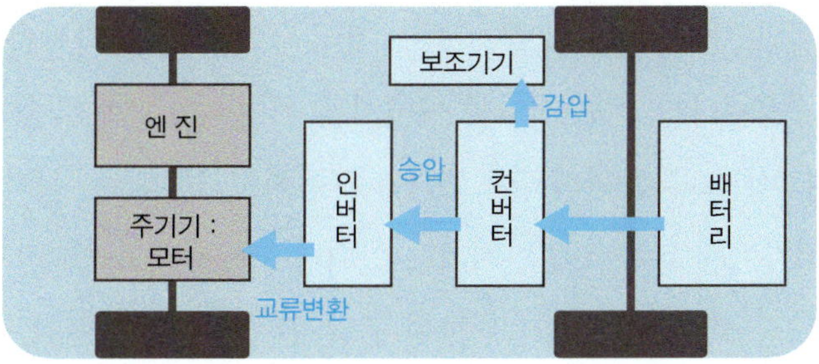

출처 : 다양한 자료에서 작성

바와 같이 HV는 기존 화석 연료에 의한 엔진과 전기 모터을 병행 사용하여 초기 출발은 엔진으로 수행하고 안정 주행에서는 모터로 동력을 교환하여 사용하므로 환경부하를 감소시킬 수 있으며, 배터리 충전방식도 다양하게 연구되고 있다. 그림 4-4-2에 HV 시스템의 예를 도시하였다.

또한 EV는 완전히 배터리에 의한 모터 구동으로 주행하는 자동차로써, 가솔린을 전혀 사용하지 않는다는 장점이 있다. 이것에 대해서는 11-4절에 설명할 것이다.

전력반도체의 역할

원래 자동차의 전장계는 배터리로 전원을 공급하고 있었으며 EV나 HV에서는 전원계(전지 사용)로부터 모터에 전력을 공급하는 주행계의 높은 전압과 그 이외의 전장계의 낮은 전압이 필요하기 때문에, 승압 · 감압 회로가 필요하게 되었다. 자동차 업계에서는 주행계의 기기를 「주기기」, 그 이외를 「보조기기」라고 부른다. 즉, HV나 EV에서도 주행하기 위하여 모터를 이용하므로 모터가 주기기이며, 파워 윈도우 및 파워 스티어링(12~14V) 등을 보조기기로 하여 배터리에서 감압하여 공급한다. 즉, 차량 탑재용 전력반도체는 배터리 전압의 승압 및 감압 회로에 이용되고 있는 것이다. 이의 관계를 그림 4-4-3에 도시하였다.

그림 4-4-2를 보면서 생각해 보면 좋을 것이며, 현재 HV 자동차인 프리우스의 경우, 201.6V의 니켈 수소 전지의 예에서는 최대 650 V까지 승압하고, 인버터를 이용하여 3상 교류로 변환하여 모터를 구동하고 있다. 즉, 전력반도체는 승압 컨버터와 직류에서 교류로 변환시키는 인버터에 사용되고 있다. 또, 보조기기에 사용하는 12~14V를 공급하기 위하여 감압 컨버터를 사용한다. 앞서 언급한 인버터는 현재 실리콘의 수직형 IGBT가 사용되고 있다. 이것을 한층 더 나아가 SiC나 GaN으로 교체하려는 움직임이 일어나고 있다.

자동차의 승압 및 감압 그리고 전력반도체 (그림 4-4-3)

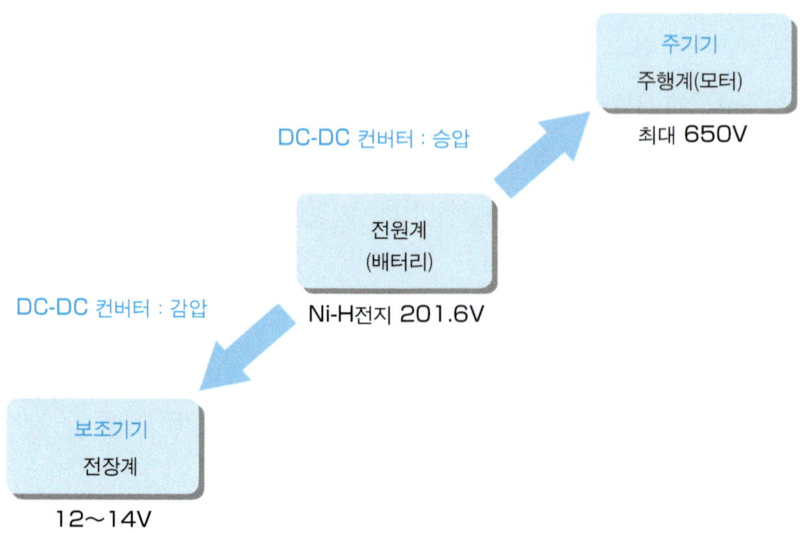

승압 및 감압이란?

승압이나 감압 방법은 별로 들어본 적이 없을지도 모르기 때문에, 여기서 설명을 간단히 한다. 이것을 실시하는 것을 직류 쵸퍼(chopper) 방식이라고 한다. 자세한 원리는 조금 어려운 이야기가 되기 때문에, 회로 구성을 포함한 10-3절에서 설명하고자 한다. 직류를 일단 펄스화 하여 전체 전압을 낮추는 방법이 있다. 교류의 경우는 변압기(트랜스 : transformer)로 전압의 승감압을 수행하면 되지만, 직류의 경우는 쵸퍼 방식이 사용된다.

4-5
정보통신과 전력반도체

현재의 IT시대에서도 전력반도체는 빠뜨릴 수 없다. 이 절에서는 사무실로 눈을 돌려 정보·통신과 OA 기기에 대한 전력반도체의 관계를 설명한다.

IT시대와 전력반도체

IT와 전력반도체? 전력 변환이 임무인 전력반도체와 정보를 다루는 IT 사이에 어떠한 연관성이 있는지 생각하는 독자도 있을지 모르겠다. 그러나 예를 들어 사무실이나 관공서에서도 그리고 공장에서도 정보는 전자 데이터로 관리되고 네트워크로 연결되어 있어 갑자기 정전이 발생하면 과연 어떻게 될까? 의료기관이나 은행 등의 온라인 시스템, 교통관제 시스템 등을 상상하면 그 심각함을 잘 알 수 있다고 생각한다. 이를 위하여 상용 전원과는 별도로 **무정전 전원**(UPS : uninterruptible power supply)에 정보기기가 접속되어 있다. 일반적으로 사무실 등에서 사용하는 방식은 **정전압 정주파수 방식**으로 CVCF(constant voltage constant frequency) 방식이라고도 한다. 여기에서도 인버터가 활약하고 있다.

구체적으로 설명하기 위하여 사무실의 이미지를 상상해 보자. 사무실의 책상에는 PC가 줄지어 있으며, 화면을 향해 일을 하고 있는 익숙한 풍경이 떠오를 것이다. 또한 복사기나 서버 등의 OA 기기 없이 일상의 비즈니스는 성립되지 않을 것이다. 이러한 기기는 정전 등으로, 갑자기 전원이 꺼지면 데이터가 소실되어 버릴 우려가 있어 전술한 UPS 전원을 접속하므로써 대책을 마련하고 있다. 그림 4-5-1은 그 예를 도시한 것이다. 이것은 상시 인버터 급전식이라고 하는 것으로, 평상시에는 상용 전원의 교류를 정류기를 이용하여 직류로 바꾸어 배터리를 충전하면서 상시 인버터 회로를 경유하여 PC에 공급한다. 물론, PC측의 어댑터를 통하여 적정한 직류 전압이 공급될 것이다.

한편, 정전 시에는 상용 전원이 꺼지므로 그림 4-5-1에 점선으로 나타낸 바와 같이 배터리로부터 전원을 공급하도록 전환된다. 이 경우, 컨버터로 승압하고 그 후, 인버터로 교류화하여 상용 전원과 동일한 교류를 공급하고 있는 것이다.

실제 동작

인버터 동작은 4-4절에서 설명한 전압의 감압, 승압을 수행한다. 이전에는 사이리스터나 GTO 사이리스터로 고속 스위칭을 실시하고 있었지만, 최근에는 IGBT를 사용한 장비도 출시되고 있다. UPS 전원은 전문 전원업체가 시장을 형성하고 있다. 제11장에서 설명하겠지만, 재생 가능한 에너지원을 전원으로 활용하기 위

UPS 전원의 구조 (그림 4-5-1)

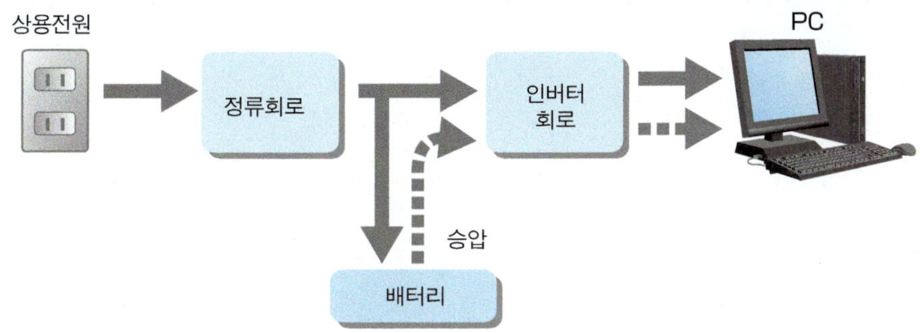

UPS 전원의 예(상시 인버터방식) (그림 4-5-2)

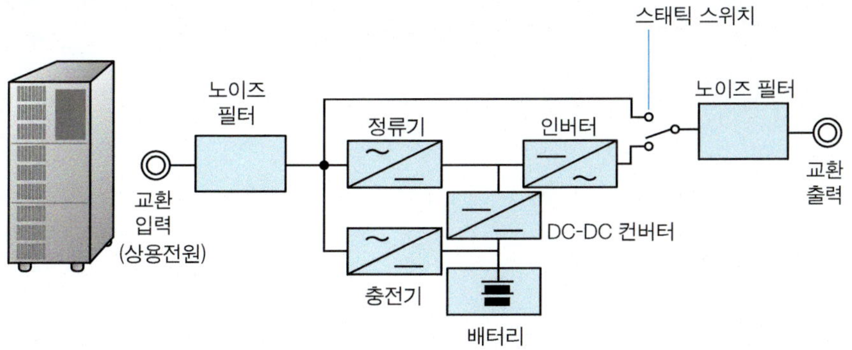

출처 : YAMABISHI 홈페이지를 기본으로 작성

한 파워 컨디셔너의 제조업체도 참가하고 있다. 그림 4-5-2에 UPS 전원의 예와 그 회로 구성을 도시하였다. 그림의 가장 위의 선은 바이패스용으로 사용하고 있다.

4-6
가전과 전력반도체

이 절에서는 가전기기와 전력반도체의 관계를 설명한다. 그 대표적인 예로 IH 조리기와 LED 조명을 소개할 것이다.

IH 조리기란?

1-3절에서 언급한 형광등이나 가정용 에어컨의 인버터제어 외에 냉장고, 세탁기에도 인버터 제어가 사용되고 있는 것은 잘 알려져 있다. 여기에서 사용되는 인버터는 컴프레셔나 모터의 제어에 사용되는 인버터이며, 4-3절에서 소개한 신칸센 등의 모터 제어와 동일한 기능이다. 이 절에서는 인버터의 조금 다른 기능을 소개하고자 한다.

독자 중에서도 사용하고 있을지 모르지만 친환경 시대의 조리기로서 주목받고 있는 것이 IH 조리기이다. IH는 Induction Heating의 약자로써 유도 가열로 번역되고 있으며, 또한 IH 조리기를 전자조리기라고 하는 경우도 있다. IH 조리기는 IH 코일에 전류를 흐르게 하여 와전류를 발생시키고 냄비나 프라이팬의 밑면에 주울(Joule) 열을 발생시켜, 조리하는 방법이다. 냄비와 프라이팬이 직접 열을 발생시키기 때문에 불을 사용하지 않아 안전하며 열의 대부분이 요리에 사용되기 때문에 경제적이어서 주목받고 있다. 위와 같은 안전상의 이유로 고층 아

IH 조리기 (파나소닉) (그림 4-6-1)

파트 등에서는 표준 기기처럼 사용하고 있다. 그림 4-6-1에 IH 조리 테이블의 예를 도시하였다.

와전류(영어로는 eddy current)라고 하지만 Foucault(푸코) 전류라고 하는 경우도 있다. Foucault*는 와전류의 발견자이다. 와전류나 유도 가열에 대해서 잘 모르는 독자가 있을 수 있으므로 간단히 설명한다.

그림 4-6-2와 같이 IH 조리기의 가열 코일에 고주파 전류를 흐르게 하면 자력선이 발생한다. 그 위에 금속 냄비 등을 놓으면 자력선이 변화하고 확대한 그림에서 볼 수 있듯이 금속 내에 와전류가 발생한다. 이 전류가 흐르면서 저항에 의한 주울 열이 발생하여 가열이 이루어지는 것이다.

와전류와 IH 조리기에 의한 가열 모형 (그림 4-6-2)

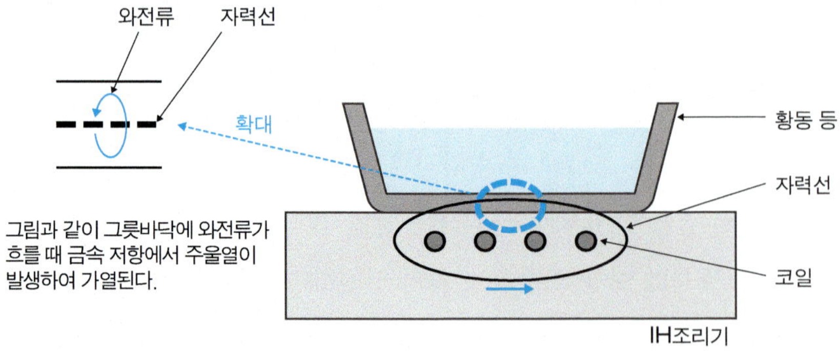

전력반도체는 어디에 사용되는가?

IH 조리기와 전력반도체? 조금 연관성을 찾기 힘든 독자도 있을지 모른다. IH 조리기에도 전력반도체가 필요한 것은 상기 와전류의 설명에서도 서술하였지만

* **Foucault** 레옹 · 푸코 (1819-1868). 프랑스 물리학자. 코리올리(Coriolis)의 힘을 이용한 푸코진자로 유명하다. 이것을 이용하여 자이로스코프도 발명하였다.

전자 유도 시에 인버터로 가정의 전기(교류 50Hz 또는 60Hz)를 수십 kHz의 교류 전류로 변환할 필요가 있기 때문이다. 즉, 인버터에 의한 주파수 변환이 요구된다.

LED 조명과 전력반도체

에너지 절약용 조명으로 실용화가 진행된 LED(Light Emission Diode) 조명의 경우는 어떠할까? 이 경우는 정류기를 이용하여 가정용 교류를 직류로 변환하고 LED에 필요한 전압으로 감압 쵸퍼에서 변환하여 LED를 발광시키기 때문에 여기에서도 전력반도체가 필요할 것이다. 쵸퍼에 의한 승압 · 감압에 대해서는 앞서 설명한 바와 같이 10-3절에서 그 원리를 설명할 것이다.

덧붙여 LED의 발광 원리는 반도체소자의 pn 접합을 이용하는 것이지만, 2장에서 설명한 pn 접합의 동작과는 다르므로 간단하게 설명한다. 여기서 pn 접합의 역할은 그림 4-6-3 에 도시한 바와 같이 반도체의 pn 접합에 전류를 흐르게 하여 전자와 정공이 접합부에서 재결합함으로써 발광시키는 것이다. 직접 전기를 빛으로 바꾸기 때문에 변환 효율이 우수하고, 저전압, 소전력의 직류로 구

LED의 발광원리 모형 (그림 4-6-3)

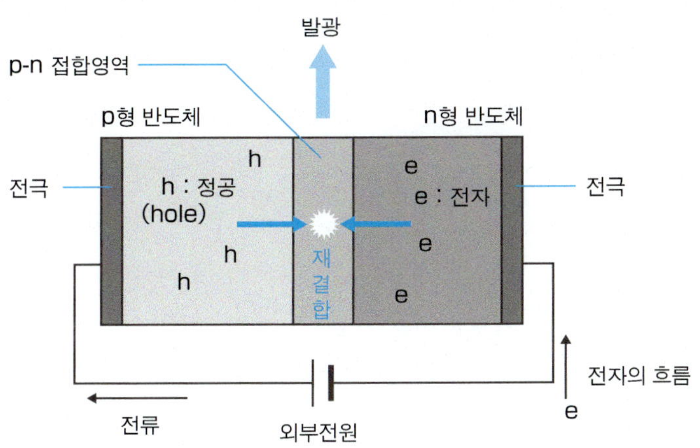

동하며, 적외선이나 자외선의 발광도 적고, 소형화나 외부사용에 필수적인 방수 구조가 용이하다는 것도 특징이다. 또한 저온에서도 발광 효율의 저하가 적다는 것도 큰 특징이다. 3-1절에서 설명한 정류 다이오드의 경우는 이 pn 접합으로 캐리어의 흐름을 제어함으로써 정류 작용을 발생시켰지만 LED의 경우는 캐리어를 pn 접합의 양단에서 주입하고, 접합부에서 재결합시키는 것으로 발광시키고 있는 것이다.

반도체소자의 흥미를 더하기 위하여 조금 더 설명한다. LED라는 광반도체를 이용하기 위하여 그것에 필요한 전압으로 변환하기 위한 전력반도체가 사용되고 있다. 반도체의 다양한 역할을 이해하는데도 흥미롭다고 생각한다.

제 5 장

전력반도체의 분류

이 장에서는 지금까지 서술한 전력반도체를 넓게 살펴본다는 의미로 다양하게 분류해 본다. 전력반도체의 사소한 지식도 포함하고 있으니 편하게 읽어 주기 바란다.

5-1
용도로 분류한 전력반도체

지금까지 전력반도체의 종류나 동작 원리, 응용 시장 등을 살펴보았다. 제 4 장에서 설명하였듯이 응용 범위가 넓은 전력반도체에서는 다양한 용어가 사용된다. 이 장에서는 그들을 정리하는 의미로 다양한 분류를 실시하고자 한다. 또한 전력반도체 성능의 기준도 설명하고자 한다.

전력반도체는 무접촉 스위치

다시 한번 전력반도체에 대한 역할을 설명하자면 전력반도체는 기계식 스위치로는 달성할 수 없는 고속 스위칭을 가능하게 하여, 이것에 의해 「**전력 변환**」을 수행하는 소자이다. 좀 더 반도체소자를 파헤쳐 보면 「작은 전류 · 전압에 의하여 고속으로 큰 ON 전류(부하 전류)를 ON · OFF 시킬 수 있는 것」이라 할 수 있다. 이것을 개략적으로 그림 5-1-1에 도시하였다.

전력반도체의 역할 (그림 5-1-1)

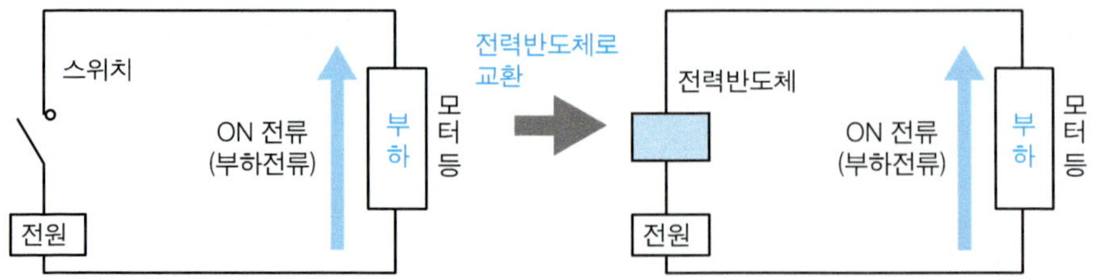

반도체소자이므로 기계적인 마모가 없고 반영구적으로 동작하며, 전력 손실이 작고, 고속으로 ON · OFF하는 전자 스위치라고 할 수 있다. 한편, 스스로 전기 에너지를 축적하는 것은 불가능하다. 부하를 동작시키기 위해서는 그림 5-1-1에는 도시하지 않았지만, 제어 회로, **전력 변환 회로**, **보호 회로**, 냉각 기능 등이 필요하다.

예를 들어, 3-3절에서 간단히 설명하였지만 사이리스터에서는 ON에서 OFF로 스위칭하기 위하여 전환 회로라는 복잡한 제어 회로가 필요하다. 이것들을 모아서 정리하면 전력전자라는 개념으로 완성된다. 또한, 이들을 모두 갖춘 장치를 전력 변환 장치라고 한다.

이 책에서는 전력반도체 자체를 중심으로 설명하기 때문에, 이들 모두가 아닌 일부만 설명할 뿐이다. 전력전자 전체에 대한 해설은 그 분야의 책을 참조하길 바란다.

전력반도체의 광범위한 용도

먼저 용도별로 분류해 본다. 전력반도체의 응용 범위는 제4장에서 설명하였다. 여기에서는 응용 분야가 아니 다른 취지로 설명한다. 그것은 부하가 구동부를 가지고 있는지 아닌지의 관점이다. 구동부를 가지는 것의 대표적인 것은 무엇인가? 잘 알다시피 모터이다. 그렇다면 구동부가 없는 것의 대표적인 것은 무엇인

구동부의 유무에 따른 분류 (그림 5-1-2)

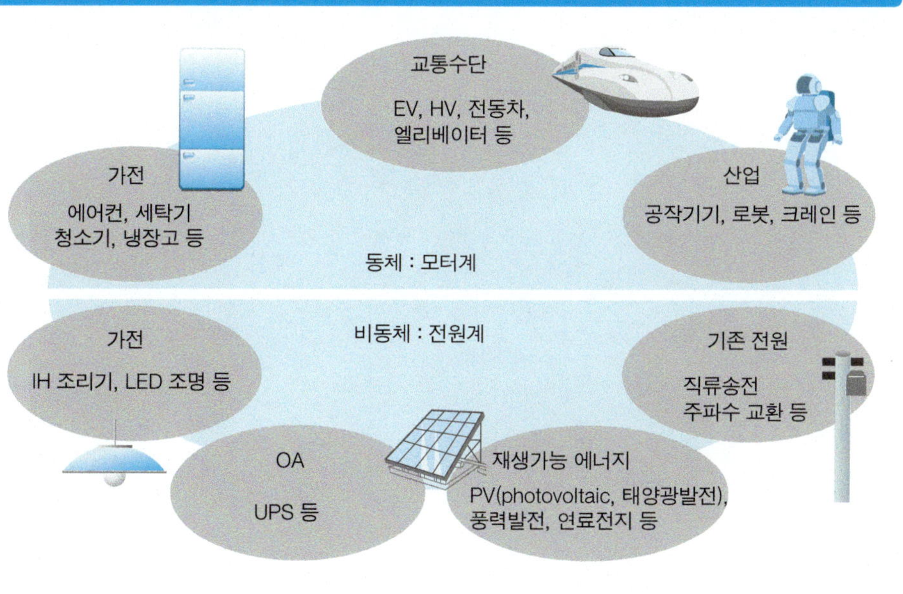

가? 그것은 4장에서 설명한 UPS 등의 전원, 그리고 제11장에서 설명할 예정인 태양전지 등의 재생 가능한 에너지를 주로 사용하는 전원이나 기존의 교류 전원 · 직류 전원 등이다. 이와 같은 사항을 그림 5-1-2에 정리하여 도시하였다. 제4장에서 일부 설명하였지만, 모터계에서는 유도 모터(교류)의 속도 조정 등에 이용하기 때문에 주로 인버터 동작을 수행한다. 한편, 전원계에서는 감압 · 승압을 실시하는 컨버터 동작이 주가 된다. 이상과 같이 전력반도체를 구분하는 경우도 있다.

5-2
재료로 분류한 전력반도체

전력반도체에서는 실리콘뿐만이 아니라 성능 향상을 위하여 다양한 재료를 사용하게 되었다. 여기에서는 재료별로 분류하고자 한다.

전력반도체와 기판재료

전력반도체에서는 기판의 물성이 직접적으로 소자특성에 영향을 미치는 경우가 대부분이다. 이는 LSI와 같이 무수히 많은 트랜지스터의 집적으로 성능을 발휘하기보다는 다이오드, 트랜지스터, 사이리스터라고 하는 소자 단위에서의 성능이 영향을 미치기 때문이다.

스포츠 경기로 비유해 보자면 LSI는 단체 경기, 전력반도체는 개인 경기와 유사한 면이 있다. LSI는 소자의 설계, 회로 설계나 회로의 조합 등에서 성능 향상을 도모할 수 있다. 예를 들어, 야구, 축구 등에서는 득점기록원과 그 정보의 분석, 팀 지원 체제의 충실도조차 승리의 요인으로 작용한다. 이에 반해 전력반도체는 그 자체로 성능을 극도로 유지할 필요가 있다. 예를 들어 격투기 같은 것이다. 그 때문에 여러 가지 육체 단련도 하지 않으면 안 된다고 생각한다. 그러므로 전력반도체는「재료가 생명」이라 할 수 있다. 앞으로 제6장과 제10장을 읽으면서 더욱 이해할 수 있을 것이다. 따라서 LSI와는 다른 재료와 그에 대한 사양이 필요할 것이다.

개별 재료에 대한 설명은 제6장과 제10장에서 설명하겠지만, 전력반도체에서 사용하는 재료는 현재 실리콘이 주로 쓰이며 실리콘의 화합물인 SiC(탄화규소)의 실용화가 보급되고 있고 GaN(질화갈륨)이 실용화를 목표로 연구 개발되고 있다. GaN은 Ga(갈륨)이 III족의 원소이고, N(질소)가 V족의 원소이기 때문에 III-V족 화합물 반도체라고 한다. 이에 반해 SiC는 IV 족의 화합물 반도체라고 할 수 있다. 즉, 단원소계인지 화학물계인지로 반도체 재료를 분류하면 같은 IV족이지만 실리콘과 SiC는 다르게 분류하고 있는 것이다.

그러나 실리콘계인가 그렇지 않은가 하는 분류에서는, 실리콘과 SiC는 같은 IV족의 반도체로서 III-V족과는 분리되기 때문에, 이 분류에서는 실리콘과 SiC는 같은 분류가 된다. 이를 그림 5-2-1에 정리해 도시하였다.

이 책에서는 이후부터 그림 5-2-1(a)의 분류를 사용하여 설명할 것이다. 한편 LSI에서 기판재료는 실리콘인 것에는 변함이 없다.

재료로 분류한 전력반도체 (그림 5-2-1)

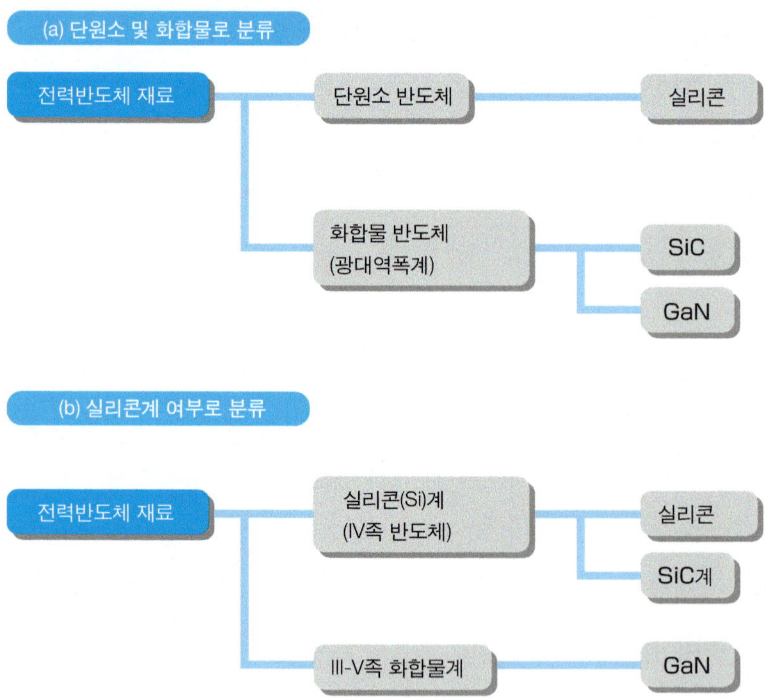

광대역폭 반도체의 필요성

왜 그렇게 SiC나 GaN이 요구되는 것일까? 조금 어려운 이야기지만 고체 물성적으로 내압은 무엇으로 정해지는 것일까? 절연체라면 그 두께를 두껍게 하면 우수한 성능을 나타내는 것을 주변에서 봐도 알 수 있다고 생각한다. 그러나 전력반도체는 전기를 흐르게 하거나 끄는 스위치의 역할을 한다는 것을 지금까지 설명해 왔다. 즉, 문제는 스위치로서의 내압이라고 할 수 있다. 반도체는 도체가 되거나 절연체가 될 수 있다는 것을 제1장에서 설명하였다. 이때 전력반도체의 종류에 관계없이 스위치 역할을 하는 것은 지금까지 설명하였듯이 pn 접합이다.

이 pn 접합에는 전기를 운반하는 역할을 하는 캐리어(전자와 정공)의 농도가 적은 부분이 있다. 이것을 **공핍층**(영어로 depletion layer)이라 하며 pn 접합면의 근처에서는 양쪽(p형의 정공과 n형의 전자)의 캐리어가 서로 확산되어 재결합에 의해 소멸하므로 형성되는 영역이다. 이 공핍층에 걸리는 전압이 내압에 영향을 미친다고 생각된다. 그것을 그림 5-2-2에 정리하여 도시하였다. 반도체에서 조금 어려운 이야기지만 공핍층의 내압은 **에너지대역폭**(금지대)의 크기에 비례한다.

고체 물성적으로 본 pn 접합의 내압 (그림 5-2-2)

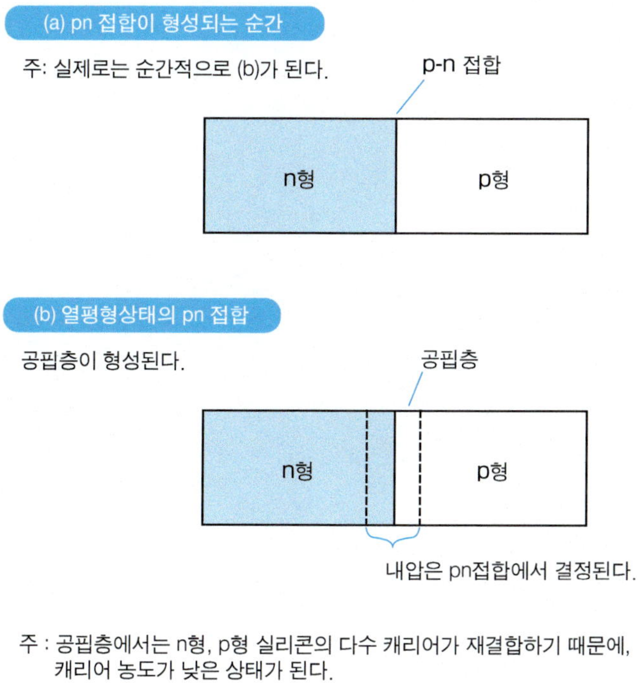

주 : 공핍층에서는 n형, p형 실리콘의 다수 캐리어가 재결합하기 때문에,
캐리어 농도가 낮은 상태가 된다.

에너지 대역폭에 대해서는 그림 2-1-2를 참조하길 바란다. 따라서 에너지대역폭이 큰 반도체, 즉, 광대역폭 반도체가 필요하게 되는 것이다. 실리콘과 같이 에너지대역폭이 1.1 eV정도인 재료에서는 내압이 향후 응용에 충분하지 않다. 그러므로 SiC나 GaN 등과 같은 재료가 필요한 것이다.

5-3
구조 및 원리로 분류한 전력반도체

제3장과 중복되는 부분도 있다고 생각하지만, 한번 더 정리해 두는 의미로 구조·기능별로 분류해 보고자 한다. 조금 형식적인 이야기라고 느껴질지도 모르지만, 제대로 본질에 다가가고 싶다.

캐리어 종류로 분류

먼저 크게 나누어 바이폴라계와 MOS계로 분류된다. 제2장에서도 설명하였지만, 전기를 운반하는 캐리어(carrier : 가방의 캐리어 등과 같은 단어)의 극성은 양과 음의 두 가지가 있다. 바이폴라 트랜지스터는 음전하인 전자와 양전하인 정공 모두의 캐리어를 사용하기 때문에 이와 같이 불리 운다. 이에 반하여, 전력 MOSFET에서는 전자밖에 사용하지 않기* 때문에 **유니폴라형**이라고 한다. 그러나 이 용어는 어디까지나 바이폴라형과 비교하기 위하여 이용되는 것으로써 일반적으로는 MOS형이라고 한다. 여기에서는 이해를 돕기 위하여 그림 5-3-1과

캐리어 종류의 수로 분류한 전력반도체 (그림 5-3-1)

* **전자밖에 사용하지 않기** 전력 MOSFET는 고속성이나 구동성을 중시하기 때문에, 소위 이동도가 높은 전자를 캐리어로 이용하는 n채널 트랜지스터가 주로 사용된다. MOS 트랜지스터에는 정공을 캐리어로 하고 있는 p채널 트랜지스터도 있다. 2-9절에서 언급하였듯이 LSI는 두 가지 형태를 모두 사용한다.

같이 분류한다. 다이오드의 경우는 여기서 유니폴라형으로 분류한다. IGBT의 경우는 MOSFET의 동작과 바이폴라 트랜지스터의 동작을 동시에 이용하기 때문에 분류하기 어렵지만, 여기에서는 바이폴라형에 포함시켜 두고자 한다.

접합의 수에 의한 분류

우선은 크게 나누어서 바이폴라계와 MOSFET계로 분류하고, 그중에서 접합의 수로 분류하는 것이 이해하기 쉬울 것으로 생각한다. 하나의 접합만 있는 것이 pn 접합 다이오드이다. 바이폴라 트랜지스터와 MOSFET의 접합은 조금 의미가 다른 접합의 구조(접합의 중첩이 없다는 의미이다. 그것을 그림 5-3-2에 도시하였다.)로써, 여기에서는 2 접합의 소자로 분류한다. IGBT의 경우, 본질은 3-5절에서 설명한 바와 같이 바이폴라 트랜지스터와 MOSFET의 조합이므로, 여기서는 다접합의 소자로 분류한다. 사이리스터는 2장에서 설명한데로 3 접합의 소자이다. 접합의 수가 많을수록 다양하고 복잡한 스위칭 동작을 할 수 있다는 것은 지금까지의 설명에서 이해할 수 있으리라 생각한다. 단, 그만큼 외부 제어 회로가 필요할 수도 있다. 3-1절의 다이오드를 이용한 정류 작용의 설명에서 알 수 있듯이 다이오

바이폴라형과 MOS형 접합의 비교 (그림 5-3-2)

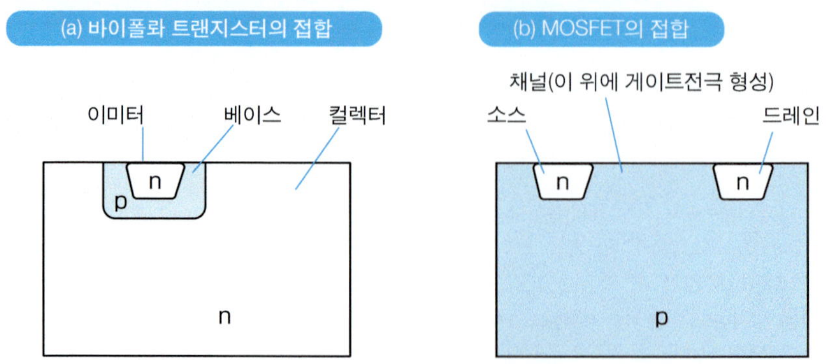

주) 바이폴라 트랜지스터의 경우는 접합이 적층되어 형성된다.

드의 경우는 별도의 제어 회로 없이 전류흐름을 ON · OFF한다. 이것을 **비가제어성**(non-controllability) 소자라고 한다. 이에 대해 사이리스터나 트랜지스터와 같이 외부 회로로 제어하는 것을 **가제어성**(controllability) 소자라고 한다. 지금까지 언급한 것을 그림 5-3-3에 정리해 도시하였다.

또한, 전술한 「접합의 중첩」에 대해서 설명하자면, 전술한 바와 같이 바이폴라 트랜지스터와 MOSFET의 접합은 조금 의미가 다른 접합의 구조로 되어 있다. 이것이 의미하는 바를 알아보면, 양쪽 모두 동작의 원리를 설명할 때 사용한 모델을 다시 살펴보면 그림 2-4-2(바이폴라형 트랜지스터)나 그림 2-5-1(MOS형 트랜지스터)과 같이 n형-p형-n형으로 나란히 도시되어 있다. 그러나 실제 바이폴라 트랜지스터의 경우, 그림 5-3-2(a)와 같이 n형 안에 p형과의 접합면이 있고, 그 p형 안에 다른 n형과의 접합면이 있다. 이것을 접합의 「중첩」이라고 한다.

대조적으로, MOSFET의 경우 그림 5-3-2(b)와 같이 p형 안에 두 개의 n형과의 접합면이 있지만, 이른바 바이폴라 트랜지스터와 같은 접합의 중첩은 없다. 이것이 바이폴라 트랜지스터와 MOSFET의 접합을 형성하는 방법의 차이이다. 특

접합의 수로 분류한 전력반도체 (그림 5-3-3)

히 그림 5-3-2(a)에서 바이폴라 트랜지스터의 베이스 층은 그림에서 알기 쉽게 하기 위해 어느 정도의 두께로 그려져 있지만, 실제로는 매우 얇은 영역이다.

단자수 및 구조에 의한 분류

외부 단자수로 분류할 수도 있다. 예를 들어 다이오드는 2단자 소자이다. 생각해 보면 당연할지 모르지만 pn 접합의 수가 증가할수록 단자의 수가 증가한다. 그러나 소자의 제어를 위하여 많아도 3단자의 소자로 사용하고 있다. 예를 들어 사이리스터는 3접합 소자이지만 3단자 소자이며 IGBT도 3단자 소자이다. 이를 그림 5-3-4에 도시하였다.

단자수로 분류한 전력반도체 (그림 5-3-4)

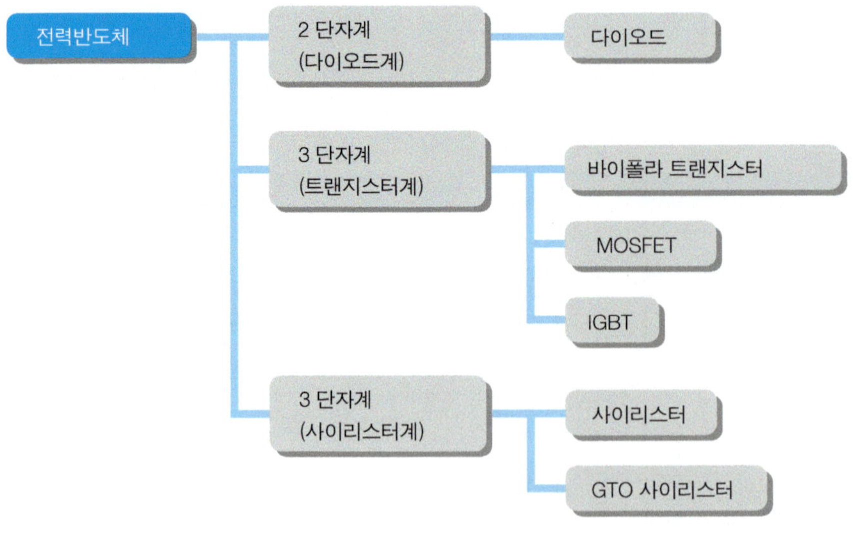

5-4
용량으로 본 전력반도체

이 절에서는 다른 장에서 취급하지 않은 내용을 적어두고 싶다. 전력반도체에 관한 잡학으로서 편하게 읽어 주길 바란다.

전력반도체의 정격이란?

전력반도체는 전력 변환을 위한 반도체라고 설명하였다. 경우에 따라서는 고전압이 인가되어 고전류를 제어하는 소자가 된다. 아는 바와 같이 전력 = 전류×전압이다. 수식으로는 전력(P)과 전류 (I), 전압(V)의 관계는

$$P = I \times V$$

와 같다. 그래서 전력반도체로 전력을 변환할 경우, 「어느 정도의 전류를 흐르게 할 수 있는가」 하는 것과 「어느 정도의 전압까지 인가할 수 있을까」가 성능의 열쇠가 된다. 여기서 전력반도체의 경우는 **정격**이라고 하는 것이 반드시 카탈로그 등에 기재되어 있다. 그림 5-4-1은 IGBT의 예를 도시한 것으로써 일반적으로 카탈로그의 첫 번째 부분에 최대 흐를 수 있는 컬렉터 전류 I_C와 컬렉터와 이미터 사이에 인가할 수 있는 전압 V_{ces}(S는 포화를 의미하는 saturation의 약자)를 표기하고 있다. 여기에서는 일례로서 I_C와 V_{ces}를 설명하였지만, 그 밖에도 여러 가지 수치가 표시된다. 반드시 전력반도체의 카탈로그를 살펴봐 주길 바란다. 물론, 이 범위 내가 안전하게 동작 가능한 영역이 될 것이다.

통상은 220V 전원이나 440V 전원에 대응할 수 있는 600V나 1,200V가 일반적인 정격이다. 물론 철도나 송전의 변전소 등 취급하는 전압이 높은 경우는 더욱 커질 것이다. 전류는 여기에서 100A의 예를 보여 주었지만 1kA 이상까지 다양한 정격 전류가 있다.

전력반도체의 전류용량과 내압

이와 같이 전원의 표준 전압은 정해져 있다. 그림 5-4-2는 일본에서 JEC*에 규정된 전원 전압의 표준을 보여준다. 당연히 대전압용의 전력반도체는 그만큼의 내압이 필요하게 된다는 것을 알 수 있다.

이것도 기억해 두면 제4장이나 제11장에서 취급하는 전력반도체의 응용을 실감할 수 있다고 생각한다. JEC에서는 다양한 규격이 있으므로, 흥미 있는 독자는 JEC의 홈페이지를 참고해 주길 바란다.

전력반도체의 규격 (그림 5-4-1)

기호	항목	조건	정격값	단위
I_c	컬렉터 전류	측정시 온도나 펄스 조건 등	100	A
V_{ces}	컬렉터-이미터간 전압	측정조건 등 예) G-E간 단락[주]	600	V

주) G는 게이트, E는 이미터

출처 : 각 전력반도체 메이커의 카탈로그를 바탕으로 작성

표준전압의 JEC 규격 (그림 5-4-2)

	종류	전압
가정용	단상/3상	100V、200V
소규모 공장용	3상	200V、400V
빌딩, 공장용	3상	3.3kV、6.6kV
대규모공장용 대용량 설비	3상	11kV、22kV、33kV~

출처 : JEC-0102(2004)

* **JEC** 사단법인 전기학회의 전기규격조사회인 Japanese Electrotechnical Committee의 영어표기. 각종 표준규격을 결정한다. 국제 표준은 IEC이다. I는 물론 International의 약자이다.

제 6 장

전력반도체용 실리콘 웨이퍼

이 장에서는 전력반도체의 기판재료가 되는 실리콘을 소개하고, 그 재료로서의 특징이나 문제점, 웨이퍼의 제작법 등을 MOS LSI용 실리콘과 비교하여 설명한다.

6-1
실리콘 웨이퍼란

이 절에서는 전력반도체에서 사용하는 실리콘 단결정과 실리콘 웨이퍼에 대하여 설명한다. 실리콘 이외의 재료에 대해서는 제 10 장에서 설명할 것이다.

실리콘의 품질이 핵심인 전력반도체

이 절에서는 실리콘과 실리콘 웨이퍼에 대하여 자세히 설명하고자 한다. 이는 전력반도체는 실리콘 웨이퍼의 품질에 크게 의존하기 때문이다. 그렇다면 첨단 LSI의 MOS 논리회로나 MOS 메모리에서 사용하는 실리콘웨이퍼의 품질은 영향이 없을까라고 하면 그렇지 않다. 상대적인 비교라는 것을 유념해 주길 바라며 이러한 사항을 기억하고 이후를 읽어 주었으면 한다.

우선 실리콘 (원소 기호 : Si)은 그림 6-1-1의 단주기율표에 나타낸 바와 같이 IV족의 원소이다. 같은 IV족에는 탄소(원소 기호 : C)와 게르마늄(원소 기호 : Ge)이 있다.

단주기율표에서 실리콘의 위치 (그림 6-1-1)

I	II	III	IV	V	VI	VII	VIII
H							He
Li	Be	B	C	N	O	F	Ne
Na	Mg	Al	Si	P	S	Cl	Ar
K	Ca	Ga	Ge	As	Se	Br	Kr

* **웨이퍼** 슬라이스라고 부르는 경우도 있다. 햄을 슬라이스 하는 것과 같은 어원이다. 이와 같이 반도체산업은 미국에서 시작되었으므로 영어 명칭이 많다.

그렇다면 이런 실리콘 단결정을 어떻게 만들 것인가? 그 전에 지금까지의 설명을 되돌아보고 싶다. 현재는 반도체 재료로서 실리콘이 일반적이지만 초기 단계부터 실리콘을 사용한 것은 아니다. 처음에는 2-7절에서 언급했듯이 게르마늄이라는 실리콘과 동일한 IV 족 원소가 사용되었다. 왜 실리콘으로 바뀌었을까?

실리콘은 지표상에 다량 존재하는 원소(클라크 수*로 표시한다.)이며, 또한 산화막이 안정되 있기 때문이다.

실리콘 웨이퍼란?

실리콘 웨이퍼 형상**의 사진을 그림 6-1-2에 도시하였다. 보는 바와 같이 웨이퍼는 원형이다. 웨이퍼의 구경이나 두께는 SEMI***의 규격으로 정해져 있다. 이 책에서는 웨이퍼의 구경을 인치로 표현하기로 한다. 처음에는 인치로 나타내고 있었지만, 그 후 5 인치 이상은 mm 단위로 표현하게 되었다. 그러나 지금까지의 관행에서 업계나 신문 등에서는 인치로 나타내고 있는 일도 많기 때문에, 혼란을 피하기 위해서 인치 표시를 사용한다. 즉, 5 인치는 125mm 웨이퍼, 6 인치는 150mm 웨이퍼, 8 인치는 200mm 웨이퍼에 해당한다.

웨이퍼(영어에서는 wafer)의 표기도 다양하지만 혼란을 피하기 위해 이 책에서는 웨이퍼라고 명명할 것이다. 덧붙여, 웨이퍼는 아이스크림에 붙어있는 얇은 비스켓 모양의 과자에도 사용된다.

* **클라크 수** 지표에 존재하는 원소 비율의 지표이며, 실리콘은 산소에 이어 2번째로 많다고 한다.

** **웨이퍼 형상** 실리콘 반도체에서 사용되는 것은 원형. 태양 전지에서는 사각형이나 사각형으로 자른 모양이 사용되는 경우가 있다.

*** **SEMI** 일본 지부의 홈페이지는 www.semi.org/kr

실제 실리콘 웨이퍼의 사진 (그림 6-1-2)

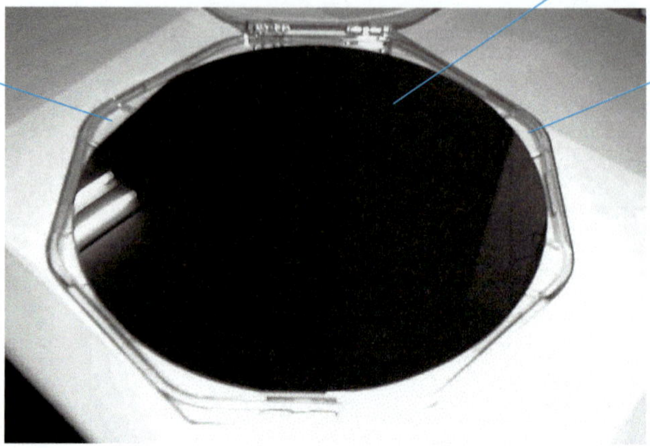

주) 왼쪽의 흰색 부분은 웨이퍼 표면이 거울같이 가공(7-6절 참조)되어 있기 때문에 천장의 형광등이 비친 것.

고순도의 다결정 실리콘

실리콘은 지표에 다량 존재한다고 전술하였지만, 실리콘은 규석이라고 하는 실리콘의 산화물로 존재한다. 왜냐하면, 실리콘은 산화하기 쉽고 산화물이 안정적으로 존재하기 때문이다. 실리콘 웨이퍼 제조는 그 규석을 채굴하고, 그것을 탄소 환원하여 금속 실리콘으로 만들고, 그것을 정제하여 실리콘 다결정으로 제작하는 것으로부터 시작한다. 이 실리콘 다결정은 일레븐 · 나인(99.999999999%와 같이 9가 11 자리수이기 때문에 그렇게 불린다.)의 높은 순도를 가지도록 제작한다. 다결정이란 하나의 물체 안에 다양한 단결정이 결정입계를 통해 연결되어 있는 것을 말한다. 단결정이란 하나의 물체가 동일한 방위를 가진 결정으로 연속되어 있는 것을 말한다.

그림 6-1-3은 실리콘 다결정의 제조 흐름을 개략적으로 도시한 것이다. 이 방법은 Siemens(지멘스)법이라고 불리며 독일의 Siemens사*에서 개발된 것이다.

* **Siemens사** 영어 읽기로 지멘스라고 표기한다, 독일의 세계적인 전기회사.

먼저 금속 실리콘을 유동층 반응(약 300℃에서)을 이용하여 **트리클로로실란**(화학식 : $SiHCl_3$)이라는 가스로 만들고 그것을 증류탑을 이용하여 정제한다. 이것을 Siemens로라고 하며, **실리콘심**(얇은 실리콘봉)에 전기를 이용해 가열하여 다결정 실리콘을 석출하고, 수소 환원을 이용하여 트리클로로실란을 다결정 실리콘으로 환원한다. 가스로 수행하는 것이므로 밀폐성이 높은 탱크 내에서 불순물의 혼입을 억제하면서 고순도의 얇은 실리콘 막대에 시간을 들여 퇴적시킨다. 이 방법으로 고순도의 다결정 실리콘 덩어리를 얻을 수 있다.

다결정 실리콘 제작법의 개략도 (그림 6-1-3)

6-2
실리콘 웨이퍼의 제작법 차이

이 절에서는 실제 실리콘 웨이퍼의 제조 방법에 대하여 설명한다. 전력반도체에서는 일반적으로 사용하고 있는 웨이퍼 제작법과 다른 제작법을 사용한다.

실리콘 웨이퍼 제작법은 두 가지

다음으로 실리콘 단결정을 만드는 방법을 설명한다. 크게 분류하여 쵸크랄스키(Czochralski) 법과 플로팅 존(Floating Zone) 법이 있으며 현재 LSI에 사용하는 실리콘웨이퍼는 대부분 앞의 방법으로 제작한다. 이에 반해, 플로팅 존 방법은 전력반도체용 웨이퍼에 사용된다. 그 이유 중 하나는, 전자의 경우는 웨이퍼의 대구경화가 필수적이나 후자는 그 요구가 적기 때문이다. 그렇다면 이러한 실리콘 단결정을 어떻게 만들 수 있는가? 출발 재료는 양쪽 모두 6-1절에서 설명한 고순도 다결정 실리콘이다. 일본에서는 토쿠야마가 주요 메이커이다.

쵸크랄스키 법

쵸크랄스키* 법에서는 그림 6-2-1에 도시한 바와 같이, 결정 방위가 정해진 씨결정을 고순도의 다결정 실리콘을 용융시킨 액에 담그고, 씨결정과 결정 방위가 동일한 고액계면(고체와 액체의 경계면)에서 실리콘 결정을 성장시키면서 천천히 끌어 올린다. 따라서 인상법이라고도 한다. 이후 와이어 톱이라는 특수한 톱으로 실리콘 웨이퍼로 잘라낸다.(제조법상, 양단에 콘부와 테일부가 생긴다).

* **쵸크랄스키** 인명. 폴란드 출신. 그가 실리콘 단결정의 제작법을 생각한 것은 아니며 다른 사람의 방법을 실리콘에 응용했다.

실리콘 자체는 **진성반도체***이므로 캐리어가 되는 불순물은 다결정 실리콘을 용융할 때에 필요한 만큼 첨가한다. 참고로 쵸크랄스키 법에 의한 웨이퍼 직경의 추이를 그림 6-2-2에 도시하였다. 이미 12 인치 웨이퍼가 실용화되어 있다. 이 방법은 석영 도가니 안에 고순도 다결정 실리콘을 고온에서 용해시키기 때문에, 석영 도가니로부터 산소가 용출되어, 미량의 산소가 실리콘웨이퍼 중에 포함되어 버리지만 반도체 소자에 문제를 발생시키는 수준은 아니다. 석영 도가니의 크기나 회전수, 인상 속도 등의 조정에 의해 대구경화가 가능하게 된 것이다.

플로팅 존 법

한편, 플로팅 존(Floating Zone) 법은 벨연구소에서 개발한 존 멜팅(zone melting) 법을 바탕으로 1950~60년대에 걸쳐 Siemens사, Dow Corning사, GE사 등이 개발을 진행해 왔다. 이것은 원료인 고순도 다결정 실리콘을 막대 형상으로 만들어 그 앞에 결정 방위가 정해진 씨결정을 붙이고, 그 부분의 다결정 실리콘의 일부를 그 외부 둘레에 설치한 RF 코일에 의한 유도 가열에 의해 용융하고, 그 용융 부분을 시간에 걸쳐 고순도 다결정 실리콘 전체에 걸쳐 이동시켜 가면서 씨결정과 동일한 방위의 단결정화를 수행하는 방법이다. 이를 그림 6-2-3에 도시하였다. 물론, 제작 후 실리콘 웨이퍼로 잘라낸다.

쵸크랄스키 법과 달리 석영 도가니를 사용하지 않기 때문에 산소나 중금속의 혼입이 적은 것이 장점이지만, 알 수 있듯이 RF 코일로 직경 방향 전체를 가열하는 제조법 상, 웨이퍼의 대구경화에는 적합하지 않을 것이다. 따라서 CMOS나 메모리용의 웨이퍼 제조에는 사용하지 않으며 전력반도체용의 웨이퍼에 주로 사용하고 있다. 전자를 첫 글자를 따서 **CZ 법**, 후자를 FZ 법이라고 부르기도 한다.

* **진성반도체** 일정한 캐리어 밀도를 가지지만, 반도체소자에서 사용하기에는 캐리어 밀도가 적은 반도체 (2-1절 참조).

이 책에서도 이 표기를 이용하기로 한다. 전술한 바와 같이 GE라든지 Siemens 라든지 세계적인 전기 메이커가 초기에는 실리콘 단결정의 개발에 전념하고 있었다. 일본에서도 마찬가지로 대형 메이커가 반도체산업을 이끌기 시작하였다. FZ 법에 대한 자세한 내용은 다음 절에서 살펴보겠다.

CZ 법에 의한 실리콘 웨이퍼 제작의 개략도 (그림 6-2-1)

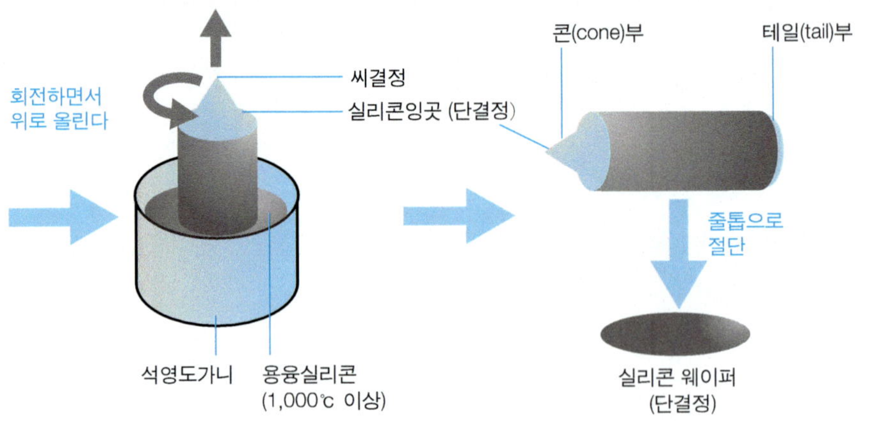

CZ 법에 의한 실리콘 웨이퍼 직경의 변천 (그림 6-2-2)

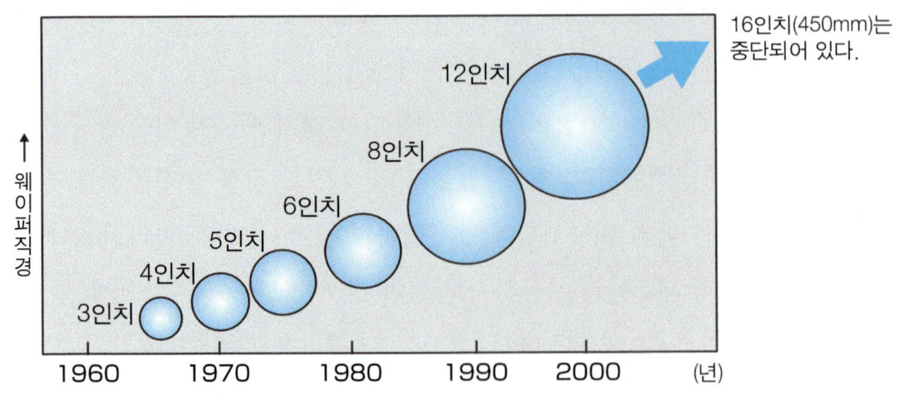

FZ 법에 의한 실리콘 웨이퍼 제작의 개략도 1 (그림 6-2-3)

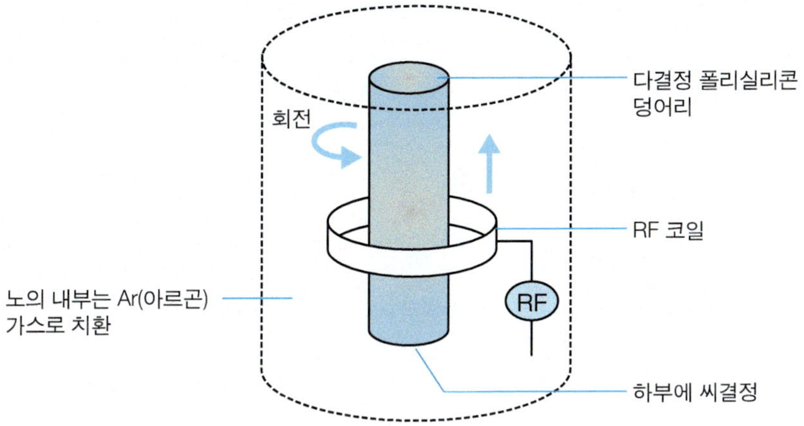

오해가 없도록 다시 한번 설명하지만, 전력반도체에서 FZ 웨이퍼의 사용이 많다고 하는 것은 어디까지나 상대적으로 본 경우이며, 전력반도체에서도 저내압 제품에서는 CZ 웨이퍼도 사용하고 있다.

6-3 FZ 결정의 특징

이 절에서는 FZ 법에 의한 실리콘 웨이퍼 제조 방법에 대해 좀 더 자세히 설명한다.

실제 FZ 실리콘 결정의 제조법

그림 6-2-3보다 좀더 자세하게 그림 6-3-1에 도시하였다. 앞 절에서 설명한 바와 같이 다결정 실리콘의 막대를 가열로 내에 넣고 가열로 내를 아르곤(Ar) 가스로 치환한다. 여기서 막대를 회전시키면서 막대 외주에 설치된 RF 코일을 천천히 이동시킨다. 그림에서는 편의상 다결정 실리콘 막대가 아래로 이동하는 형태로 그려져 있으므로 유의해 주길 바란다. 이 RF 코일에 의한 유도 가열로 막대의 선단이 용융되면 그 하단에 그림 6-3-1 (A)와 같이 씨결정 (시드: seed)을 붙인다. 이것에 의해 결정 방위가 씨결정과 동일하게 되는 것이다. 그런 다음 그림 6-3-1 (B)와 같이 전위*를 줄이기 위해 네킹(necking)이라는 과정을 통하여 작은 직경으로 시작한다. 이것은 그림 6-2-1에서는 생략하였지만, CZ 법에서도 이용하며, 그것을 Dash Necking이라고 한다. Dash는 사람 이름으로 GE의 기술자이다. 그 후, 코일의 유도 가열로 다결정 실리콘이 용융되어, 그림 6-3-1의 (C)와 같이 단결정화되어 간다. 이 경우 이동 속도와 RF 출력을 조정하여 웨이퍼의 직경을 제어한다.

이 방법의 장점은

① 석영 도가니를 사용하지 않으므로 산소 농도를 낮출 수 있다.
② 고저항으로 고순도의 웨이퍼를 제작할 수 있다.

는 점이다. 단, 항상 막대의 일부만을 고온으로 가열하고 있으므로, 열에 의한

* **전위** 한마디로 말하자면 결정 격자의 어긋남과 같은 것이다.

변형이 커져 단결정 내의 전위 밀도가 CZ 법에 비하여 높아진다.

FZ 결정의 대구경화

FZ 법에 의한 실리콘 웨이퍼의 제작은 현재 8인치 직경의 웨이퍼까지 진행되고 있는 상황이다. 역사적으로는 2인치까지가 1970년대 후반, 3인치화는 1980년대 후반, 4인치화가 1990년대 후반, 6인치화가 2000년대에 시작되었다. 참고로 웨이퍼 직경의 추이를 그림 6-3-2에 도시하였다.

CZ 법에 의한 실리콘 웨이퍼는 6-2절에서도 서술하였지만, 12인치(300mm)화가 1990년대 후반에 시작되고 있었으므로 웨이퍼의 직경에 관해서는 상당히 차이가 나는 것을 알 수 있다. 덧붙여서 저자는 1.5~2인치의 웨이퍼들을 본 적은 있지만 처음 사용한 웨이퍼는 3인치였다. 3인치에서 5인치로 전환한 경험이 있으며 웨이퍼가 두 배 가까이 커졌으므로 매우 놀랐던 기억이 나고, 실제로 핀셋으로 잡기 어려웠던 것을 기억하고 있다.

FZ 법에 의한 실리콘 웨이퍼 제작의 개략도 2 (그림 6-3-1)

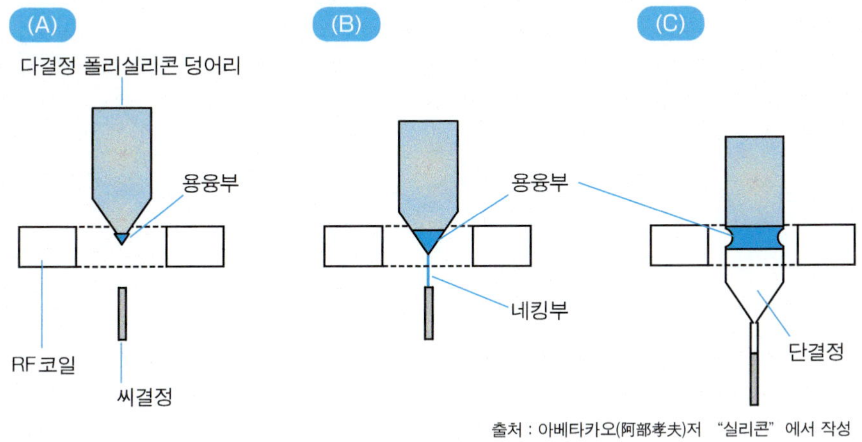

출처 : 아베타카오(阿部孝夫)저 "실리콘" 에서 작성

FZ 법에 의한 실리콘 웨이퍼 직경의 변천 (그림 6-3-2)

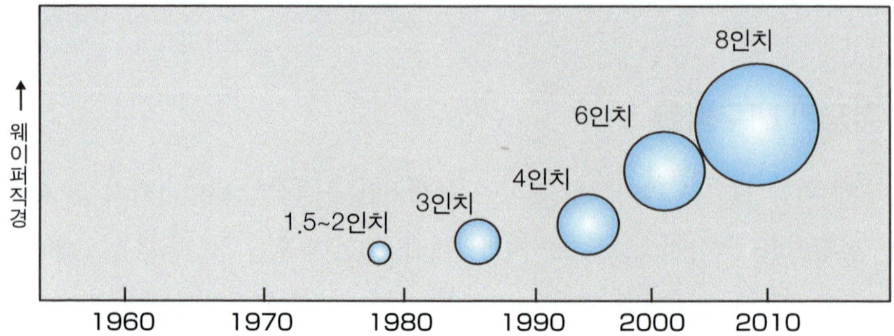

6-4
왜 FZ 결정이 필요한가?

이 절에서는 전력반도체용은 왜 FZ 웨이퍼가 이용되는지에 대해 설명한다. 그것에는 편석이라는 현상이 열쇠가 된다.

편석이란?

CZ 법에서는 실리콘 단결정을 인상할 때 편석이라는 현상이 일어난다. 실리콘 단결정을 끌어올릴 때, 결정 중에 주입되는 불순물 농도는 불순물의 종류에 따라 일정한 비율이 되어야 한다. 그러나 결정 중에 흡수되지 않은 불순물이 고액계면에서 고농도 층을 만들며 그것이 남아 있는 액상에서의 불순물 농도를 더욱 증가시켜 실리콘 단결정의 성장 방향으로 불순물의 농도 분포가 발생한다. 이 현상을 편석이라고 한다. 고액계면에서의 결정 성장의 단점이라고도 할 수 있다.

그림 6-4-1의 왼쪽에 도시한 바와 같이 특정 온도에서 볼 때 액상이 고상보다 불순물 농도가 높아지는 것을 알 수 있다. 따라서 CZ 법으로 인상한 실리콘 잉곳 중에서는 그림 6-4-1의 오른쪽에 나타낸 바와 같이 불순물의 농도가 성장 방

CZ 법에 의한 실리콘 단결정의 편석 모형 (그림 6-4-1)

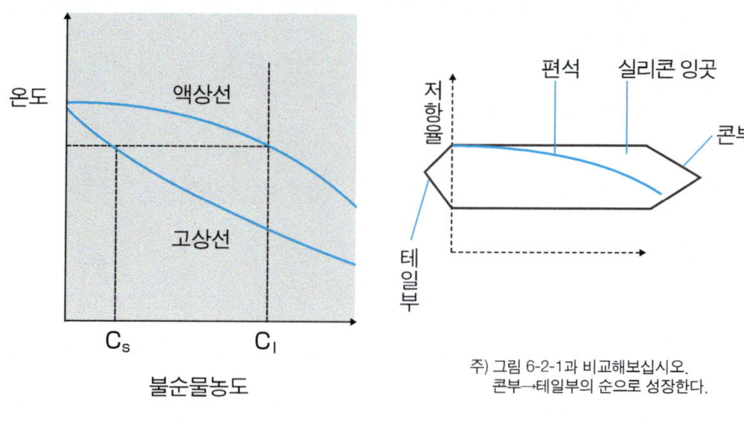

주) 그림 6-2-1과 비교해보십시오.
콘부→테일부의 순으로 성장한다.

향으로 변화한다는 것을 알 수 있다. 그림에서의 저항율은 불순물 농도와 반비례의 관계가 있다.

이것에 의해, 실리콘 웨이퍼로 잘라낼 때, 잘라낸 장소마다 불순물 농도가 변화하기 때문에 웨이퍼의 사양에서는 불순물 농도(전기적인 특성으로서는 그림 6-4-1과 같이 저항율로 나타난다.)가 일정한 값이 아니라 어느 범위에 해당하는 값이 된다. 현재 실리콘 웨이퍼을 제조할 때 사용하는 n형 불순물인 P(인), p형 불순물인 B(붕소)는 다른 V족, III족의 원소에 비해 이 편석이 적은 원소임을 알아 두기 바란다. 그림 6-1-1은 이러한 불순물 원소를 색으로 구분하여 도시하였다.

불순물을 첨가한다고 서술하였지만 이 불순물은 실리콘과 다른 원소라는 의미로 불순물이라고 칭하고 있을 뿐이며, 당연히 불필요한 원소가 주입되면 곤란하기 때문에, 「고순도 불순물」이라고 칭하게 되었다. 만약을 위해 기술하였다. 그러면서 6-2절에 설명한 것처럼 웨이퍼에는 산소도 혼입되는데 이것은 다결정 실리콘을 용융하는 것이 석영 도가니 내이기 때문에 석영의 산소가 다소 녹아 들어가기 때문이라고 한다. 이와 같은 과정을 통하여 n형, p형의 실리콘 웨이퍼 제품이 실리콘 웨이퍼 메이커로부터 반도체 메이커에 납품되어 반도체소자가 제조되는 것이다.

불순물농도 제어에 관한 FZ 법의 장점

이에 대응하여 FZ 법은 상술한 바와 같이 전체를 액상으로 하여 고액계면에서 결정을 성장시키는 것이 아니기 때문에 편석현상은 발생하지 않는다.

더욱이 기술의 진보로,

① 가스 도핑법
② 중성자 조사 (NTD) 법

등의 새로운 불순물 첨가법이 사용되고 있어 더욱 불순물 농도의 균일성이 향상되었다. ①의 가스 도핑법은 그림 6-4-2에 도시한 바와 같이, 다결정 실리콘 막대를 RF 코일로 가열하여 단결정화 하고 있는 부분에 도핑용 가스 (PH_3: 포스핀. B_2H_6: 디보란)를 불어넣어 단결정 성장과 동시에 도핑하는 방법이다. ②의 중성자 조사법에서는 중성자를 조사함으로써 아래 식과 같은 핵반응을 일으키게 한다.

$$^{30}Si \rightarrow {}^{31}Si \rightarrow {}^{31}p$$

실리콘을 n형 불순물의 P(인)로 변환하는 방법이다. n형의 웨이퍼 제작에 이용되고 있다.

전력반도체에서는, 제3장에서도 설명한 바와 같이 웨이퍼의 두께 방향 전체를 사용하므로 불순물 농도의 균일성이 우수한 FZ 법이 이용되는 것이다.

FZ 실리콘 웨이퍼의 문제점

여기에서는 FZ 법에 의해 제작된 실리콘웨이퍼의 문제점에 대하여 서술한다. FZ 법에서는 다결정 실리콘 전체를 용융하지 않고 일부만 용융하여 단결정화하기 때문에, CZ 법에 비해 원료인 다결정 실리콘에 대한 요구가 엄격하다. 즉, CZ 법에서는 전체를 용융시키므로 품질이 전체적으로 균일하지만, FZ 법에서는 일부를 용융하면서, 단결정화하기 때문에 전체적으로 균일한 품질의 다결정 실리콘이 필요하다. 이것은 제조비용 절감에 효과적이다. 반복하여 서술하지만 대구경화가 어렵다는 문제점이 있다.

대구경화는 어느 정도 진행되었는가?

실리콘 웨이퍼를 사용한 전력반도체는 초기에는 6-3절에도 서술한 것처럼 1.5~2인치의 시대도 있었다. 그 정도 직경의 실리콘 웨이퍼밖에 생산할 수 없었던 시대가 있었던 것이다.

반도체 산업에서는 1장의 웨이퍼에 가능한 한 다량의 칩을 제작하는 것이 비용 절감이 되기 때문에 대구경의 웨이퍼를 사용하여 많은 칩을 제작하는 것이 유리하다. 다만, MOS 메모리나 MOS 논리 칩과는 정도의 차이가 있다. 칩의 크기에 대하여 말하자면, 전력반도체 중에는 웨이퍼 1장으로 하나의 칩을 제작하는 경우도 있다. 8인치까지는 시장에 공급되고 있지만 그 이상의 대구경화는 향후의 과제이다.

가스 도핑법의 개략도 (그림 6-4-2)

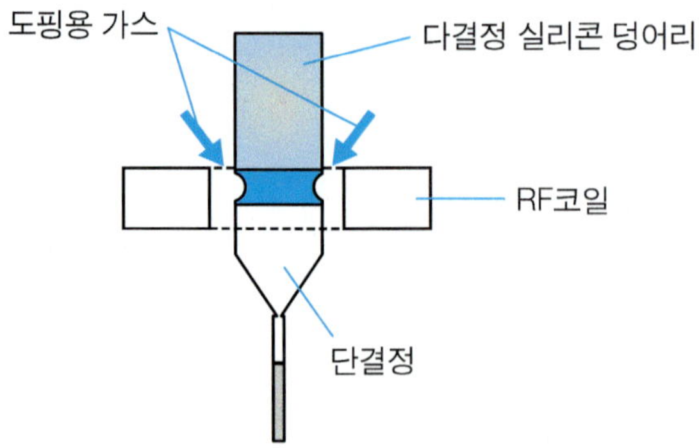

6-5
실리콘의 한계란?

마지막으로 전력반도체 재료로서 실리콘의 한계를 살펴보자.

▶▶ 실리콘의 한계

반도체소자 중에서 가장 많이 사용되는 기판재료는 실리콘이다. 앞으로도 실리콘의 점유율은 가장 높을 것이라고 생각하지만 전력반도체에서는 5-2절에서도 설명하였듯이 새로운 재료가 요구되고 있다.

대부분 전술한 이야기지만, 논리 회로의 고속화를 달성하기 위해서는 화합물 반도체에 비해 캐리어 이동도*가 낮은 실리콘에서는 어려우므로 화합물 반도체 등을 중심으로 한 HEMT 등에 기대를 걸고 있었다. 그러나 미세 가공 기술의 진전으로 고집적화 기술도 발전하였기 때문에 현재의 첨단 MOS LSI에서는 실리콘이 주로 사용되고 있다. 전력반도체에서도 실리콘의 시대가 계속되어 온 것은 지금까지 서술한 바와 같다.

그런데 3-6절에서 설명한 전력반도체의 문제점인 ON저항과 내압의 관계를 다시 기억해 보면, 개별 전력반도체, 특히 MOSFET 구조에서는 이 두 가지를 동시에 개선하는 것은 어렵다고 설명하였다.

▶▶ 실리콘에서는 원론적으로 내압은 한계

한편, 전력반도체에서는 고속으로 스위칭하면서 전력용량이 큰 소자가 요구되고 있다. 고속화와 전력용량의 증대에는 ON저항의 저감과 내압의 향상을 빼놓을 수 없다. 그러나 ON저항과 내압은 그림 6-5-1에 도시한 바와 같이 상충관계

* **캐리어 이동도** 그림 2-2-1의 주)를 참조

(trade-off)에 있으며 양립은 어렵다는 것을 알 수 있다. 한편, 제10장에서도 설명하겠지만 실리콘의 절연 내압에 비해 광대역폭 반도체인 SiC나 GaN에서는 약 10배 정도로 증가한다. 따라서 그림 6-5-2에 실리콘과 아울러 개략적으로 그린 것처럼 ON저항과 내압의 상충관계는 변하지 않지만, 동일한 내압이면 ON저항을 저감할 수 있으므로, 재료적인 측면에서 실리콘의 한계를 극복할 수 있는 SiC나 GaN을 이용한 FET를 제작하고 그것을 인버터에 응용하려는 노력이 시작되고 있다.

이는 10장에서 구체적으로 설명할 것이다. 물론, SiC나 GaN에는 재료나 제조 단가 등의 문제점도 여러 가지 있으며 이것들에 대해서도 설명할 것이다.

마지막으로 오해를 없애기 위하여 언급하지만 실리콘이 전력반도체로부터 사라지는 것은 아니다. 실리콘으로도 충분한 것은 실리콘으로 제작한다고 생각한다.

보다 고성능을 목표로 하는 경우 SiC나 GaN로 대체해 나아가고 있다는 것으로 파악해 주길 바란다.

내압과 ON저항의 상충관계 (그림 6-5-1)

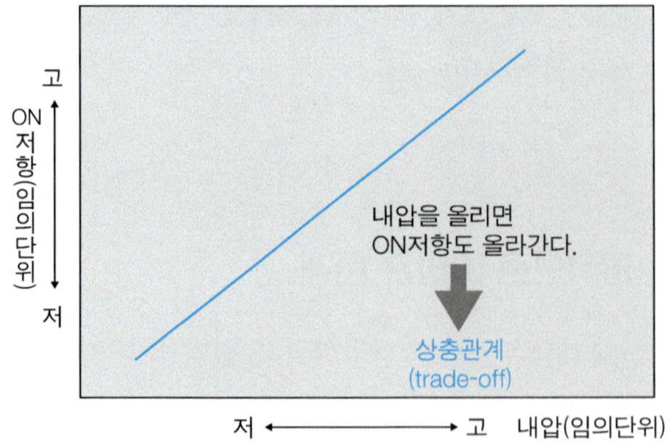

재료에 의한 내압과 ON 저항의 상충관계 비교 (그림 6-5-2)

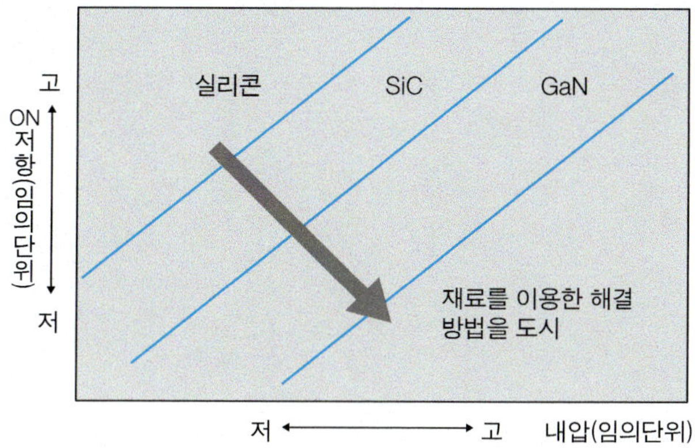

제 7 장

전력반도체 공정의 특징

이 장에서는 전력반도체의 제조공정 중에서 전공정(웨이퍼 공정)에 대하여, 특히 MOS LSI 공정과의 비교를 통해서 살펴본다. 양자는 트랜지스터의 구조가 다르기 때문에 공정도 다르다. 또한 후공정(조립공정)의 독자적인 특징에 대해서도 설명한다.

7-1
전력반도체와 MOS LSI의 차이점

각 공정에 들어가기 전에 전력반도체와 현재 첨단 반도체의 주류가 되고 있는 MOS LSI에 사용되는 MOS 트랜지스터의 차이를 알아 두자.

전력반도체는 웨이퍼 전체를 사용

MOS LSI나 전력반도체도 원리적으로는 실리콘 웨이퍼 상에 다량의 칩을 만드는 방식에는 변함이 없지만, 전력반도체 중에는 1장의 웨이퍼에 하나의 칩을 제조하는 경우도 있다. 이와 같이 전력반도체와 MOS LSI에는 여러 가지 차이점이 있다. 그 차이 가운데 가장 먼저 알아야만 될 사항을 강조하면서 설명한다.

양쪽 모두 트랜지스터의 근본적인 동작에 관해서는 동일하지만, LSI에 사용되는 MOS 트랜지스터는 신호의 전달을 ON · OFF로 실행하는 것으로써, 저전압에 의하여 미세 전류로 스위칭하는 것이므로 트랜지스터의 사양이 완전히 달라진다.

1-6절에서도 설명하였지만 MOS 트랜지스터는 그림 7-1-1과 같이 수평형 구조가 사용된다. 이 구조는 그림의 수평 방향으로 전류가 흐르는 형태이다. 전류를 크게 하려면 그림의 깊이 방향으로도 캐리어의 경로(채널 폭)를 넓힐 수밖에 없다. 이에 반해, 전력 MOSFET의 경우는 1-6절에서 설명한 바와 같이 수직형으로써 웨이퍼의 수직 방향으로 전류를 흐르게 한다. 웨이퍼의 두께 전체를 사용

수평형 MOSFET 구조의 단면 개략도 (그림 7-1-1)

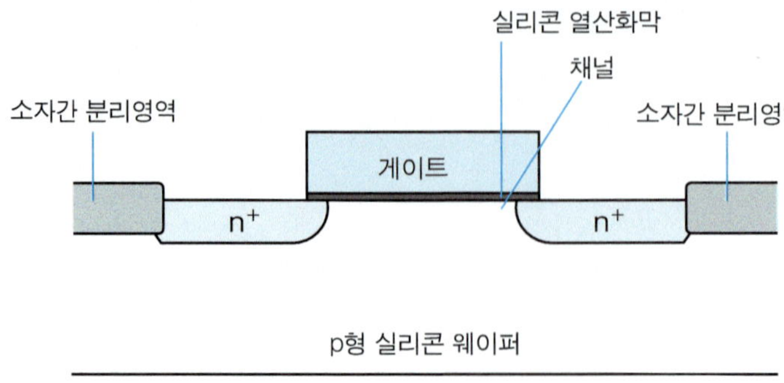

한다고 해도 좋을 것이다. 따라서 MOSFET의 면적을 크게 함으로써 큰 전류를 흐르게 하는 것도 가능하다.

첨단 논리회로는 웨이퍼 위에 적층한다.

대조적으로, MOS LSI는 수평형 MOS 트랜지스터를 사용하기 때문에 전류가 흐르는 것은 실리콘 웨이퍼 표면의 매우 일부분이다. 그러나 첨단 MOS 논리회로에서는 다양한 회로 검증*이 가능한 회로 블록을 조합하기 위해서 이들을 결합

첨단 CMOS 논리회로의 단면 개략도 (그림 7-1-2)

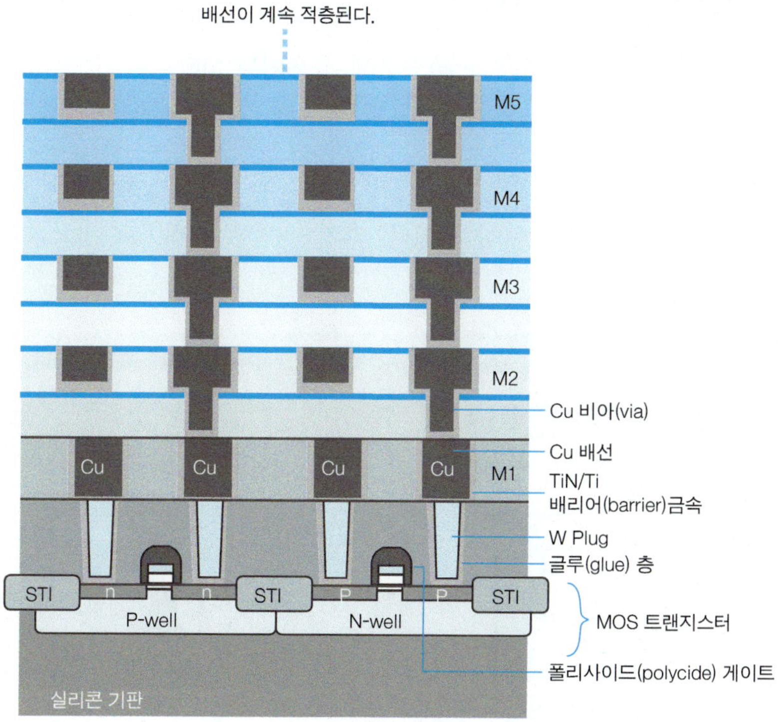

* **회로 검증** 동작이 확인되어 회로 검증을 할 수 있었던 회로 블록은 코어라든지 IP라 불린다. IP란 Intellectual Property의 약자로, 여기에서는 지적 재산권으로 보호되고 있는 회로 블록이라고 생각해도 된다.

하는 다층 배선 공정이 주로 사용된다. 따라서 CMOS* 첨단 논리회로의 경우는 오히려 웨이퍼 위에 배선층을 적층하는 형태가 된다. 이것을 그림 7-1-2에 도시하였다.

이 그림은 첨단 MOS 논리 LSI와의 차이를 이미지로 이해하기 위해 참고로 도시하였지만, 트랜지스터 형성 공정보다 다층 배선 공정이 많은 것을 직감적으로 알 수 있다. 따라서 다층 배선 공정를 백 엔드(Back-end)라고 칭할 정도이다. 골프의 1라운드는 프런트 엔드와 백 엔드가 동일한 9홀이지만, MOS LSI에서는 백 엔드 쪽이 더욱 길다고 할 수 있다.

전류가 흐르는 구조의 차이

지금까지는 단면에서 보았지만, 논리회로에 사용되는 MOS 트랜지스터와 전력 MOSFET는 2차원(평면)에서 보아도 구조가 다르다. 이것에 대해서는 1-6절에서도 서술하였지만, 그림 7-1-3에 다시 도시하였다. 전자의 경우는 게이트로 소스와 드레인을 구분하는 배치를 하게 된다. 후자의 경우는 게이트 전극을 둘러싸

전력 MOSFET와 일반적인 MOSFET의 차이 (그림 7-1-3)

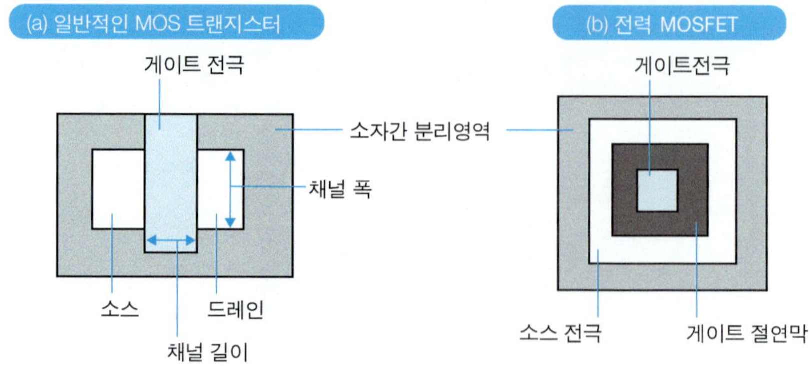

* **CMOS** Complementary Metal Oxide Semiconductor의 약자로 n형, p형 트랜지스터가 각각의 부하가 되도록 구성하고 있으며 절전이 가능하다. 2-9절 참조

는 형태로 소스 전극이 형성되어 있는 것을 알 수 있다. 그만큼 전류의 경로가 퍼져 큰 전류를 흐르게 할 수 있다(실제로는 웨이퍼 하단부의 드레인 전극까지 흐른다.)는 것을 알 수 있다. MOS라고 해도 심오한 차이가 있다는 것을 알 수 있지 않을까? 이 때문에 전력반도체에서는 MOS LSI에서 사용하지 않는 공정이 요구된다.

트랜지스터 구조를 수직으로 보자.

다음으로 3차원적(그림은 편의상 단면도)으로 살펴보자.

반복되지만 전력 MOSFET의 경우는 큰 전류를 흐르게 할 필요가 있고, 내압도 필요하므로 그림 7-1-4에 도시한 바와 같은 수직형의 구조를 채택하는 것이 일반적이며, 이것은 확산층을 이중으로 제작한 수직 이중 확산형이라고 한다. 영어로는 Vertical Diffusion MOSFET라고 하며, 약자로 VD-MOSFET라고 한다. 여기서 게이트 전압이 인가되어 그림의 게이트 전극 아래의 p층이 반전되어 채널이 형성되어 FET가 ON상태가 된다.

위에서 언급했듯이 전력반도체 MOSFET는 LSI MOS 트랜지스터와 구조가 크게 다르다. 그 때문에, 독자적인 공정이 필요하다. 다음 절에서는 구조의 차이에 대해 좀 더 설명하고 7-3절 이후에서는 개별 공정에 대하여 설명할 것이다.

VD형 전력 MOSFET의 개략도 (그림 7-1-4)

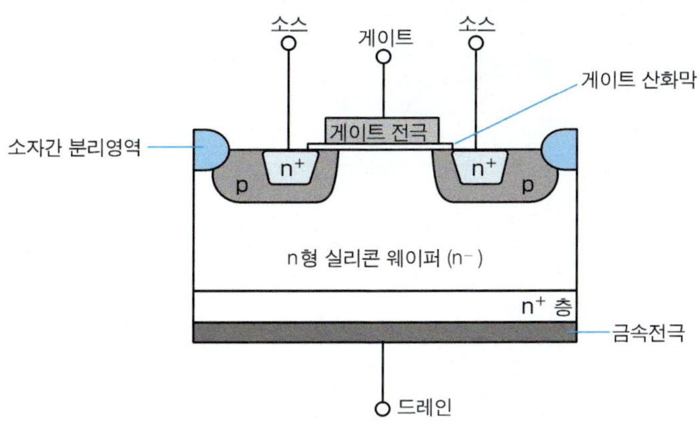

7-2
구조에 대한 연구

전력반도체에서는 ON 저항과 내압의 두 조건을 충족시킬 필요가 있기 때문에 특수한 구조가 필요하다. 또한 이를 제작하기 위한 공정이 요구된다.

MOSFET의 다양한 구조

이전 절에서는 전력반도체에 사용하는 MOS 트랜지스터 (이후 MOSFET)의 차이점을 설명하였다. 기타 차이점을 살펴보자. 고속 동작에 이용되어 온 MOSFET는 응용 범위가 늘어남에 따라 다양한 구조가 개발되었다. 이것도 전부 소개하면 좋겠지만 몇 개의 예를 들어 설명한다. 예를 들어 ON저항을 감소시키고 내압을 증가시키는 구조로서 그림 7-2-1과 같이 채널부에 홈을 형성하는 구조도 있다. 3-6절에서 설명한 바와 같이 ON저항의 감소와 내압의 향상은 양립하기 어렵지만, ON저항을 감소시키기 위해서는 그림의 n^+층의 농도를 높이고 두께를 줄이면 가능하다. 그러나 반대로 내압이 저하될 것이다. 따라서 V자의 홈을 사용하여 실질적으로 n^+층의 두께를 증가시켜 ON저항의 감소와 내압의 향상을 도모하자는 것이다. 그러나 V자형 홈의 선단에 전계가 집중되어 오히려 내압이 저하

전력 MOSFET의 예 - V-Groove 형 (그림 7-2-1)

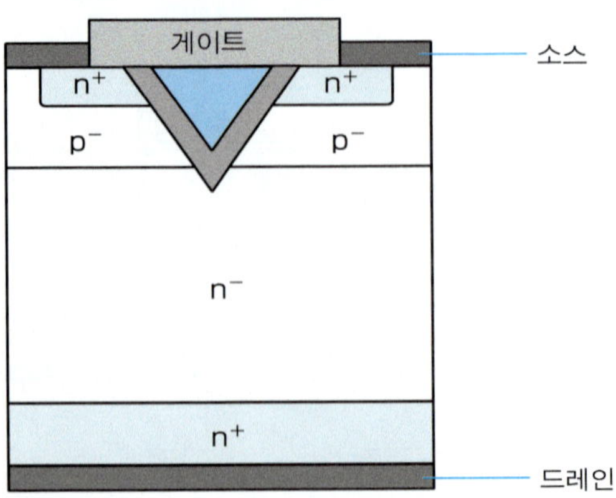

되기 때문에 이를 피하기 위해 그림 7-2-2와 같이 U자형 홈으로 제작한 구조도 있다. 이와 같이 전력 MOSFET에서 ON저항 감소와 내압 향상을 위한 구조가 연구되어 왔다.

전력 MOSFET의 예 - U-Groove 형 (그림 7-2-2)

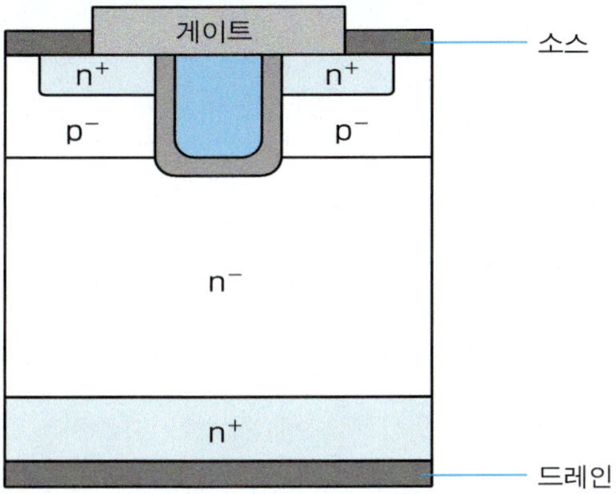

V자형 홈의 형성법

V자 홈의 형성은 실리콘의 결정면에 따라 식각속도가 다른 이방성 식각 특성을 이용한다. 이것은 그림 7-2-3에 도시한 바와 같이 실리콘을 알칼리성 용액, 예를 들면 수산화칼륨(KOH)으로 식각하면 (100)면의 식각속도가 (111) 면에 비해 크다는 사실을 이용하는 것이다. 결과적으로 (111) 면이 V자 홈으로 남을 것이다. 마스크는 그림과 같이 실리콘 산화막(SiO_2) 등을 사용한다. 실리콘의 결정면에 의한 이방성 식각은 일반적인 MOS 공정에서 사용되는 것은 아니지만, 최근에는 실리콘 MEMS* 분야에서 사용하는 경우도 있다.

* MEMS 5페이지 참조

실리콘의 결정면에 따른 이방성 식각 (그림 7-2-3)

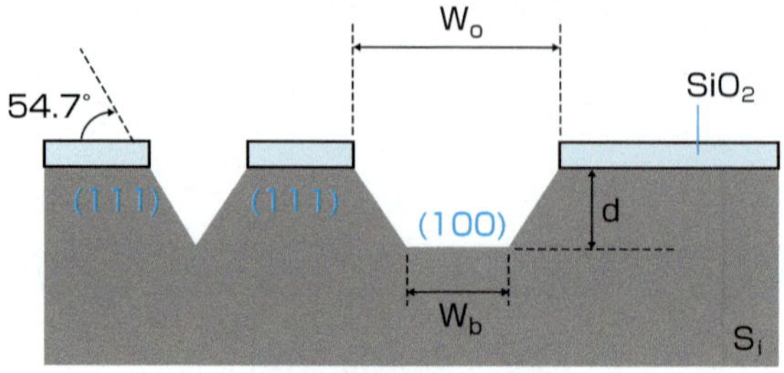

$$W_b = W_o - \sqrt{2}d$$

U자형 홈의 형성법

V자형 홈에서는 상기와 같이 선단에 전계가 집중하는 문제가 있어 그것을 방지하기 위해 U자형 홈을 이용하는 경우가 있다. 이 경우 실리콘의 건식 식각을 사용한다. 일반적으로 **반응성 이온 식각**(Reactive Ion Etching : **RIE**로 약칭)을 사용한다. MOS LSI 공정에서도 소자간 분리를 위하여 **STI**(Shallow Trench Isolation : STI로 약칭)을 이용하는 경우가 있으므로, 잘 알려진 공정으로써 이 경우는 그림 7-2-4에 도시한 바와 같이 레지스트 마스크에 의하여 염소계나 불소계의 가스를 이용하여 식각한다. 소자간 분리 영역이란, 각 소자(트랜지스터)간의 간섭을 막기 위해 웨이퍼 내에 두꺼운 실리콘 산화막을 형성하는 부분이다. 주변에서 볼 수 있는

실리콘 U자형 홈형성 공정 (그림 7-2-4)

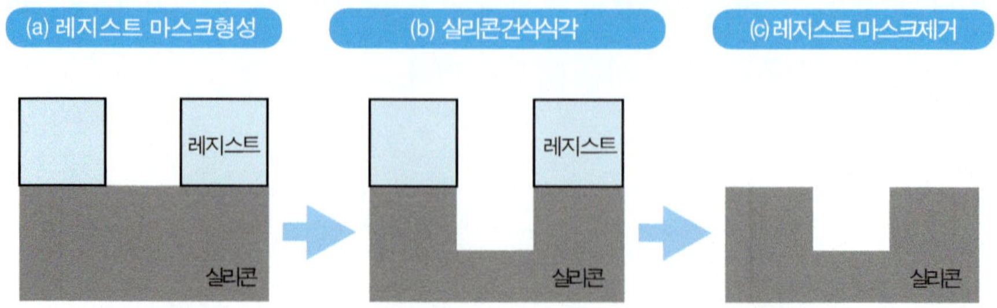

것과 비교해 보자면 논둑길이라든가, 집의 울타리와 같은 것이다. 편의상, 도시하지 않은 경우도 있지만 형성되어 있는 것이 일반적이다.

전력반도체에는 독자적인 구조

반복하지만, 동작속도를 중시하는 첨단 MOS LSI의 트랜지스터와 대전류를 흐르게 하는 전력반도체용의 트랜지스터에서는 그 구조가 완전히 다른 것으로 이해해 주길 바란다. 이를 위한 공정을 이어서 설명할 것이다.

7-3 에피택셜 성장을 많이 사용

에피택셜 성장은 제8장에서 설명할 SiC나 GaN의 박막 결정을 제작할 때에도 사용하지만, 전력반도체의 경우는 소자 구조를 제작할 때에도 사용한다. 이 경우 실리콘 위에 실리콘을 에피택셜 성장시킨다.

에피택셜 성장이란?

에피택셜이란 그리스어의 에피(~ 위의 의미)와 택시스(갖춰진 의미)를 합성하여 만든 단어로써 실리콘 웨이퍼와 동일한 결정 방위의 실리콘 층을 실리콘 웨이퍼 위에 성장시키는 것을 의미한다. 이때 동일한 원소끼리 성장시키면 동종 에피택시라고 한다. 동일한 원소이므로 제10장에서 설명할 완충층 등이 불필요해진다.

옛날에는 주로 바이폴라 소자에 사용되었다. 바이폴라 트랜지스터에서 n층 위에 농도가 높은 n^+층 또는 반대로 p층 위에 농도가 높은 p^+층을 형성하여 컬렉터 저항을 낮추기 위하여 사용하고 있었다.

MOS 소자에서도 CMOS 래치업에 대한 대책*으로써 에피택셜 웨이퍼가 필요하다는 제안도 한때 있었지만 현재 에피택셜 성장은 사용하지 않고 있다.

일반적으로 실리콘계 가스**와 도핑하고자 하는 불순물 가스(n형이면 포스핀 : PH_3, p형이면 디보란 : B_2H_6 등)를 첨가하여 1,000℃ 이상의 고온에서 수행한다.

이와 같이 에피택셜 성장시킨 층을 갖는 웨이퍼를 정확하게는 에피택셜 웨이퍼라고 하며, 간단히 에피웨이퍼, 에피택셜 성장을 에피성장, 또는 단순히 에피라고 하는 경우도 있다.

전력반도체에서 에피택셜 성장이 필요한지에 대해서 설명하자면 전력반도체의 경우는, 전술한 바와 같이 ON저항을 감소시키는 것이 중요하다. ON저항을

* **래치업에 대한 대책** CMOS 구조 중에 형성되어 버리는 기생 바이폴라 트랜지스터에 의한 오동작의 대책.

** **실리콘계 가스** 실리콘(Si)을 포함한 가스로 실리콘의 수소화물이나 염화물이 주류. 전자에는 실란(SiH_4), 디실란(Si_2H_6), 후자는 사염화규소($SiCl_4$) 등이 있다.

줄이기 위해 에피택셜 성장을 사용할 수도 있다. 왜냐하면 에피택셜 층의 불순물 농도와 두께로 ON저항이 정해지기 때문이다.

예를 들어, 그림 7-2-1에서는 드레인 전극 위의 n^+ 층을 에피택셜 성장으로 형성하고 있다.

에피택셜 성장 장치

에피택셜 성장 장치에서 일반적인 반도체 제조장치와 크게 다른 점은 1,000℃ 이상까지 가열 가능한 가열 기구를 가진다는 것이다. 일반적으로 고주파 유도 가열 방식을 사용한다. 전력반도체에서는 웨이퍼가 대구경이 아니기 때문에 배치(batch)식* MEMS(5페이지 참조)를 주체로 하여 턴테이블에 여러 장의 웨이퍼를 놓는 **로터리 디스크형**과 수직형(베럴형이라고 한다. barrel은 통의 의미)이 주로 사용된다.

전자의 예를 그림 7-3-1에, 후자의 예를 그림 7-3-2에 도시하였다. 덧붙여 업

로터리 디스크형 에피택셜 성장 장치의 개요 (그림 7-3-1)

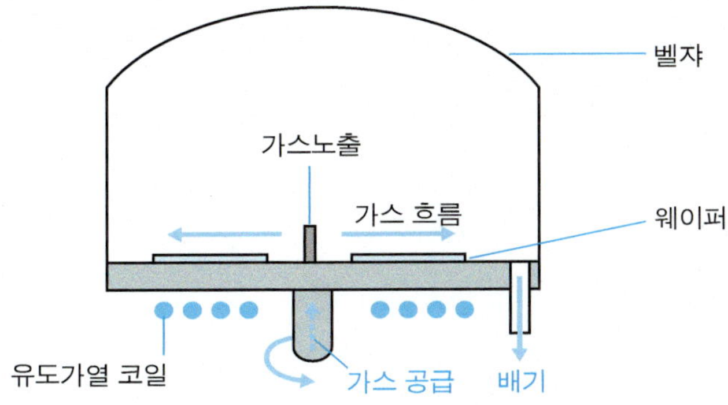

* **배치식** 다수의 웨이퍼를 동시에 정리해 처리하는 방식. 대략 1장씩 처리하는 방법을 매엽식이라고 한다.

수직형 에피택셜 성장 장치의 개요 (그림 7-3-2)

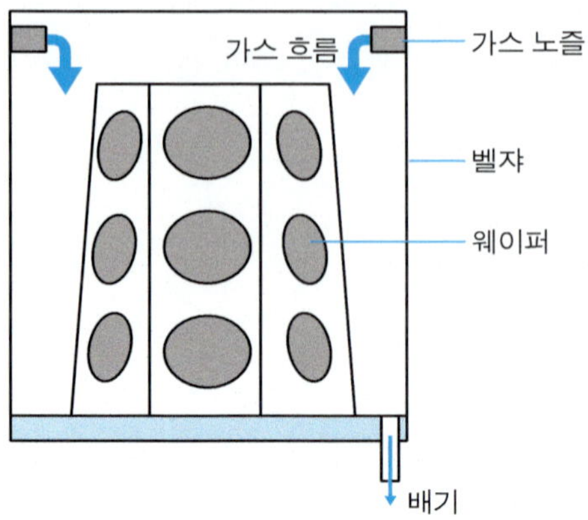

계에서는 여러 가지로 부르는 방법이 있어, 로터리 디스크형을 팬케이크형이나 벨자형이라고 부르거나, 배럴형을 실린더형이라고 부르기도 한다. 이것은 성장 장치의 모양에서 파생된 것이다. 국내외의 제조장치 메이커가 참여하고 있지만 다른 분야에 비해 참여 메이커의 수는 적은 것 같다. IGBT는 에피택셜 성장을 많이 사용하기 때문에 IGBT용 에피택셜 성장 장치로 일본에서 제조 판매하고 있는 예도 있다.

실제 실리콘의 에피택셜 성장은 상기와 같이 1,000℃ 이상의 고온에서 수행한다. 공정상으로는 열에 의한 실리콘 웨이퍼의 손상 등에 주의할 필요가 있다.

또한 공정상, 에피택셜 성장에서 문제가 되는 것으로는

- **오토 도핑**
- **패턴 시프트**

등이 있다. 오토 도핑이란 웨이퍼에 고농도의 도핑층이 있는 경우에, 그 불순물이 에피택셜 층에 고온에서 도핑되어 버리는 것을 말한다. 도핑층이 없는 경우에도 웨이퍼 자체에 n형이나 p형의 불순물이 도핑되어 있으므로, 역시 오토 도핑이 발생한다. 이를 고려하여 에피택셜 층의 불순물 분포를 설정해야 한다.

패턴 시프트는 웨이퍼 상에 단차의 형상이 존재한다면 그 단차를 따라 원활하게 에피택셜 성장이 일어나지 않는다는 것이다. 특히 리소그래프 공정에서의 마스크 정렬의 장애가 될 수 있다. 이는 마스크 정렬용 마크가 이 현상에 의해 불명료하게 되기 때문이다. 정렬에 대해서는 다음 절을 참조하길 바란다.

7-4 전후면 노광공정

양면 노광에 대해서 조금 더 설명한다.

후면 노광의 필요성

먼저 후면 노광의 필요성을 설명해 보자. 10-3절에서 다루겠지만, 전력반도체에서는 후면에 나중에 설명할 환류 다이오드와 같은 소자를 형성하는 경우가 있다. 이는 꺼졌을 때 과잉 캐리어를 빠르게 회수하기 위해서 이다.

MOSFET의 경우는 구조 자체에서 그림 7-4-1에 도시한 바와 같이 게이트 전극 아래의 p층과 후면의 드레인 전극으로 연결되는 n^-/n^+층이 pn 접합 다이오드가 되어, 다이오드가 자연스럽게 포함되어 있는 것 같은 형태이므로 그다지 문제가 되지 않는다. 이것을 **바디(body) 다이오드**라고 한다. n^-나 n^+에 대해서는 7-5절을 참고해 주세요.

공정 이야기와는 조금 다르지만, p형 영역이나 n형 영역 및 그 상부에 배선이 배열되어 있는 구조가 있으면, 의도하지 않은 장소에 다이오드나 트랜지스터가

바디 다이오드의 개략도 (그림 7-4-1)

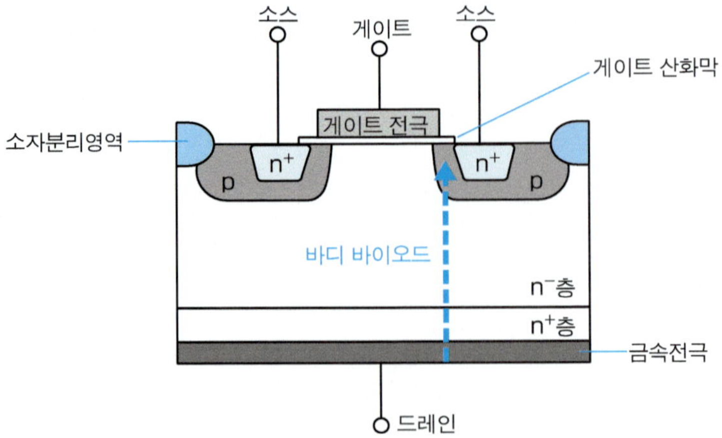

형성될 수 있다. 이것을 기생 소자라고 한다. 위의 바디 다이오드도 그 중 하나라고 생각된다.

환류 다이오드란?

한편, IGBT의 경우 바디 다이오드는 형성되지 않는다. 이에 대한 대책이 환류 다이오드(Free Wheel Diode : FWD로 약칭)의 설치이다. 이것은 과잉 캐리어를 그림 7-4-2와 같이 다이오드를 사용하여 제거하는 메커니즘이다. 전력반도체에서는 흐르는 전류가 크기 때문에, OFF가 되어도 아직 캐리어가 이미터측에 과잉으로 존재한다. 그 과잉 캐리어를 환류 다이오드를 통하여 컬렉터 측으로 되돌려 주는 역할을 한다. 다이오드이므로 한 방향으로밖에 전류가 흐르지 않는다는 특성을 잘 이용하고 있는 것이다.

IGBT에 설치한 환류 다이오드 (그림 7-4-2)

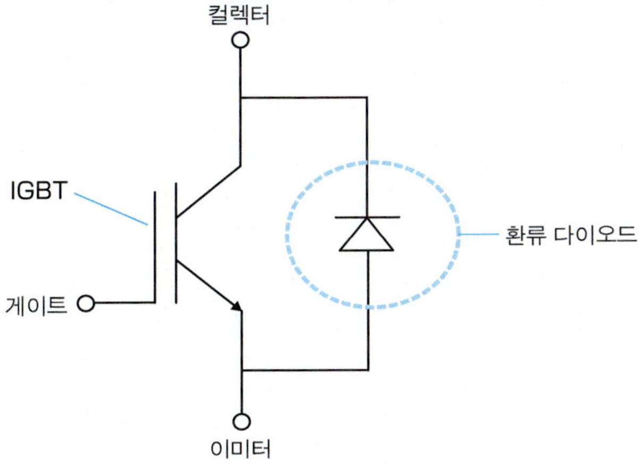

IGBT에 환류 다이오드를 조합하여 제작하려고 하면 IGBT는 바이폴라 구조를 취하고 있으므로 후면이 p^{+}/n 구조로 되어 있다. 그림 7-4-3에 그 예를 도시한 바와 같이 이것에 다이오드 구조를 넣으려고 할 때 그림 7-4-1도 참고해 주

었으면 한다. 이미터 아래의 p영역과 컬렉터 사이에 pn 접합 다이오드를 만들기 위해서는 별도로 n^+영역을 패터닝으로 형성해야 한다. 따라서 후면 측에도 리소그래피(lithography)를 실시하게 되는 것이다.

후면 패터닝이 필요한 예 (그림 7-4-3)

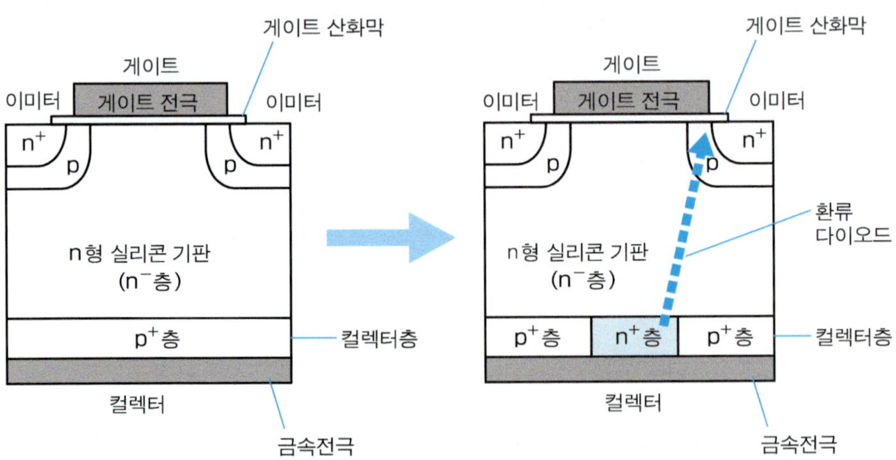

후면 노광장치

후면 노광장치의 개략도를 그림 7-4-4에 도시하였다. 얼라이너(aligner)의 웨이퍼 척에 빛을 통과시키는 경로를 마련하고, 먼저 대물렌즈로 마스크의 정렬 마크를 검출하여 마스크를 정렬하고 그 정보에 기초하여 웨이퍼 척에 실리콘 웨이퍼를 올려 놓고 웨이퍼의 정렬 마크를 마찬가지로 대물렌즈로 검출하여 웨이퍼 후면에 마스크를 정렬하는 것이다. 이미지는 CCD 카메라로 읽는다.

이 정렬로 노광을 수행하는 장치는 접촉 노광(근접 노광도 포함) 방식이라고 불리고 있으며 그림 7-4-4에 도시한 바와 같이 웨이퍼를 접촉시켜 노광한다. 현재 실리콘 MOS LSI에서 사용하고 있는 축소 투영 노광법에 비해 상당히 이전 세대의 장치라 할 수 있다.

후면 정렬의 개념도 (그림 7-4-4)

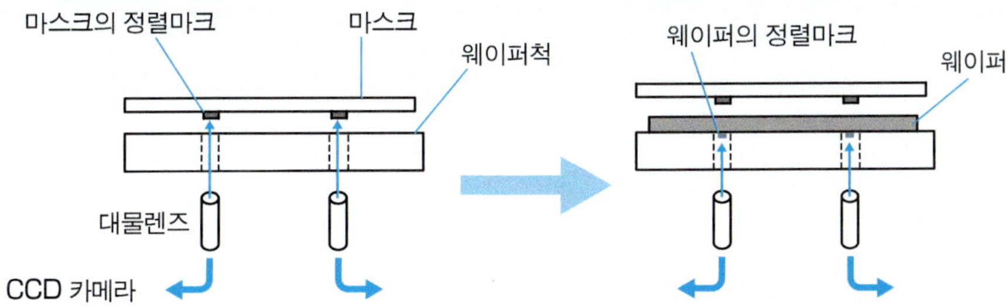

전력반도체의 리소그래피는 그 정도의 해상도나 정렬 정밀도라고 할 수 있다. 물론 광원은 고압 수은 램프이다. 노광 장치의 역사와 해상도의 향상에 대해서는 동일한 도해 입문 시리즈 「알기 쉬운 최신 반도체 공정의 기본과 구조[제4판]」에 기술하였으므로, 흥미 있는 독자는 참고해 주길 바란다.

이 양면 정렬장치의 제조에 참가하고 있는 메이커는, 실리콘 반도체용 노광 장치 메이커인 니콘이나 캐논과 같은 대기업 메이커가 아닌 광학 기기나 반도체 제조장치 메이커 등이다. 선도적인 제조업체가 눈을 돌리지 않는 영역을 취급하고 있는 것이다.

COLUMN

정렬기에 대한 추억

정렬기는 영어 표기로 얼라이너(Aligners)로써 문자 그대로 align 시키다 (정렬시키다)라는 단어에서 유래하였다. 이것은 리소그래피 과정에서 접촉식 또는 접근식의 노광장치를 가리키는 것이다. 이것은 웨이퍼의 기존 패턴에 다음 마스크의 패턴을 맞추어 (얼라인먼트라고 함) 노광하는 것이다. 마스크 위에서 실제 현미경으로 분리된 두 개의 마크를 x축 y축, θ축을 조정하여 양쪽 모두를 정렬시키도록 조정한다.

마크는 웨이퍼와 마스크에 새겨져 있어 그것을 맞춘다. 물론, 패턴의 치수가 큰 시대의 이야기이다. "조잡하다" 라고도 할 수 있으며 구닥다리 이야기라고 꾸짖을지도 모르지만, 스스로 조정하고 맞추기 때문에, 잘 되었을 때, 기쁜 일이었다. 이미 40년 전의 이야기이다. 그 후 패턴이 미세해지고, 스테퍼나 스캐너의 시대가 도래한 것은 아시는 분도 많다고 생각한다. 처음에는 일본 노광기 제조업체가 우세했지만 최근에는 다른 나라의 메이커에 밀리고 있다. 그런 가운데 양면 정렬기는 일본 메이커가 열심히 노력하고 있는 것 같다. 여기서 전력반도체로의 응용을 소개했지만, MEMS 등에의 응용도 생각할 수 있다. 이와 같은 틈새 분야에서의 신념도 제조장치 메이커에는 필요할지도 모른다.

7-5
후면 활성화에 대한 고찰

이번에는 후면에 도핑한 불순물의 활성화 이야기이다. 불순물 활성화의 기초부터 설명하고자 한다. 이 절과 다음 절에서는 필드스탑 유형의 IGBT를 예로 들어 볼 것이다.

오해하기 쉬운 불순물 농도

저자는 반도체 초보자용의 강연을 한 경험이 있지만, 많은 사람들이 오해하기 쉬웠던 것은 n형 영역이나 p형 영역이 있다라고 하면 그 영역 중, n형이라면 n형의 불순물이 차지하고 있다라고 착각하는 사람이 있다는 것이다. 이 영역들을 색으로 구별하기 때문에 생긴 오해일 것이다. 실제로는 n형 영역이라고 해도 대부분이 실리콘 원자이며 그 안의 극히 일부인 ppm 단위로 n형의 원자로 대체되고 있는 상태이다. 또한, n^+는 n형이 고농도로 존재하는 영역이고 n^-는 n형이 저농도로 존재하는 영역이라는 것을 의미한다.

불순물 활성화의 예

IGBT의 필드스탑형이란 그림 7-5-1에 도시한 바와 같은 형태이다. 이것에 대해서는 9-4절를 참고해 주시고 뒷면에 p^+/n^-구조의 불순물 층을 가진 **필드스탑형**의 IGBT를 제조하는 방법으로써 FZ 형의 실리콘 웨이퍼를 얇게 하여 후면에서 불순물을 주입해야 한다. 그러므로 다음 절에서 설명하는 **웨이퍼 박화**라는 공정과 후면으로부터의 불순물 주입, 그 후의 불순물 활성화를 수행하는 후면 열처리 공정이 필요한 것이다.

우선, n^-층의 FZ 웨이퍼의 표면에 이미터, 베이스, 게이트를 각각 형성하고, 웨이퍼의 후면을 연마하여 원하는 두께로 가공한(이에 대해서는 7-6절에서 설명한다.) 후 주입공정을 수행한다. 필드스탑형에서는 P(인)을 먼저 주입하고, 그 다음에

B(붕소)를 주입한다. 이것은 각각 n^+ 영역과 p^+ 영역이 된다. 물론 n^+ 영역이 필드스탑 층이 된다. 그런 다음 두 불순물의 활성화를 위하여 후면 열처리를 수행한다. 두 가지 다른 유형의 불순물에 대한 활성화가 상대적으로 두꺼운 영역에서 수행되기 때문에 복잡해진다.

후면 활성화 공정의 개념 (그림 7-5-1)

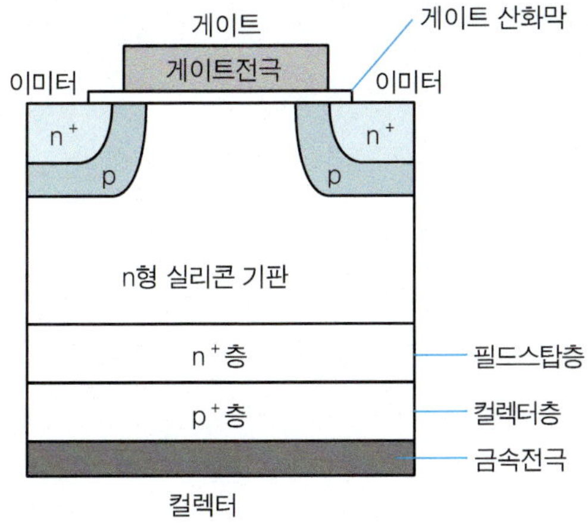

활성화 이미지

불순물의 주입은 이온주입 장치를 이용한다. 그 후의 활성화는 열처리 (어닐링) 장치를 이용하여 그림 7-5-2에 도시한 바와 같이 주입한 인 원자를 실리콘 결정의 격자점으로 치환한다. 그림은 편의상 도시한 것이며 인 원자와 실리콘 원자의 비율은 앞에서 설명한 바와 같은 비율이다. 실제의 열처리는 석영로나 적외선 램프 열처리장치 등을 이용한다. 최근에는 **엑시머(excimer) 레이저 어닐링 장치**를 사용하려는 시도도 있다.

IGBT의 제조공정은 일반적으로 MOSFET와 비교하면 복잡하면서, 상당히 다르다는 것을 알 수 있다.

또한 비펀치스루형도 마찬가지로 웨이퍼 후면에 불순물 층을 형성하지만, 이

이온 주입 후와 열처리 후 실리콘 결정 (그림 7-5-2)

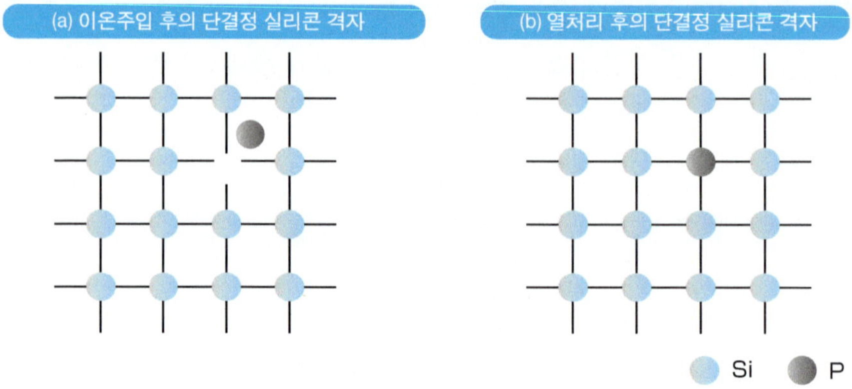

경우는 연마면으로 부터 p형의 B(보론, 붕소라고도 함)만 주입한다. 비펀치스루형에 대해서는 9-3절을 참고하길 바란다.

활성화 장치의 예

여기에서는 적외선램프 어닐링 장치의 예를 보여준다. 그림 7-5-3과 같이 적외선 (800nm 이상의 파장) 램프(예 : 할로겐 램프 등)를 사용하여 웨이퍼를 열처리한다. 그때의 온도는 파이로미터(pyrometer)로 모니터한다. 챔버 내 분위기 가스는 실리콘이 산화되지 않도록 불활성 가스를 사용한다. 실리콘은 적외선을 웨이퍼 전체에서 흡수하기 때문에 온도 상승이 빠른 것이 특징이며 그 때문에 RTA(Rapid Thermal Annealing) 장치라고도 한다.

그림과 같이 웨이퍼를 1장씩 처리하는 매엽식 장치이지만, 웨이퍼 당 처리 시간이 짧기 때문에 시간당 처리생산성(throughput)*은 감소하지 않는다.

* throughput 1시간당 웨이퍼의 처리 매수

적외선램프 어닐링 장치의 개략도 (그림 7-5-3)

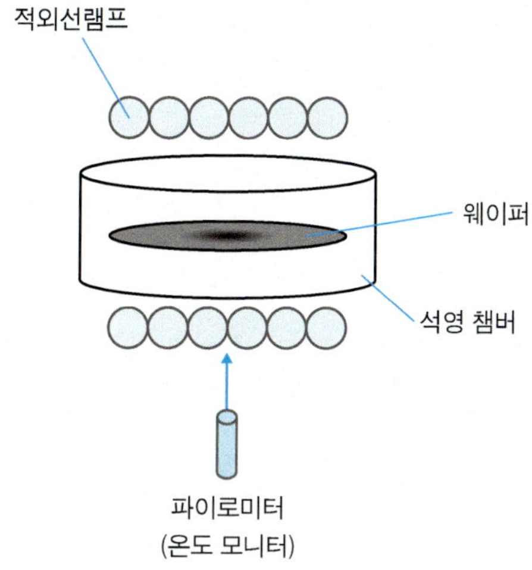

7-6
웨이퍼의 박화공정이란?

설명이 다소 두서없이 진행되고 있지만 IGBT의 필드스탑형을 예로 들어, 웨이퍼의 박화공정에 대하여 소개한다.

웨이퍼의 박화

7-5절에서 서술하였지만 필드스탑형에서는 일단 웨이퍼를 얇게 하고, 후면에 불순물층을 형성하는 것으로써 그림 7-6-1에 도시하였다. 이 경우, 이미 웨이퍼 표면 측에는 이미터, 베이스, 게이트가 각각 형성되어 있기 때문에, 이것들을 보호할 필요가 있다. 그 때문에 그림 7-6-2에 개략적으로 도시한 바와 같이 실리콘 웨이퍼 표면에 보호 수지를 도포하며 그림에는 나타내지 않았지만, 실리콘 웨이퍼를 반전하여 후면을 연삭(backgrind; **백그라인드**, 이후 이 용어를 사용) 한다.

필드 스탑형 공정의 개략도 (그림 7-6-1)

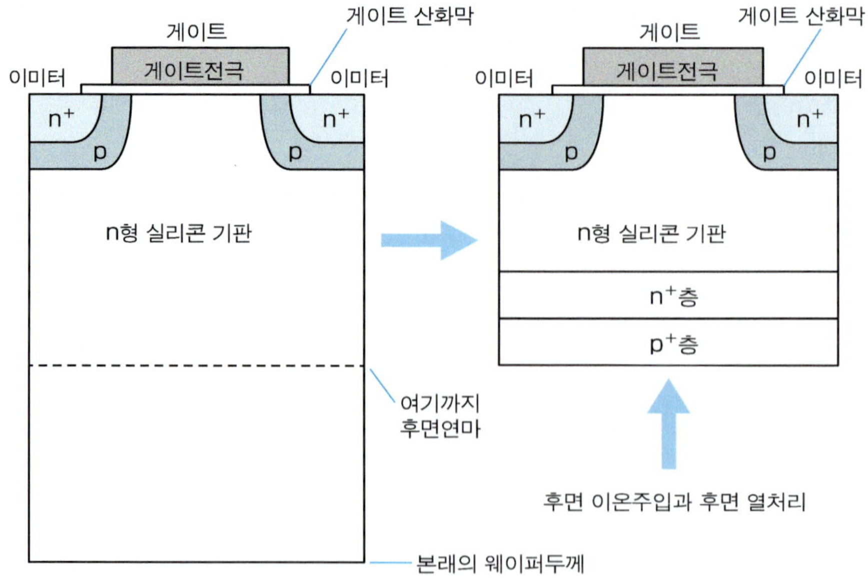

웨이퍼 박화의 개념 (그림 7-6-2)

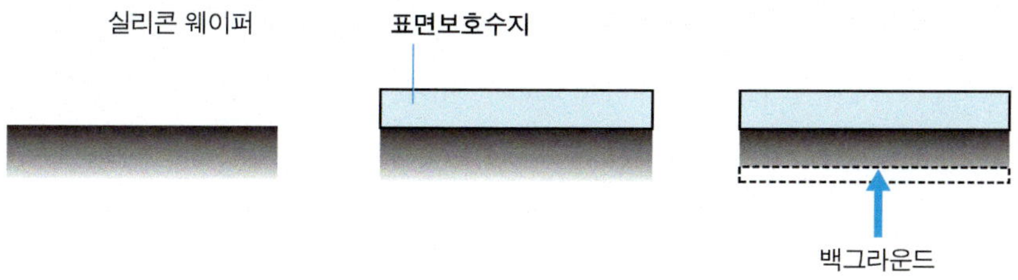

백그라인드란?

이 백그라인드는 LSI 공정에서는, 후공정에서 이용하고 있다. 실제로는 그림 7-6-3과 같이 다이아몬드 입자를 포함한 평면 숫돌 휠을 약 5,000회전/분으로 회전시켜 얇게 갈아내는 공정이다. 보호할 표면을 진공 상태에서 척 테이블에 고정한다. 이것을 약 5,000회전/분으로 회전하는 다이아몬드 휠을 통과시키면서 후면을 연삭한다. 또한 연삭용 휠의 번호를 바꾸어 마무리 연삭을 실시한다. 그 후 손상층이 1μm 정도 남아 있기 때문에 이것을 화학적으로 제거한다. 최근에는 약물 처리 대신 드라이 폴리싱을 사용기도 한다. 이후 모든 후면 공정을 완료한 후, 표면 보호 수지를 제거한다.

백그라인드 공정의 개략도 (그림 7-6-3)

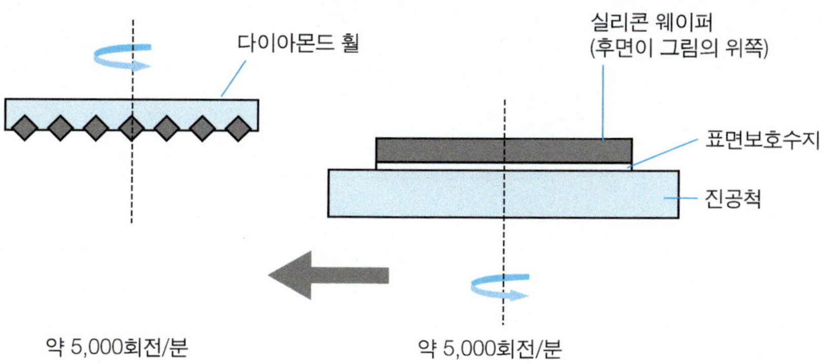

경사면 가공이란?

어디에서 설명하면 좋을지 혼란스러웠지만 이 절에서 설명하고자 한다. 경사면(bevel)이란 웨이퍼 둘레면이라고 할까? 이것도 전력반도체 이외에서는 그다지 듣지 않았을 것이라고 생각하기 때문에 간단히 설명한다. 전력반도체는 웨이퍼 전체를 사용한다고 전 절에서 설명하였다. 그림 7-6-4에 웨이퍼 전체의 모형을 도시하였으며 경사면은 거칠게 마무리*가 되어 있다. 전력반도체에서는 웨이퍼의 두께 방향을 사용하므로 이 경사부를 방전 방지를 위해 보호막으로 덮거나 균일하게 만들기 위하여 매끄럽게 가공한다. 또한, 전력반도체의 제조 공정에 관한 것으로, 7-3절에서 설명한 에피택셜 성장의 경우도, 이 경사면의 구석(그림 중의 화살표)를 따라 크라운이라고 불리는 상부로 돌출한 것과 같은 이상 성장이 일어날 수 있다. 이와 같이 제조 공정에서는 경사면에도 유의할 필요가 있다.

또한 MOS LSI 공정에서는 경사면의 가공을 실시하지는 않지만 경사면에 레

웨이퍼 각 부분의 명칭 (그림 7-6-4)

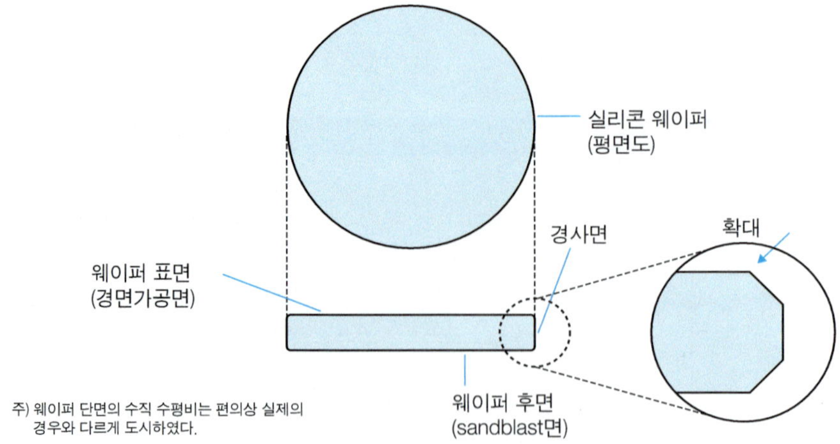

* **거칠게 마무리** 웨이퍼로 절단한 후 웨이퍼 표면은 거울처럼 광택을 내기 위하여 경면가공을 수행한다. (그림 6-1-2 참조). 대조적으로 경사면은 거칠게 마무리되어 있다.

지스트나 박막이 붙지 않도록 주위하고 있다. 이에 관해서는 동일한 도해 입문 시리즈「알기 쉬운 최신 반도공정의 기본과 구조 [제4판]」의 5-6절에서 설명하고 있다.

7-7
후공정과 전공정의 차이점

후공정에 대해서 간단하게 설명한다. 후공정에 익숙한 독자는 넘어가 주세요. 후공정에 들어가기 전에, 이 절에서는 반도체의 일반적인 후공정의 간단한 흐름을 설명한다. 반도체소자에 따라서는 후공정에도 차이가 있다.

후공정이란?

전공정(통상 웨이퍼공정이라고 함)과 후공정은 큰 차이가 있다. 전공정은 화학적 · 물리적 반응을 이용하는 것이 많고, 실제 공정 자체를 눈으로 확인할 수 있는 것이 거의 없으며 끝까지 결과로 확인해야만 한다. 그러나 후공정은 웨이퍼를 얇게 하거나 칩을 잘라 내거나 와이어 본딩하는 등 기계적인 가공을 하는 경우가 많아 눈으로도 확인할 수 있는 공정이 많다는 것이 특징이다. 따라서 제조장치도 전공정 장치와는 전혀 다르며, 공장(팹)도 전공정의 공장과는 다른 장소에 설치하는 경우가 많다.

또한 후공정의 작업 대상품은 기계적 가공을 진행해 나가는 가운데 웨이퍼, 칩(후공정에서는 「다이」라던가, 옛날에는 「펠렛」이라고 부르기도 하였다), 패키지 등 여러 가지 형태가 있다. 따라서 특수 캐리어와 지그(jig)를 사용한다. 전체 공정 과정을 그림 7-7-1에 도시하였으며, 개별 작업 대상품을 그림에 나타내었다. 전공정은 클래스 1의 클린룸에서 작업하지만, 후공정은 그림에 도시한 바와 같이 몰딩 전까지만 클린룸(클래스는 전공정보다 낮다*)에서 작업을 수행한다. 몰딩 후에는 칩 자체가 외부에 닿지 않으므로 일상의 환경에서 작업한다.

* **전공정보다 낮다** 후공정의 청정도는 일반적으로 클래스 1000이나 클래스 10000 정도. 클래스 1000이면 환기횟수는 수십회/시간이 된다.

불량을 흘리지 않는 후공정

전공정과의 큰 차이는 후공정에는 불량품을 공정에 흘리지 않는다는 것이다. 불량품을 후공정에 투입해도 아무 부가가치도 가져오지 않으므로 전공정이 종료한 각 칩을 양품인지 불량품인지를 판정할 필요가 있다. 즉, 후공정에 들어가는 칩만을 골라내는 역할을 하고 있는 것이다. 이것을 KGD(Known Good Die)라고 한다. 그러기 위해서는 도표 7-7-1 에 도시한 바와 같이 프로빙이라고 하는 작업으로 양품을 판별하고, 다이싱 후에 그 칩만을 몰딩하게 된다. 프로빙은 웨이퍼

후공정의 흐름과 작업대상 (그림 7-7-1)

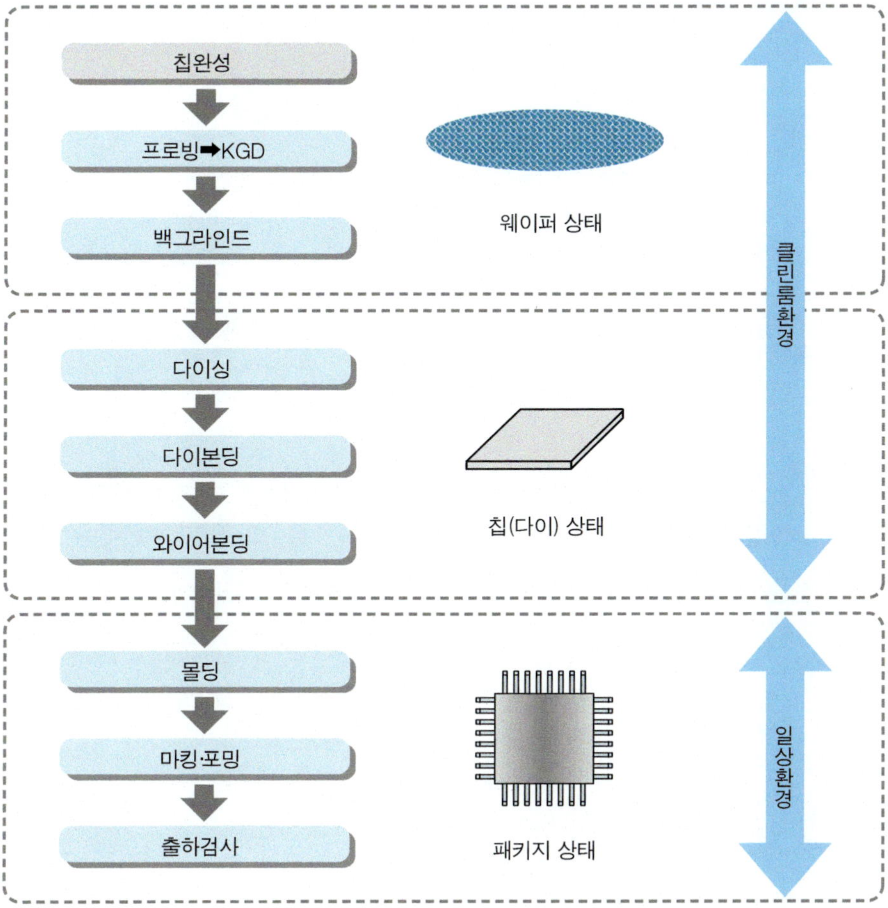

상태에서 칩 **패드***에 계측기의 바늘(프로브: probe)을 접촉시켜 전기적 특성을 측정하는 것을 말한다.

이에 대하여 전공정에서는 웨이퍼를 프로빙으로 측정하면 오염(오염) 문제 때문에 클린룸으로 되돌릴 수 없으므로 프로빙은 실시하지 않고 일단 모든 웨이퍼를 공정에 흘리게 된다. 결과를 끝까지 모르는 것은 곤란하기 때문에, 실제로는 모니터용 웨이퍼 등을 측정해, 그 로트(lot)의 경향은 파악해 두고 있다. 그 결과, 문제가 발생한 로트는 흘리지 않는 등의 조치를 취하고 있다. 이를 그림 7-7-2에 개략적으로 도시하였다.

전공정과 후공정의 경계 (그림 7-7-2)

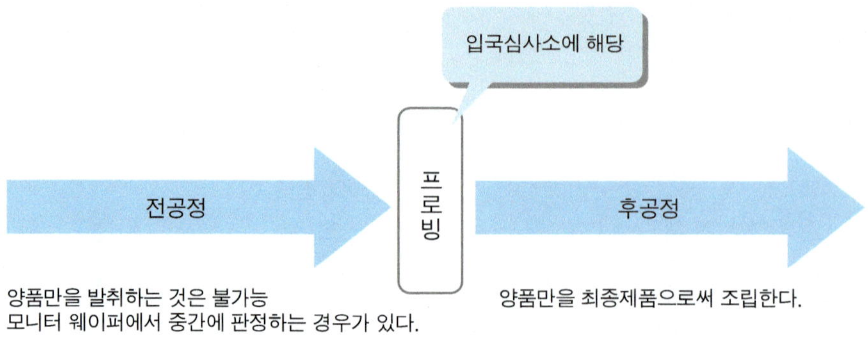

전력반도체의 경우는 대전류를 흐르게 하여 측정하는 경우도 있으므로 웨이퍼에서의 측정 뿐만이 아니라 칩상태에서 측정하는 경우도 있다. 특히 특성이 갖추어진 칩을 모아 병렬화하여 모듈화하는 경우 등에 필요하다.

---

* **패드(pad)** 바늘을 접촉시키는 단자. 그 때문에 넓은 면적으로 칩 주변에 배치되어 있다.

후공정에서 차이점

그런데 전력반도체의 후공정에서 MOS LSI와의 차이는, 지금까지 몇 번이나 서술하였듯이 고전압 대전류를 취급하는 소자이므로, 후공정도 개선할 필요가 있다는 점이다. 이것들에 대해서 몇 개의 예를 이후의 절에서 그림 7-7-1에 도시한 순서대로 몰딩까지 설명할 것이다. 다만 백그라인드에 대해서는 7-6절에서와 동일한 공정이므로 생략한다.

이어서 반도체에서도 발광소자 등에서는 광방출면이 필요하게 된다. 단면의 가공이나 패키지에 광방출부를 마련하는 등 다른 후공정 과정이 존재한다. 후공정은 제품화에 근접한 공정이므로 전공정보다 반도체소자의 종류에 따라 차이가 있을 수 있다.

7-8
다이싱에서의 차이점

이 절에서는 전력반도체의 다이싱에 대해서, MOS LSI와의 차이점 등을 중점적으로 설명한다. 차세대 반도체 재료의 다이싱에 대하여 중점적으로 설명한다.

다이싱이란?

먼저 다이싱(dicing)에 대하여 쉽게 설명한다. 다이싱이란 칩*을 패키지에 수납하기 위해 다이싱 톱이라고 불리는 전용 커터로 웨이퍼를 칩 모양으로 잘라내는 것을 말한다.

프로빙 후 웨이퍼를 백그라인드로 얇게 한 후, 캐리어 테이프라는 접착성이 있는 테이프에 붙인다. 이는 절단 후 칩*이 흩어지기 때문에 그것을 방지하기 위한 대책이다. 웨이퍼는 블레이드(두께는 20~50μm)라는 경질의 재료에 그림 7-8-1에 도시한 바와 같이 다이아몬드 입자가 부착된 것을 사용하여 절단한다. 다이아몬드 블레이드는 초당 수만번 회전하여 웨이퍼를 절단하기 때문에 마찰열이 발생한다. 따라서 항상 순수한 물을 고압으로 분사시키면서 수행한다. 이 순수한 물은 실리콘의 부스러기를 동시에 제거하는 역할도 하고 있다.

한편, 순수한 물을 뿌리는 것에 의한 정전파괴** 문제가 발생할 수 있기 때문에 순수한 물 중에 탄산가스를 혼합시키는 것이 일반적이다. 그림 7-8-1에 이와 같은 과정을 도시하였다. 그림에서는 생략하였지만 웨이퍼는 전용 프레임을 통해 테이프와 붙어 있다. 그러므로 다이싱 후, 칩은 흩어지지 않는다.

또한 이 캐리어 테이프의 재료는 종래의 염화비닐계 대신, 신축성이 우수한 폴

* **칩** 이전에는 펠렛 (pellet)이라고 부르는 경우가 있으며, 오래된 책이나 문헌에는 펠렛이라고 쓰여 있는 경우도 있다.

** **정전파괴** 순수한 물은 불순물을 매우 소량밖에 포함하지 않기 때문에 비저항값이 커진다. 따라서 웨이퍼 표면의 절연 보호막과 접촉하면 정전기가 발생하고 그 영향으로 칩 상의 회로가 파괴되는 것을 말한다.

리올레핀계 재료가 사용되고 있다.

덧붙여서 서술해 보면 다이싱이라는 용어는 이전부터의 용어가 그대로 남은 것이라고 생각된다. 옛날에는 칩의 면적이 작아서 잘라내면, 다이(주사위 : dice)와 같은 형상이었기 때문이라고 생각한다.

다이싱의 개략도 (그림 7-8-1)

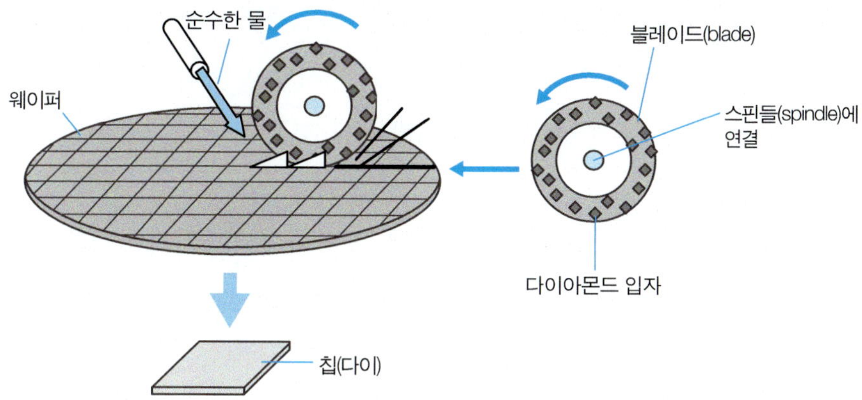

한편, 다이싱 방법은 그림 7-8-2에 도시한 바와 같이 웨이퍼를 모두 절단하는 전체 절단과 중간까지 절단하는 중간(half) 절단이 있지만 현재는 전체 절단이 공정수도 적어 주로 사용되고 있다.

절단 방법의 비교 (그림 7-8-2)

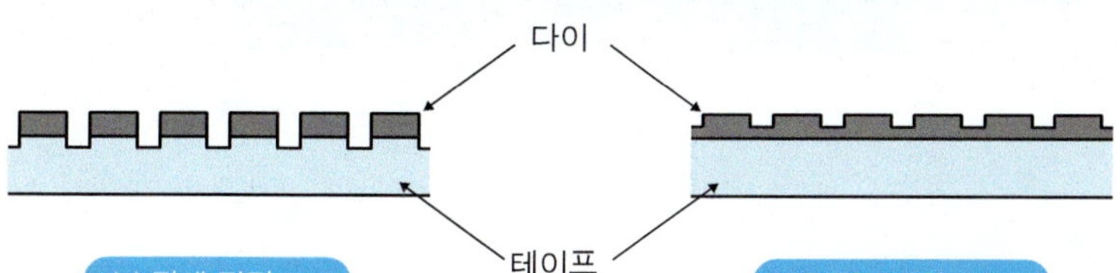

(a) 전체 절단

- 테이프까지 절단한다.
- 가공시간은 길어지지만 다이의 브레이킹 공정이 없기 때문에 실리콘 찌꺼기가 나오지 않는다.

(b) 중간 절단

- 테이프까지 절단되지 않는다.
- 가공시간은 짧아지지만, 브레이킹 공정시 실리콘 찌꺼기가 나온다.

SiC용 다이싱 장치

제10장에서 소개하겠지만 차세대 전력반도체에서는 실리콘을 교체하는 기판재료가 검토되고 있다. 그에 따라 SiC용의 다이싱 장치가 출시되고 있으므로 소개하고자 한다.

■ 초음파를 첨가한 다이싱

그중 하나로 SiC와 GaN은 실리콘보다 경도가 높기 때문에 초음파를 첨가한 다이싱 톱이 고안되고 있다. 이것은 그림 7-8-3에 도시한 바와 같이 블레이드에 부착된 다이아몬드 입자를 초음파로 진동시켜 보다 경도가 높은 기판을 효율적으로 절단하는 것이다.

한편, 실리콘용 다이싱 장치와 화합물 반도체용 다이싱 장치에 참여하고 있는 장치 메이커는 다를 수 있다. 차세대 전력반도체 재료의 다이싱 장치는 두 제조업체에서 여러 가지 접근 방식이 있는 것으로 파악하고 있다.

초음파를 첨가한 다이싱 블레이드 (그림 7-8-3)

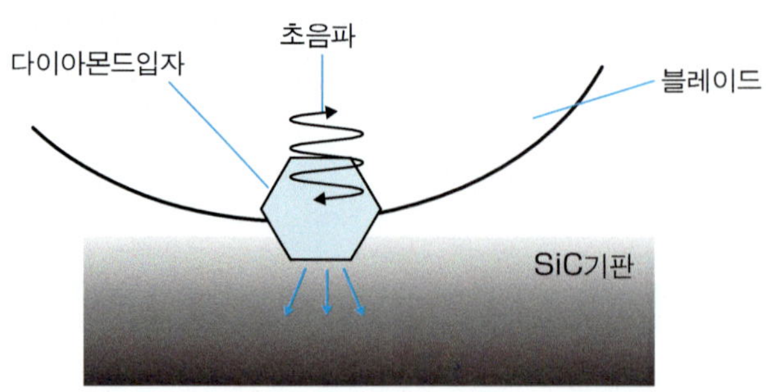

출처 : DISCO 홈페이지를 기본으로 작성

■ 레이저 톱

블레이드에 의한 절단 대신, 레이저를 이용한 다이싱이 주목 받고 있다. 단파장 레이저로 직접 기판을 절단하는 것으로 그 구성도를 그림 7-8-4에 도시하였다. SiC 다이싱에 대한 실용화는 미지수이지만 재미있는 시도라고 생각한다. 반도체 재료의 다이싱과는 다르지만 비정질 실리콘 태양전지 등에서는 레이저에 의한 패터닝이 주류가 되고 있다. 블레이드에 의한 가공기구의 마모가 없는 것이 장점이지만, 그 대신에 레이저 발생장치의 유지관리가 문제가 된다고 생각한다.

레이저 절단법의 개략도 (그림 7-8-4)

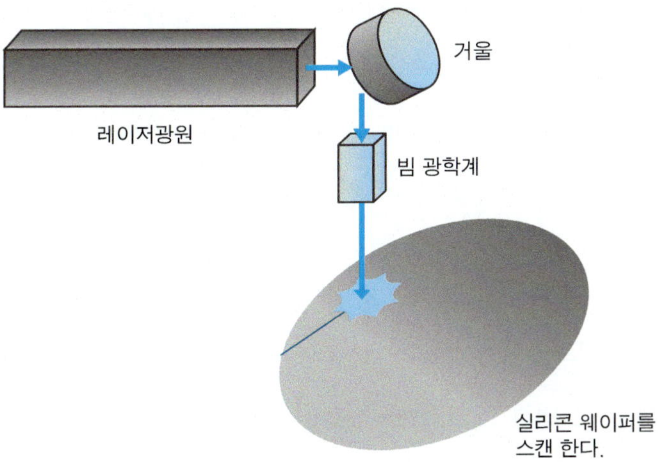

이 레이저에 의한 재료의 절단은 **레이저 융삭**(ablation)이라고 불리고, 원리적으로는 단파장의 레이저광(높은 에너지를 가지는)을 고체에 조사하면 분자형태를 형성하고 있는 화학 결합이 광분해 반응에 의해 폭발적으로 절단되는 현상이다. 그림 7-8-5에 개략적으로 도시하였다.

레이저 융삭법의 개략도 (그림 7-8-5)

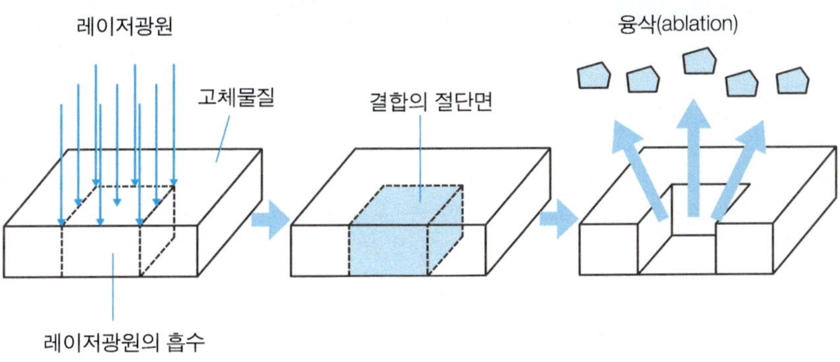

7-9
다이본딩의 특징

칩을 기판에 연결하는 다이본딩이라는 공정이 있지만, 이것도 전력반도체의 경우는 다소 다르다. 이 절에서는 그것에 대해 설명한다.

다이본딩이란?

다이본딩이란 잘라낸 칩을 패키지에 수납하기 위해 기판에 붙이는 공정을 말한다. 전기적인 접촉도 수행한다. 이 경우 다이싱이 끝난 칩을 다이*라고 부르는 경우가 있다.

다이싱이 완료된 웨이퍼 중에서 양품 칩만을 선택하고 패키지용 받침대(다이패드라고 함)에 올려놓고 접착제 등으로 고정한다. 이것을 다이본딩이라고 한다. 각 칩은 7-8절에서 설명한 캐리어 테이프에 부착된 상태이므로 편차 없이 전송할

다이본딩까지의 흐름 (그림 7-9-1)

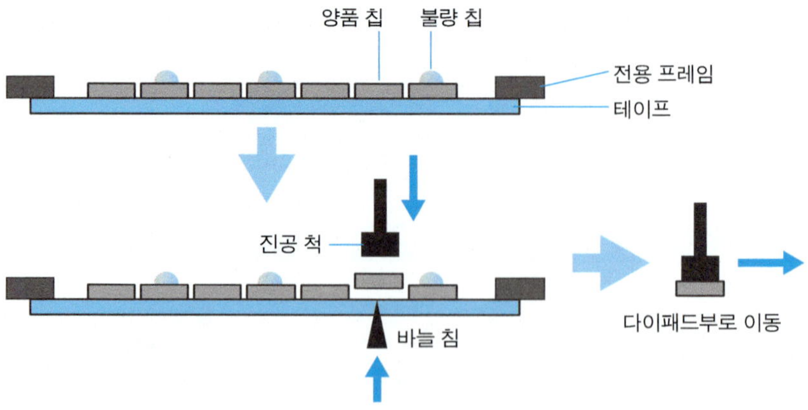

주) 불량 칩은 그림과 같이 표면에 마크를 한다.

---

* **다이** 영어로는 die, 복수형이 dice. 주사위란 뜻. 일본어로는 다이스라고 하는 경우가 있다. 칩을 펠렛이라고 하거나 다이라고 하는 것은 7-8절에 설명한 바와 같이 오랜 세월에 의한 것이라고 생각된다. 또한 회사에 따라 다르게 불러질 수도 있다.

수 있다. 물론 불량 칩은 결국 파기된다. 우선 양품 칩을 아래에서 바늘로 밀어 올리고, 들어 올려진 칩을 진공 척으로 잡아 리드 프레임의 다이패드부 위로 전송한다. 그 흐름을 그림 7-9-1에 도시하였다.

전력반도체의 경우는?

MOS LSI 등에서는, 수지 접착법이나 공융(eutectic) 합금 결합법을 이용하는 것에 비해 전력반도체의 다이본딩에서는 땜납을 이용하는 것이 주류이다. 땜납은 빈 공간(void)의 발생이나 경계면에서의 공극 생성이 일어나면 제품의 신뢰성을 현저하게 저하시키기 때문에, 땜납의 「습윤성」 개선이 문제가 된다. 이를 그림 7-9-2에 도시하였다. 습윤성 개선을 위해 전처리 공정을 도입하는 등의 여러 가지 방법이 연구되고 있다. 또한 환경면에서 무연화도 재료적인 측면에서 해결할 과제이다. 예를 들어 EU권에서는 RoHS*에 의해 2006년 7월부터 전자부품에는 납을 사용해서는 안 된다.

전력반도체의 경우도 패키지의 소형화 · 고밀도 실장화의 요구가 있기 때문에 다이패드와의 위치 정밀도 제어의 향상 등도 과제이다. 그것은 제조 장치의 과제이므로 여기에서는 과제로써 소개만 해 둔다.

다이본딩의 과제 (그림 7-9-2)

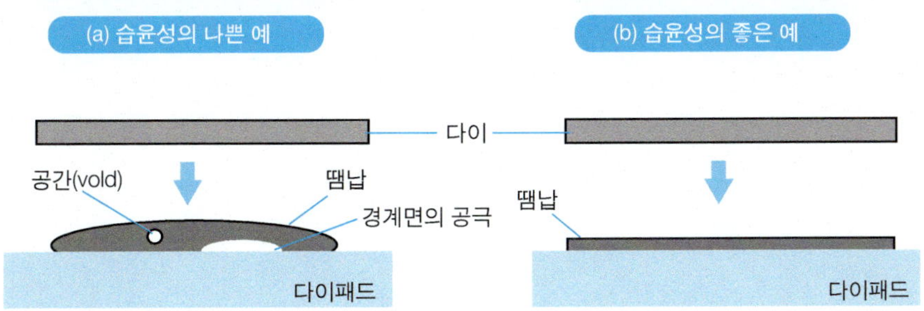

* **RoHS** Restriction of Hazardous Substances의 약자. EU 내에서 전자산업과 관련된 특정 유해물질의 사용 제한에 대한 지침. 로즈라든지 로하스라 불린다.

덧붙여 설명하자면 다이본딩도 이전부터의 용어가 남아 있는 것이며 다른 명칭으로서 다이어테치(die attach)라든지 마운트라고도 한다. 반도체 공정에서 여러 가지 명칭이 있는 것은 지금까지 설명한 바와 같다. 전절에서 설명한 다이싱에서도 현재의 다이싱 장치가 나타나기 전에는 펠렛타이즈(pelletize)라고 부르고, 다이아몬드 펜과 같은 것으로 선상의 상처를 내어 초콜릿을 깨뜨리는 것과 같이 분할하였다고 들었다. PC라면 현재는 Personal Computer이지만 저자가 반도체 업체에 들어갔을 무렵은 Pellet Check였다.

7-10
굵어지는 본딩용 와이어

이 절에서는 전력반도체의 와이어 본딩에 대하여 설명한다. 전력반도체에서는 흐르는 전류가 MOS LSI의 트랜지스터와는 자리수가 다르기 때문에 와이어도 굵어진다.

와이어 본딩이란?

먼저 와이어 본딩에 대해 쉽게 설명해 보자. MOS LSI의 패키지에서 마치 지네의 다리처럼 리드 단자가 나온 것을 본 적이 있을 것이다. 이 리드 단자와 칩 상의 MOS LSI의 단자를 와이어로 연결하는 것이 와이어본딩이다.

이 와이어는 보통 전기를 잘 통하는 금(Au) 선으로 형성되어 있다. MOS LSI의 경우는 최소 15μm 정도의 두께이다. 이것은 인간의 머리카락(약 50~100μm)보다 얇은 직경이다. 또한 99.99%로 상당히 고순도의 금이 사용되고 있다. 금을 이용하는 이유는 배선으로서 금은 안정적이고 신뢰성이 높기 때문이다.

리드 프레임과의 연결

칩의 단자를 본딩 패드라고 한다. 한편 리드 프레임의 칩 측을 내부(inner) 리드라고 한다. 와이어는 자동화된 와이어 본더라는 장치를 사용하여 초당 수 개에서 10개 이상의 와이어가 본딩된다. 가끔 텔레비전 등으로 반도체 공장의 영상을 볼 때 자주 등장하기 때문에 본 적이 있는 독자도 있을 것이라 생각한다.

여담이지만, 자동 와이어 본딩 장치가 개발될 때까지는 사람이 하나하나 와이어 본딩을 수행하고 있었다. 저자도 시제품으로 수행해 본 적이 있다. 실제 공장에서는 이전에 손끝이 민첩한 여성 작업원이 인해전술로 수행하고 있어서 '마님'라고 부르는 사람도 있던 시대가 있었다.

이어 본딩된 칩과 리드 프레임의 단면도를 그림 7-10-1에 도시하였다.

와이어본딩된 칩과 리드프레임 (그림 7-10-1)

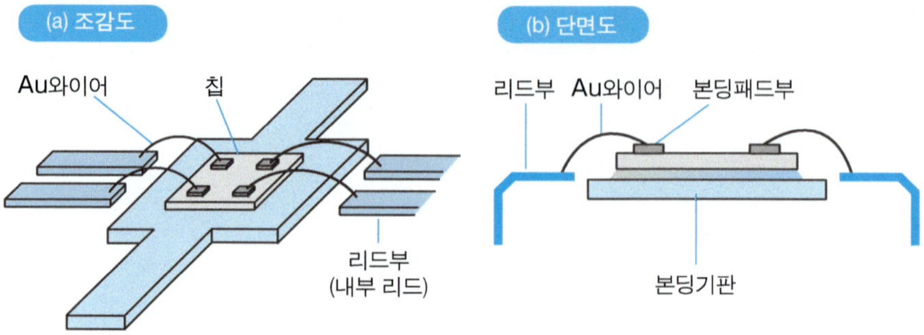

덧붙여 7-7절에서 설명한 바와 같이 여기까지의 공정이나 다음의 몰딩공정은 클린룸 중에서 수행하고 있다.

구리(Cu) 와이어에 대해서

전력반도체에서는 대전류가 흐르기 때문에, 전술한 바와 같은 가는 금 와이어로는 대응할 수 없을 것이다.

금 와이어를 굵게 하는 것은 제작단가의 증가를 초래하기 때문에 기존의 수백 µm 알루미늄 와이어나 리본을 이용해 왔다. 다만, 보다 많은 전류를 흐르게 하기 위하여 알루미늄보다 구리(Cu)를 이용하려는 시도가 있다.

한편, 앞서 언급하였듯이 금을 사용하면 비용이 높아지는 것은 당연한 일이므로 최근에는 MOS LSI에서도 구리를 이용한 와이어본딩이 도입되고 있다. 구리로 하면 단가가 1/3에서 1/5이 된다고 하기 때문이다. 전력반도체의 경우는 구리 와이어를 이용했다고 해도 그림 7-10-2에 시각적으로 도시한 바와 같이 두께가 10배 이상 필요하므로, MOS LSI의 후공정과 같은 볼 본딩을 사용할 수 없다. 그래서 웨지 본딩(Wedge bonding)이라는 방법을 사용한다. 볼 본딩이라는 용어를 사용하였는데 이것은 금 와이어의 끝을 볼 모양으로 한 다음 본딩을 수행하기 때문에 이렇게 불리우고 있는 것이다.

와이어의 비교 (그림 7-10-2)

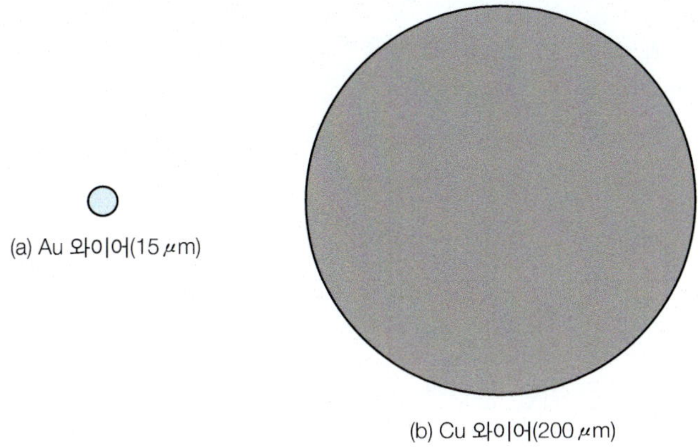

웨지 본딩이란?

웨지(wedge)는 쐐기의 의미로 골프 클럽의 명칭이기도 하다. 웨지 본딩이란 그림 7-10-3과 같이 와이어에 초음파를 인가하고, 웨지를 이용하여 상온에서 압착하여 본딩하는 방법이다. 기존의 알루미늄 와이어의 본딩 등에서 사용되어 왔다. 이러한 방법을 사용하면 두꺼운 구리 와이어도 본딩 할 수 있다.

웨지본딩의 개략도 (그림 7-10-3)

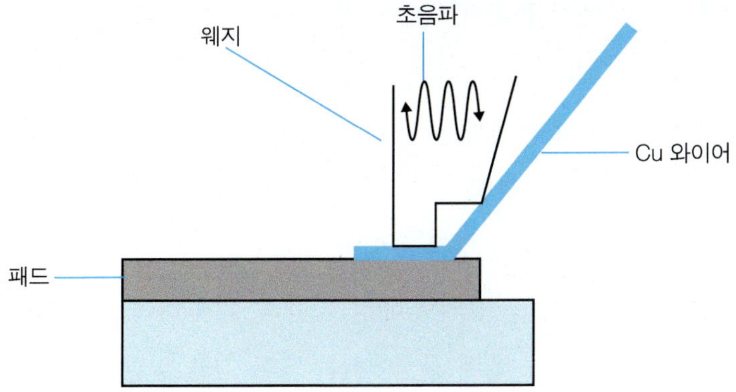

7-11 밀봉재의 변화

차세대 전력반도체에서는 패키지의 밀봉 재료로 독자적인 것이 고안되고 있다. 특히 내열성의 관점에서 연구되고 있다. 이 절에서는 MOS LSI의 패키지 재료와 비교하여 살펴보겠다.

밀봉재란?

먼저 간단하게 패키지에 대하여 설명하자면 칩의 다이본딩과 와이어본딩이 끝나면 이번에는 칩의 패키징을 위한 몰딩을 실시한다.

몰딩이란 칩을 보호 재료로 밀봉하는 공정으로써 이 재료를 밀봉재라고 부른다. 칩을 붕어빵의 팥소라 하면 붕어빵의 피를 붙이는 것과 동일하다. 금형으로 상하에서 끼워 성형하는 것도 비슷하다.

몰딩공정의 흐름

먼저, 일반적인 리드프레임형의 몰딩에 대하여 설명한다. 몰딩 공정의 흐름을 그림 7-11-1에 도시하였다. 와이어 본딩이 끝난 칩과 프레임을 운반하여 패키지의 하부 금형 위에 놓는다. 여기서, 금형의 상부를 씌운 후에 상하 금형의 공간부(캐비티)에 칩을 위치시킨다. 여기서 상하 금형에 압력을 가해 충분히 금형을 밀착시킨다. 거기에 포드부에서 플런저로 밀어 넣으면서 에폭시 수지 등을 주입하여 칩을 완전히 봉입하는 형태로 몰딩을 실시하는 것이다.

이 몰딩공정은 웨이퍼 공정과는 전혀 다르다. 여하튼 후공정이라는 인상이지만 어떻습니까? 앞에서 언급했듯이, 이 몰딩공정까지는 칩이 외부에 노출되어 있기 때문에, 클린룸 내에서 수행하고 있다.

또한 그림 7-11-1에서는 그림의 편의상 하나의 칩에 대해 하나의 몰딩을 수행하는 형태로 도시하였지만, 실제 공정에서는 많은 칩을 일괄적으로 몰딩하는 방식을 사용하고 있다.

몰딩공정의 흐름 (그림 7-11-1)

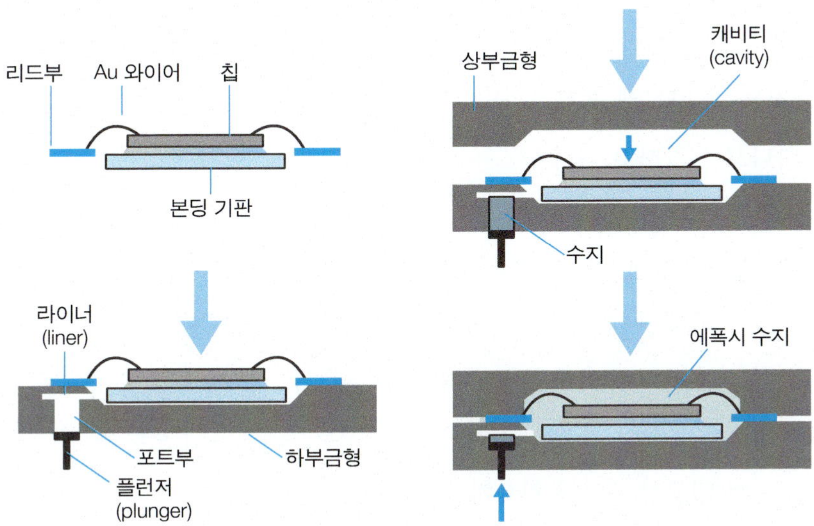

수지 주입 및 경화

금형은 160~180℃ 정도로 가열되고 있다. 그림 7-11-1과 같이 열경화성 에폭시 수지를 금형으로 형성되어 있는 포트부에 주입한다. 한편 칩과 칩 사이의 하부 금형은 수지를 주입하는 포트부가 있으며, 열로 용융한 에폭시 수지를 플런저로 라이너로부터 캐비티부로 밀어 넣는다. 이 방법을 **트랜스퍼(transfer) 몰딩 방식**이라고 한다. 온도가 떨어지면 에폭시 수지가 경화된다. 거기서 금형을 떼어내 일정한 시간이 지난 후, 더욱 경화시키면 몰딩이 완성된다.

수지 재료의 재검토

최근의 과제로서는 와이어 본딩과 관련이 있지만 와이어용 재료에 구리(Cu)를 사용하려 하고 있다. 구리는 금에 비해 부식에 약하기 때문에 염소(Cl)를 포함하지 않는 에폭시 수지가 개발되고 있다.

또한 차세대 전력반도체의 경우, 차세대 전력반도체 재료인 SiC나 GaN에서는 동작 온도 보증을 실리콘의 150℃에 대해 200℃ 이상으로 하는 것을 고안하고 있다. 이것은 각 반도체 재료의 에너지대역폭에 의한 것이지만, SiC나 GaN에서는 가능하다고 생각하고 있다.

여기서 문제가 되는 것은 기존의 수지 재료의 내열성이다. 따라서 전력반도체의 새로운 재료 시대에서는 새로운 **내열성 수지**의 밀봉이 제안되고 있다. 그림 7-11-2는 그중 하나인 **나노복합체(nanocomposite)형** 수지의 예를 도시한 것이다. 이것은 고열 전도성의 폴리실록산 유기계 수지에 나노 크기의 무기 재료를 분산시킨 것이다. 이와 같이 차세대 전력반도체에서는 동작 온도 보증을 위한 고온화가 요구되어 내열성 재료가 필요하게 된다.

이상 설명한 바와 같이 차세대 전력반도체의 후공정에서는 여러가지 재료가 개발되고 있다.

차세대 전력반도체용 수지재료 (그림 7-11-2)

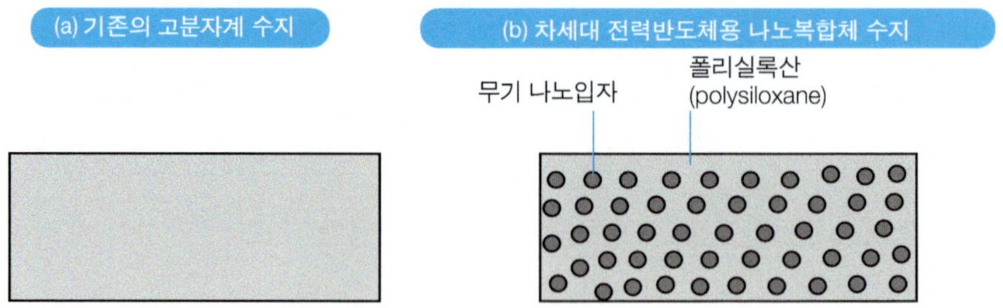

제 8 장

전력반도체 회사소개

여기에서는 전력반도체 제조회사에 대하여 소개하고자 한다. 제1장에서 자동차를 예로 들어 전력반도체 회사와 그 밖의 반도체 제조업체는 다르다는 것을 제시하였다. 여기서는 개개의 제조회사에 대한 소개보다는 최근의 반도체 업계의 동향과 함께 각 지역의 전력반도체 제조업체의 동향을 살펴본다. 편하게 읽어 주길 바란다.

8-1
탈로드맵 시대의 도래

이 절에서는 전력반도체가 현재의 반도체산업 분야에서 차지하는 위치를 MOS LSI와 비교하여 살펴보겠다.

「more Moore」와 「more than Moore」

전력반도체를 이해하기 위해 다양한 면에서 저자 나름대로 설명하고자 하며 여기에서는 반도체산업의 발전이라는 관점에서 살펴볼 것이다. 앞 절에서도 기술하였지만, 현행의 반도체 공정이나 소자 입문서는 MOS LSI를 전제로 서술하고 있는 것이 대부분이다. 그것도 무리는 아니라고 생각한다. 반도체 매출의 대부분은 MOS LSI가 차지하고 있기 때문이다. 그런데 MOS LSI는 말할 필요도 없이 미세화에 의한 고집적화로 단가 절감을 도모하는 것을 목표로 하고 있으며 이를 추진력으로 산업의 발전을 도모해 왔다. 그 기술적인 지표가 스케일링 법칙이며, 산업상의 지표가 이른바 「무어(Moore)의 법칙」이다. 최근에는 이 무어의 법칙을 추구해 가는 사고를 「more Moore」라고 부른다. 다양한 서적에 쓰여 있으므로, 참고해 주길 바라며 , 동일한 도해 입문 시리즈 「알기쉬운 최신 반도체공정의 기본과 구조[제4판]」에서도 설명하고 있으므로 참고해 주길 바란다.

「more than Moore」 노선으로 파악되는 전력반도체 (그림 8-1-1)

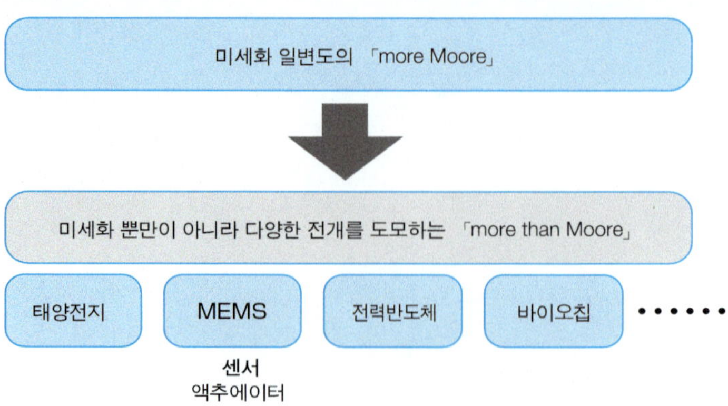

「more than Moore」란?

「more Moore」에 대해 「more than Moore」라는 사고방식이 있다. 이 명칭은 무어의 법칙을 고집하지 않는다는 의미로 명명되었지만, 좁은 의미에서는 미세화 노선에 의하지 않는 반도체 기술이다. 이것에 대해서는 여러 가지 부르는 방법이 있다. 저자는 「탈무어」라고 명명하고 있다. 그 외에는 「탈 스케일링」이라고도 불리고 있다.

반도체 기술의 로드맵을 구성하는 국제적인 워크숍인 ITRS* 활동에서도, 이 「more than Moore」가 다루어져 있으며, 그림 8-1-1에 도시한 바와 같은 표현 방법이 사용되고 있다. 여기에서 「more than Moore」는 미세화에 의존하지 않고 반도체소자의 기능을 확대하는 방법을 의미한다. 그림 8-1-1에서 볼 수 있듯이 아날로그 · 무선, 전력반도체, 센서 및 액추에이터 (보다 구체적으로는 MEMS 등), 바오칩 등이 있다. 이것은 MOS LSI의 미세화를 진행해 온 입장 즉, 「로드맵 지상주의자」라고도 할 수 있는 입장에서 본 전력반도체의 위치 지정이라는 인상이 저자에게는 있다. 실제 전력반도체는 반도체 산업의 초기부터 계속되고 있는 것으로, 최근 발전해 온 것은 아니다. 전력반도체를 연구해 온 입장에서 보면 MOS LSI는 신흥 세력이며, 전력반도체를 「more than Moore」 등으로 분류하는 것은 불필요할지도 모른다. 미세화의 로드맵에 대하여 ITRS에서 거론된 것은 ITRS의 2007년 판부터이다. 이것은 무엇을 의미하는가? 미세화 일변도의 로드맵에 한계가 도출되었다는 것일까? 어쨌든 전력반도체는 미세화라고 하는 노선과는 다른 흐름에 위치하고 있다고 이해하는 편이 좋다고 생각한다.

이상을 그림 8-1-2에 만화로 정리해 보았다. 전력반도체는 「more than Moore」의 흐름에서 요즘의 경향에서 출현한 것이 아니라 「more Moore」 노선과는 별도로 발전해 온 것이다.

---

* **ITRS** International Technology Roadmap for Semiconductor의 약자로 국제 반도체 기술 로드맵을 번역한 것이다. 현재는 발전적으로 해체하고 IDRS라는 조직으로 미세화에 구애받지 않는 활동을 하고 있다.

전력반도체의 예 (그림 8-1-2)

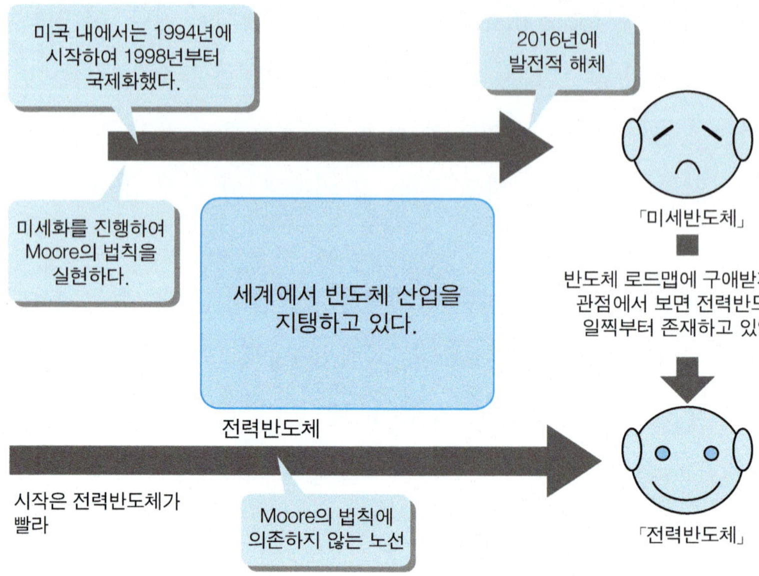

COLUMN 로드맵은 페이스메이커

첨단 반도체의 로드맵은 마라톤에 비유하면 각 주자의 페이스를 어느 정도의 거리까지 당겨주는 "페이스 메이커" 이라고도 할 수 있다. 페이스메이커를 따라가는 것은 어떤 의미에서는 간단하다고 할 수 있다. 가장 잘 따라가는 힘이 있는 것이 전제이지만, 본문에서도 서술한 것처럼 사실상, 「국제 반도체 로드맵」 의 활동이 발전적으로 해체하였으므로, 현재는 페이스메이커가 빠져나간 마라톤 레이스라고 할 수 있다. 어떤 회사가 살아남을지 흥미로울 것이다. 또 다른 면에서 보면 첨단 LSI와 전력반도체를 철도에 비유하면 신칸센으로 대표되는 특급열차의 속도 경쟁과 화물열차라고 할 수 있을지도 모른다. 신칸센은 도달시간의 단축을 도모하기 위해 새로운 차량을 개발하고 있는 한편, 화물열차는 얼마나 짐을 멀리 효율적으로 운반할 수 있는지가 과제라고 할 수 있다. 가장 최근의 화물열차는 컨테이너 특급이 많다. 최근 지진의 영향으로 도호쿠 신칸센의 일부가 운휴가 되었다. 신칸센의 재개 정보는 매일 새로운 소식이 개제되지만, 재래선은 일찍 재개해 장거리 화물열차가 통과할 수 있게 되어도 뉴스가 되지 않는다. 화물열차는 일본의 물류를 지원하고 있지만, 1장에서 언급했듯이 전력반도체 처럼 관심밖에 있기 때문이 아닐까요?

8-2
기세등등한 일본의 전력반도체

메모리나 첨단 논리회로에서는 고전하고 있는 일본의 반도체 메이커이지만 전력반도체 분야에서는 선전하고 있다. 여기에서는 그 동향을 살펴본다.

일본 반도체의 쇠퇴

1980년대 중반에는 일본 반도체 제조업체의 점유율이 세계의 50% 정도를 차지하였다. 1985년 세계 톱 5에는 NEC, 히타치, 도시바가 들어가 있었다. 저자가 가지고 있는 자료에서는 각각 1위, 4위, 5위였다. 덧붙여 모토로라가 2위, 3위는 TI 이었다.

2020년의 반도체 메이커의 점유율은 1위가 인텔이며, 삼성, SK Hynix, Micron, Qualcomm이 톱 5이다. 주역이 완전히 교체되고 있음을 알 수 있다.

참고로 2020년도의 반도체 매출 랭킹을 그림 8-2-1에 도시하였다. 일본의 메이커로 들어가 있는 것은 키옥시아 뿐이다. 이 회사는 도시바의 메모리 부문이 분리 독립한 회사이다. 80년대 메이커 중에서 이름이 남아 있는 것은 인텔과 TI(텍사스 · 인스트루먼트) 정도이다. 시대의 흐름을 느끼게 한다.

반도체 메이커 톱 10 (그림 8-2-1)

1985년(참고)		
1위	NEC	(일)
2위	모토로라	(미)
3위	TI	(미)
4위	히타치	(일)
5위	도시바	(일)

주) 저자가 가지고 있는 자료로써 출처 불명

2020년		
1위	Intel	(미)
2위	Samsung	(한)
3위	SK hynix	(한)
4위	Micron	(미)
5위	Qualcomm	(미)
6위	Broadcom	(미 · 싱가폴)
7위	TI	(미)
8위	MediaTek	(대만)
9위	NVITIA	(미)
10위	키옥시아	(일)

출처 : 가트너 데이터퀘스트(Gartner Dataquest)

일본의 반도체 메이커 순위가 크게 떨어진 것은 2000년 이후 IT 버블의 붕괴 이후이다. 그 결과 업계의 재편이 진행된 것을 알고 있을 것이다. 대표적인 예로서 르네사스는 당시의 히타치와 미쓰비시전기의 반도체 부문이 합병하여 생긴 회사(그 후 NEC 일렉트로닉스도 참가)이다. 또한 히타치, 미츠비시, NEC 일렉트로닉스의 메모리 부문이 재편되어 엘피다 메모리라는 회사가 되었지만 그림 8-2-1에도 나타나 있는 마이크론에 통합되어 버린 것이 기억난다. 이 동향이나 배경을 탐구하는 것은 이 책의 목적이 아니기 때문에 더 이상 언급하지 않을 것이다.

반도체 제조의 패러다임 변화

원래 일본의 반도체 제조는 종합전기 메이커나 가전 메이커를 중심으로 발전해 왔다. 이는 반도체소자가 기존의 정류기나 진공관 소자 등을 대체하는 것이었기 때문이다. 이것은 구미 등의 선진국도 마찬가지라고 생각한다. 그중 일본 업체에서는 대기업의 반도체 부문을 중심으로 자체 장치나 공정의 개발을 추진해 왔

제조장치 메이커의 패러다임 변화 (그림 8-2-2)

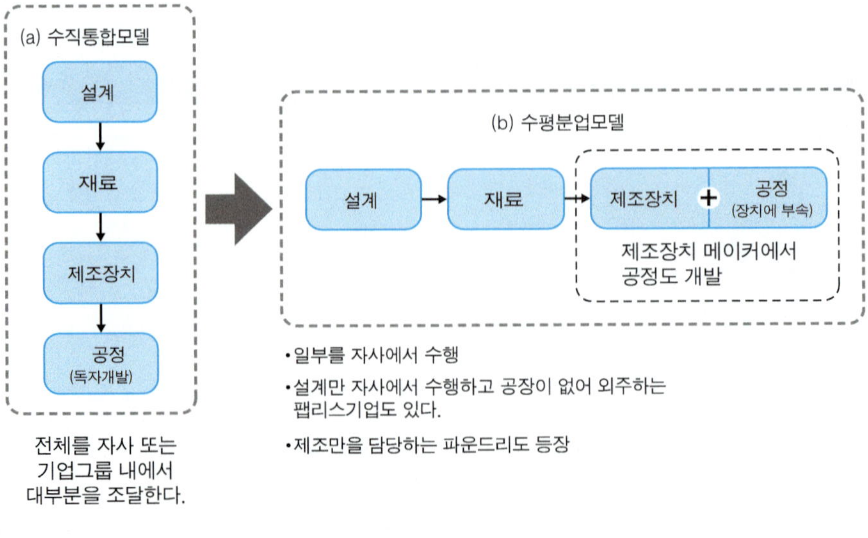

지만, 반도체 시장이 커짐에 따라 독자성보다 원가절감을 도모하기 위해 아웃소싱도 할 수 있다는 패러다임의 변화가 일어났다.

그 예를 그림 8-2-2에 도시하였다. 이 중 톱 10에 기록된 퀄컴과 미디어 테크와 같은 팹리스 메이커*나 대만의 TSMC나 미국의 글로벌 파운드리와 같은 파운드리** 업체가 등장하고 있는 추세이다.

특히 반도체 제조 장치는 이 페러다임의 변화로 인하여 공정 개발도 장치 메이커로 옮겨지게 되어, 장치를 구입하면 공정도 공급받게 되었다. 물론 제조 장치를 구입하면 다음 날 반도체를 제작할 수 있는 것은 아니다.

전력반도체 제작은 아날로그?

전력반도체의 제조공정은 제7장에서도 설명한 바와 같이, MOS LSI의 공정과는 달리, 독자적인 구조나 공정이 여전히 존재하고 매우 아날로그적이라고 할까 「비밀의 양념을 넣는다」라고 하는 측면이 있다.

일본의 반도체 메이커는 미세화 라인을 진행했다고 기술하였다. 이것은 대체로 틀리지는 않지만, 8-1절에서도 설명한 것처럼 다른 측면에서 보면 전력반도체의 길을 계속 쫓아 왔다고 해도 과언이 아니다. 그 증거로 메모리나 첨단 논리회로에서는 고전하고 있는 일본 기업이지만, 전력반도체 분야에서는 대략 제품 시장의 절반 정도를 차지하고 있다.

예를 들어 전력반도체의 하나인 IGBT의 생산 점유율은 미쓰비시전기, 후지전기, 도시바의 3사가 세계 점유율의 60% 정도라고 한다. 그림 8-2-3은 전력반도체 메이커의 랭킹을 나타내고 있으며 일본 메이커가 노력한 바, 4사가 베스트 10

* **팹리스 메이커** 설계를 자사에서 실시하지만 자체 공장은 가지지 않고 제조를 외부 메이 커에 위탁하는 반도체 메이커.

** **파운드리** 반도체의 제조를 팹리스메이커 등으로부터 위탁생산하는 회사.

에 들어가 있는 것을 알 수 있다. 전력반도체 분야의 강점은 앞으로 반도체 비즈니스 전개에서 고려해야 할 것이 많다고 생각한다. 일본 입장에서는 앞으로도 이 강점을 발휘할 수 있는 전략을 고려해야 한다고 생각한다.

또한 동아시아의 신흥세력(한국, 대만 등)은 1사도 베스트 10에 들어가지 못하였다. 이것은 위에서 언급하였듯이 전력반도체 공정의 특이성에 의한 것이라고 생각한다.

세계 전력반도체 메이커 랭킹 (그림 8-2-3)

1위	인피니온	(독)
2위	온세미컨덕터	(미)
3위	미쯔비시전기	(일)
4위	ST마이크로	(이태리 · 프랑스)
5위	후지전기	(일)
6위	도시바	(일)
7위	르네사스	(일)
8위	알파&오메가	(미)
9위	Nexperia	(네덜란드)
10위	Vishay	(미)

출처 : 영국 Omdia사 자료를 기반으로 작성

그림 8-2-3에 열거한 전력반도체 메이커의 사명은 그림 8-2-1에 랭크되어 있는 반도체 메이커와 같이 유명한 이름은 적을지도 모른다. 역시 1장에서 언급하였듯이 전력반도체는 주목받지 못하는 면이 있다고 생각한다. 그림 8-2-3 중 유럽계 제조사는 8-5절에서 서술할 것이다. 미국계의 메이커는 8-6에서 서술한다. 덧붙여 그림 8-2-3에서는 8위의 메이커를 「알파&오메가」로 기록하고 있지만 정식으로는 「알파 & 오메가 세미컨덕터」이며, 2000년 창업한 전력반도체 전문 메이커이다. 또한 일본의 메이커는 8-3절과 8-4절의 양 절에서 설명할 것이다.

8-3 수직 통합 모델이 남아있는 종합 전기 제조업체

일본에서 반도체는 종합 전기 혹은 가전 메이커를 중심으로 발전해 온 이유가 있다. 수평 분업·축소 균형이 진행되는 반도체 업계이지만, 이러한 메이커에서는 전력반도체 분야는 어떻게 진행되고 있는 것일까?

전력반도체 발전의 이유

일본에서는 윌리엄 쇼클리 등에 의한 트랜지스터의 발명이 전해지자마자 반도체 소자의 개발에 착수했다. 종합전기 메이커나 가전 메이커, 통신기기 메이커를 중심으로 기존의 진공관에서 트랜지스터로의 변환을 도모하기 위해서였다.

8-2절에서 소개한 IGBT에서 점유율이 높은 예로 든 3사는 소위 중전기 메이커이다. 그중 미쓰비시전기, 도시바는 종합전기 메이커라고도 할 수 있다. 그림 8-3-1에 일본의 중전기 대기업 5개 회사를 도시하였다. 이들 중 상위 3사까지가 소위 종합전기 메이커이다. 일본의 반도체는 종합전기 메이커나 가전 메이커를 중심으로 발전해 왔다고 전술한 바 있지만, 그것이 뒷받침되었다고 생각한다. 덧붙여 후지전기의 정보통신부문이 독립한 회사가 후지쯔라는 것은 다들 잘 알 것이다. 메이덴샤는 스미토모 계열의 회사이며 NEC도 같은 스미토모 계열이기 때문에 실은 계열까지 포함하여 생각하면 표의 5개 회사는 종합전기 메이커라고 할 수 있을 것이다. 이 중 4개사가 자체 내에서 전력반도체를 생산하고 있다. 일본 반도체의 발전은 반도체에 눈을 돌린 벤처기업이 했다고 하기 보다는 회사의 규모도 크고, 체력도 있는 종합전기 메이커나 대규모 가전 메이커가 발전시켜 왔다고 할 수 있다. 이것은 일본뿐만 아니라 미국이나 유럽에서도 비슷할 것이다.

그와 같은 추세로 반도체 전체에서는 8-2절에서 설명한 바와 같이 강점과 약점이 공존했을지도 모른다. 강점을 뒤집으면 약점이 되기 때문이다.

위에서 언급하였듯이 이들 중 4개사가 자사 내에서 전력반도체를 생산하고 있다. 이 제조업체들은 반도체가 나오기 시작한 후 전력전자분야에 참여한 오랜 역사를 가지고 있음을 알 수 있다.

일본 중전기 대기업 5개사 (그림 8-3-1)

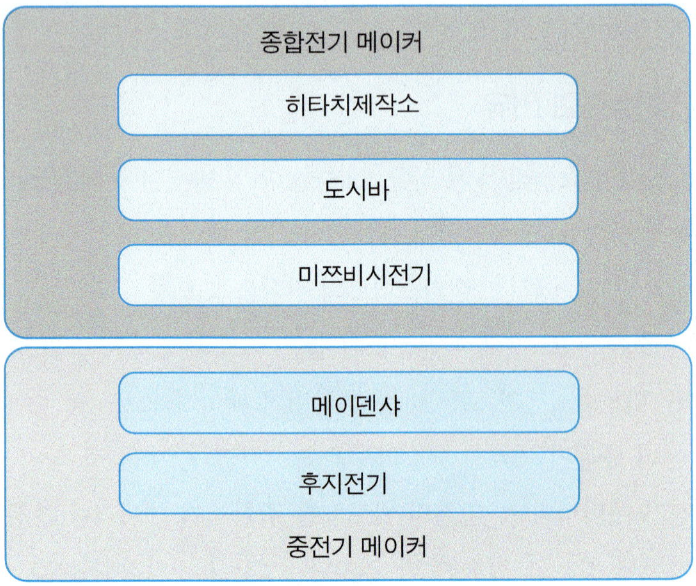

그룹 내의 시너지 효과

참고로 그림 8-3-1에 열거된 5개 기업 그룹을 그림 8-3-2에 제시하였다.

여기에 열거한 반도체 메이커 중에 전력반도체 전업의 후지전기와는 별개로 LSI 사업에서는 히타치와 미쓰비시전기의 메모리 관련을 엘피다 메모리에, 로직, 마이크로컴퓨터 분야를 르네사스 일렉트로닉스에 이관하였다. 도시바도 최근 반도체 메모리를 자사로부터 분리해 키옥시아로 독립시켰다. 그러나 전력반도체는 자체적으로 유지하고 있다. 즉 전력반도체는 자사 내(넓게 포함하면 계열사 내)에서의 수요가 있다고 할 수 있다. 사내나 계열 내의 수요가 일정하게 있어, 사업을 계속할 수 있었던 것이라고 생각한다. 물론 사외의 수요에도 대응하고 있는 것은 말할 필요도 없다. 또한 견해를 바꾸면 그림 8-3-2에 도시한 바와 같이 이들 기업 그룹 내에는 그림 1-1-2에 나타낸 반도체 사업의 상부에서 하부까지의 인프라가 있는 것이 강점일지도 모른다.

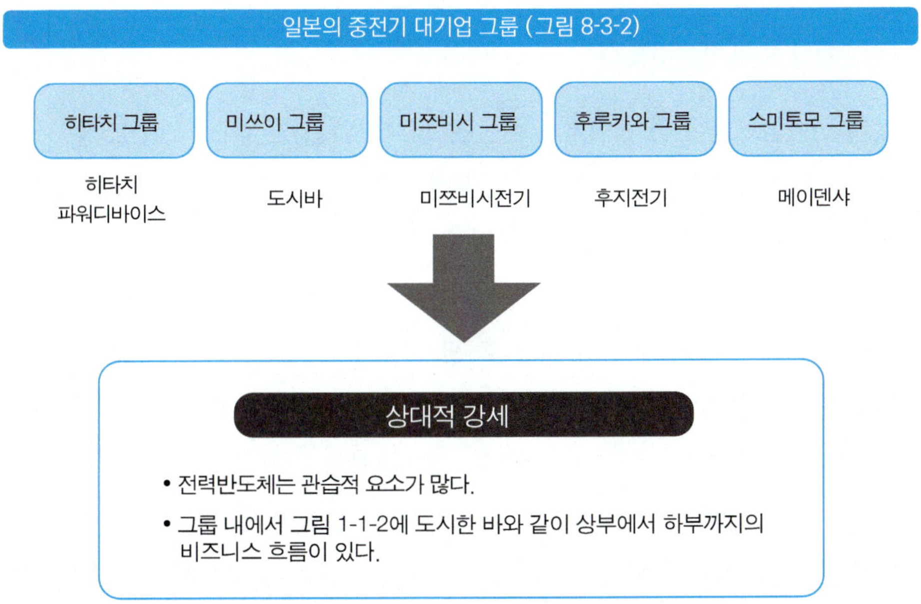

여러 가지 관점으로부터의 견해가 있다고 하여 언급해 두고 싶다. 자매서인 도해 입문 시리즈 "알기쉬운 최신 반도체제조 장치"에서도 설명하였지만, 일본 반도체 산업의 침체 원인 중 하나는 그룹 내에서 완결시키는, 이른바「계열화」가 되어 있어, 그것이 산업 인프라의 경직화로 이어졌다는 것이다. 확실히 그와 같은 면은 있으며 일본에서는 파운드리나 펩리스 기업이 늦은 느낌이 있다.

반면에 전력반도체에서는 그룹 내에서 시너지 효과가 잘 나오는 면도 있다. 여러 가지를 생각하게 하는 문제이다.

8-4 전문업체가 생존?

전력반도체 분야에서는 전문 메이커가 생존하고 있다. 어떤 강점이 있는지 이 절에서는 제조업체의 동향을 살펴보겠다.

전문 메이커의 발전역사

일본의 전력반도체 전문 메이커로서는 후지전기, 일본 인터(구 일본인터내셔널 정류기 현재는 교세라에 흡수 합병), 신덴겐, 산켄전기 등이 있다. 후지전기는 8-3절에서 언급하였으므로, 나머지 메이커에 대해서 설명해 보자면, 신덴겐이나 산켄전기는 원래 2차세계대전 전이나 전쟁 중부터 셀레늄 정류기를 다루고 있었던 메이커이며 그 부문이 모체가 되어 전쟁 후 생겨난 회사이다. 실리콘 반도체가 출현할 때까지는 수은이나 셀레늄 등을 이용한 정류기가 주류였던 것은 제2장에서도 언급하였다. 이것들을 실리콘의 정류소자로 대체하는 것이 당시의 동향이었던 것 같다. 일본 인터는 쿄산제작소와 미국 인터내셔널 렉티파이어(8-6절 참조)가 합작으로 만든 회사이다. 렉티파이어(rectifier)는 정류기이다. 쿄산제작소는 신호기

일본 전력반도체 메이커의 변천 (그림 8-4-1)

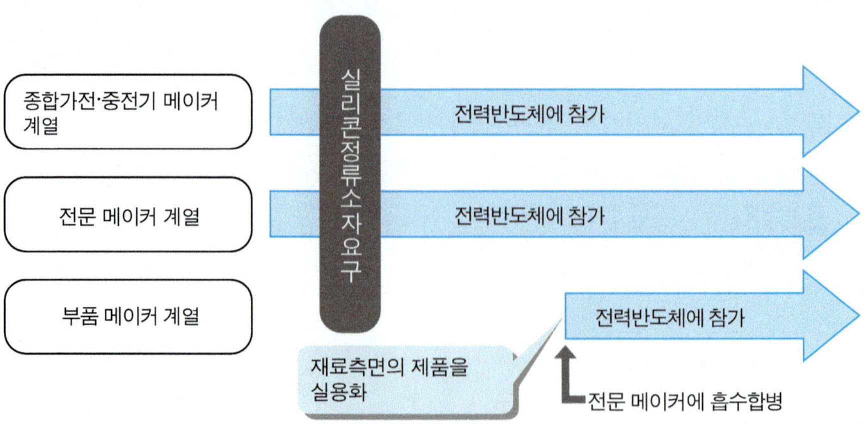

메이커로서 유명하지만, 역시 전쟁 전부터 셀레늄이나 아산화동의 정류기를 취급하고 있었다. 전술한 바와 같이 전쟁 후에 실리콘 반도체가 발명되었으며 실리콘을 이용한 정류기의 실현을 시작으로 전력반도체에 참여하게 된 것을 알 수 있다. 요점은 전문 메이커도 8-3절에서 소개한 회사처럼 오랜 역사가 있다는 것이다. 이러한 기업에서 보면 메모리 전문 메이커 등은 반도체 비즈니스의 신참자라고 할 수 있을지도 모른다.

부품 메이커의 진출

부품 메이커로부터의 참가가 두드러진다. 그 예로서 로옴(Rohm)사는 차세대 반도체 재료를 포함한 전력반도체에 주력하고 있다. 로옴사는 저자가 사회인이 되었을 무렵은 동양전구 제작소란 명칭으로 칩 저항이나 적층 콘덴서 등의 전자부품 생산이 주력이었으며 반도체는 시작하지 않았다고 기억하고 있다. 그 후, 반도체 사업에도 진출하여 야마하의 반도체 공장이나 오키전기의 반도체 부문을

MOS LSI와 전력반도체의 비교 (그림 8-4-2)

	사용 웨이퍼/대구경화	제조공정	팹
MOS LSI	・CZ 결정 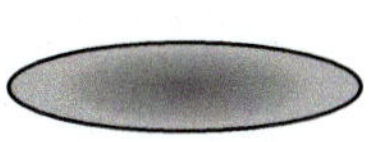 ・대구경화 요구 증가 →450mm화도 일시 검토	・미세화 요구가 증가 →일반적으로 장치의 최첨단화가 요구된다. ・첨단 로직에서 다층배선공정 비중이 증가 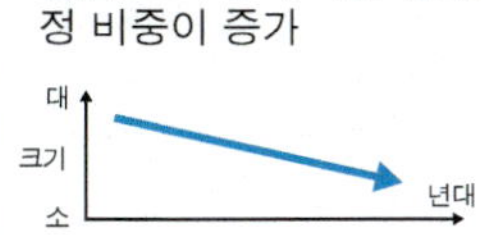	・범용제품은 메가팹이 필요 →고액투자 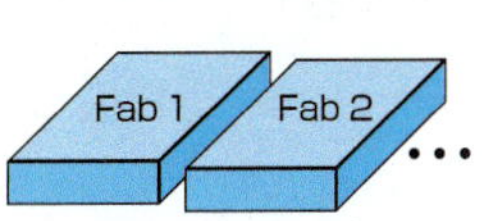
전력반도체	・FZ 결정 →200mm가 한계 ? 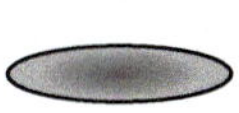 ・대구경화 요구 작음	・미세화 요구가 적다 ・트랜지스터 형성공정이 대부분	・소량 다품종에 대응 →소액투자로 효과적인 라인구성

인수하는 등 적극적인 활동을 보이고 있다. SiC 등의 차세대 전력반도체 재료의 개발 등에도 적극적이다.

마찬가지로 교세라가 전술한 바와 같이 일본인터를 흡수 합병한 것처럼 부품 메이커가 전력반도체 분야에 진출하고 있다. 이러한 동향의 배경에는 후술하는 것과 같은 배경이 있는 것 같다. 우연히 양사 모두 교토에 뿌리를 둔 기업인 것이 흥미롭다. 이러한 흐름을 그림 8-4-1에 도시하였다. 부품 제조업체는 재료를 기반으로 한 제품을 실용화해 왔으므로 특히 차세대 전력반도체와 같이 재료분야에서 연구 개발하는 데 큰 걸림돌이 없을지도 모른다. 옛날 이야기이지만 1970년대에는 전자부품 메이커도 반도체에 참가하려고 미국 반도체 메이커와 합작회사를 만든 시기가 있었다. TDK는 미국 페어차일드와 알프스 전기는 미국 모토로라(이 두 회사에 대해서는 8-6절에서 설명한다)와 합작회사를 만들었지만, 제반 사정으로 그 후는 철수한 것 같다. 당시는 제2차 석유 파동 등으로 경영환경이 나빠진 시절이라는 것도 배경에 있었을지도 모른다.

전문 메이커가 살아남은 배경

이러한 전문 메이커나 부품 메이커가 대기업과 어깨를 나란히 하며 생존하고 있는 배경을 MOS LSI와의 상대적인 비교 속에서 저자 나름대로 분석해 보면,

- MOS와는 다른 독자적인 웨이퍼를 사용한다. FZ 웨이퍼는 8인치가 한계로 되어 있고 전력반도체 자체에 웨이퍼를 대구경화 할 필요성도 비교적 적다.
- 미세화에는 그다지 주력하지 않아도 좋다. 반도체 산업은 장치 산업이라고도 하며 미세화에는 막대한 투자가 필요하다.
- 공정은 LSI, 특히 첨단 로직과 같은 다층 배선 공정이 없으며, 주로 트랜지스터 형성공정으로써 고액 투자는 필요 없다.

- 전압과 전류의 사양이 다양하고 소량 다품종에 대응할 필요가 있으며, 범용 메모리의 메가 팹과 같은 거대한 투자보다 임기응변적인 팹이 요구된다.

등을 생각할 수 있다.

부품 메이커의 전력반도체로의 진입 요구가 있는 것은 당연하지만 이상과 같은 배경이 있는 것일지도 모른다. 이상을 그림 8-4-2에 정리해 보았다.

또 하나 저자 나름대로 꼽는다면, 반도체 제품의 외부 부피가 1-1절에서도 언급한 바와 같이 자동차 산업 등에 비해 작다는 것이라고 생각한다. 부피가 작기 때문에 선박이나 철도에 의지할 필요가 없다. 따라서 반도체 공장은 내륙에서 고속도로에 가까운 곳에 있는 경우가 많다. 바다 가까이는 반도체 공정의 가장 큰 장애물인 나트륨이 많기 때문에 꺼리고 있다.

8-5
유럽 제조업체는 수직 통합형?

전력반도체 분야에서는 유럽 메이커가 선전하고 있다. 차세대 반도체용 웨이퍼의 개발에도 다양한 메이커가 참가하고 있어 강점의 배경이 되고 있다. 이 절에서는 대표적인 유럽 메이커의 동향을 알아본다.

주요 유럽 메이커

8-2절에서 언급하였듯이 유럽 메이커는 어려움 없이 톱 10에 몇 개 회사가 기록되어 있다. 독일의 지멘스에서 분리 독립한 인피니언, 이탈리아와 프랑스의 회사가 합병한 ST마이크로, 또한 네덜란드의 Nexperia가 그림 8-2-1에 도시한 바와 같이 3강이라고 할 수 있다. Nexperia는 원래 네덜란드의 필립스라는 유명한 전기 메이커의 반도체 부문이 독립하여 2006년에 NXS라는 회사가 되었으며 그 기세를 타고 2017년에 독립하였다. 이렇게 이름은 바뀌어도 전력반도체 메이커로서 살아남아 있다.

그림 8-5-1에서 3사의 흐름을 비교하였으며 역시 나라를 대표하는 종합전기 메이커나 전자 메이커를 모체로 하고 있다는 점이 일본 등과 비슷한 점이라 생

유럽 전력반도체 메이커의 변천 (그림 8-5-1)

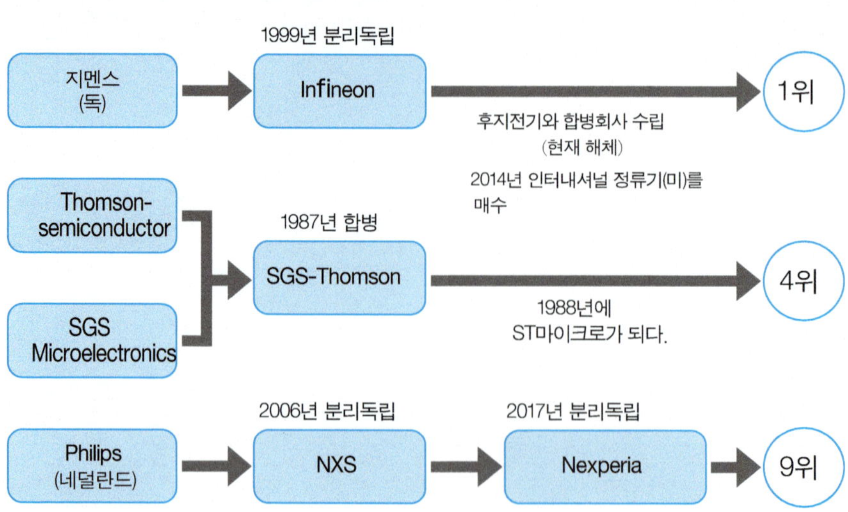

주) 그림 8-2-3참조

각한다. 유럽 전체의 인구는 5억 명이기 때문에, 일본의 반도체 메이커는 너무 많다고 할 수 있고, 반대로 이야기하자면 선전하고 있다고도 말할 수 있다.

분리 독립을 촉진?

예를 든 회사와 일본의 반도체 제조업체를 비교하면 그림 8-5-2와 같은 비교가 가능하지 않을까?

물론 일본의 경우는 우물 안 즉, 그룹 내 모델에서 벗어나고 있는 경향이지만 아직 그룹 내에서의 시너지 효과를 노리고 있어 이와 같은 경향이 강한 것 같다. 어느 것이 좋다는 것보다는 각각의 역사적 배경 등 사정이 있을 것이다. 인피니언 등은 주식도 공개하고 있는 것은 물론, 지멘스가 보유하고 있는 비율도 수 % 대이다. 그것이 얽매이지도 않고, 경영에는 더욱 유리하다고 생각한다. 덧붙여서 지멘스사는 1847년 창업한 전통있는 회사로써 창업자는 독일 전기공학의 아버지라고도 불리는 베르너 폰 **지멘스***(Werner von Siemens)이다. 일본의 역사에서 보면 서양문물이 입항하기 이전의 업체로써 간판을 교체해도 살아남는데 저항은 없었기 때문에 상술한 바와 같이 변혁의 속도는 빨랐다.

유럽과 일본 반도체 메이커의 비교 (그림 8-5-2)

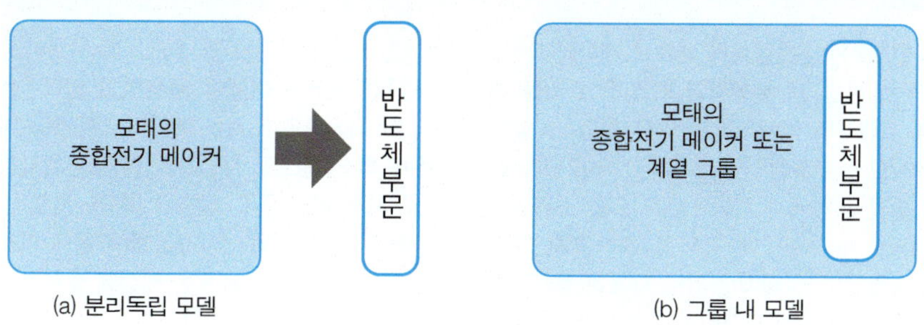

* **지멘스** 그의 공적을 기리기 위하여 컨덕턴스의 SI 단위는 지멘스이다. 사람 이름이 SI 단위로 남아 있는 것으로는 뉴턴과 교류 송전의 니콜라 테슬라 등이 있다.

공동연구의 진행

유럽에서는 IMEC(벨기에)와 같은 반도체 관련 국제연구회사도 있으며, 일본에서도 참가하고 있는 반도체 메이커나 제조장치 메이커 등이 있다. 사견이지만, 유럽은 여러 나라가 있어도 언어 · 문자나 종교 등 공통점도 많고 철도나 도로가 국경을 넘어, 연결되어 있기 때문에, 우리의 견해로 보면 하나의 나라와도 같은 것이라고도 할 수 있다.

개인적인 경험으로써 저자도 유럽의 메이커와 공동 연구할 기회가 다행히도 있었으므로 몇 번이나 유럽에 다녀왔었다. 도로나 철도로 이동해도 국경에 검문소 등 무엇이 있는 것은 아니고 독일에서 스위스를 통해 프랑스로 가는데 도로의 사정으로 일단 오스트리아에 들어간 후 스위스로 나가기도 했다. 특히 여권을 보여주지 않고도 통과한 기억이 있다. 공동연구기관도 다양하게 설치되어 있다. 인구가 최대인 독일도 약 8,000만명 정도이므로 일본보다 적으며 네덜란드는 1,600만명 정도의 나라로써, 각각 독자적인 생활 방식을 모색하고 있다. 유럽은 하나의 강국이며, 그중에서 「지방분권」이 진행되고 있다는 견해도 있을 것 같다. 유럽 전체에서 공동 연구가 진행되는 것은 그러한 배경이 있을지도 모른다.

COLUMN 창업자의 이름을 사명으로

2022년 동계올림픽 피겨 스케이팅에서는 「쿼드 엑셀」이 유행어가 되었다. 트리플 엑셀 시대부터 엑셀이라는 말은 있었다. 얕은 지식으로 부끄럽지만, 이것은 1892년에 이 기술을 세계에서 처음으로 시도한 스웨덴의 「Axel Paulsen」에 경의를 표하고자 그의 이름을 이 기술의 이름으로 사용하였다고 한다. 체조 기술에도 그러한 사례가 있다. 저자의 나이라면 도쿄 올림픽(20 세기)의 「야마시타 뛰기」가 인상에 남아 있다. 제6장에서 소개한 '쵸크랄스키법'과 'Dash Necking'도 발명자 Dash의 이름을 사용하고 있다. 한편, 이 책에서도 소개한 독일의 지멘스나 네덜란드의 필립스도 창업자의 이름을 회사명으로 사용하고 있다. 일본의 회사에서도 많은 예를 볼 수 있다. 독자 분들 가운데 이름과 관계된 발명이나 제품을 세상에 출시하는 분이 나타나기를 기원한다.

8-6 미국 메이커의 동향

이 절에서는 미국의 대표적인 전력반도체 메이커의 동향을 살펴보고자 한다.

▶▶ 미국의 동향

간단히 설명할 것이다. 미국은 그림 8-2-3에 도시한 바와 같이 온세미컨덕터나 비쉐이 인터테크놀로지 등 전통 있는 회사가 열심히 하고 있다. 온세미컨덕터는 새로운 회사라고 생각할 수 있지만 이 회사는 미국의 주요 통신기 제조업체인 Motorola의 반도체 부문이 독립적으로 1999년에 설립한 회사이다. 모토로라는 그림 8-2-1에 도시한 바와 같이 1980년대에는 반도체 메이커 랭킹 톱 5에 들어갈 정도의 전통있는 업체이다.

그런데 온세미컨덕터가 단번에 2위로 뛰어오른 데는 이유가 있다. 2016년 페어차일드를 인수했기 때문이다. 페어차일드는 윌리엄 쇼클리와 결별한 노이스

미국의 대표적인 전력반도체 메이커의 변천 (그림 8-6-1)

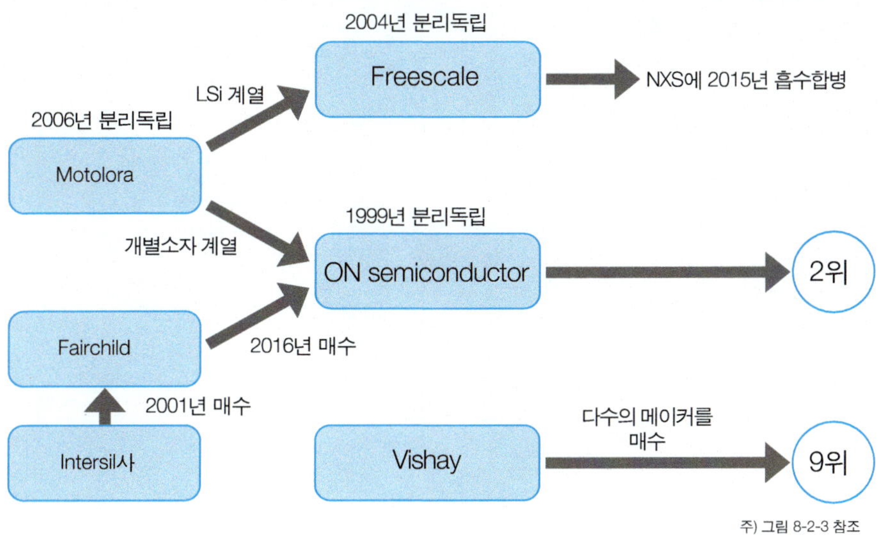

등이 만든 회사로 유명하며 LSI의 선두주자 회사였지만 그 후 다양한 과정을 거쳐 2001년에 인터실(Intersil)이라고 하는 전력반도체 회사를 인수한 후, 다른 전력반도체 기업도 인수하고 SiC를 다루는 회사도 인수했다. 이렇게 기업 인수로 커진 메이커가 페어차일드이다. 이를 온세미컨덕터*가 2016년에 인수했다. 그 흐름을 그림 8-6-1에 도시하였다. 비셰이인터텍은 1962년 창업하였으며 전력반도체를 비롯한 개별 반도체 분야의 최대 기업이다. 이 회사도 다양한 메이커를 인수한 경험이 있다. 미국은 M&A가 활발하기 때문에 회사의 이름 등은 변화하는 것이 흔하지만 옛부터 전력반도체 메이커가 생존하고 있다고 생각해도 좋을 것이다.

세계적으로도 같은 동향

미국 메이커도 전통있는 회사가 생존하고 있다고 기술하였지만, 세계로 눈을 돌려도 그러한 경향이 있다. 다시 한번 그림 8-2-3을 살펴보고 거기에 랭크되어 있는 메이커는 지금까지 보아 온 것처럼 미국이나 일본, 유럽의 메이커도 이름이

2가지로 대별한 경영전개 (그림 8-6-2)

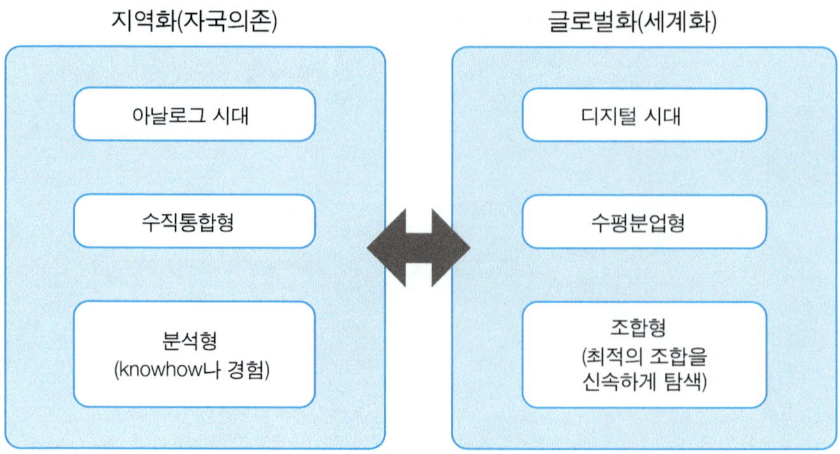

* **온세미컨덕터** 일본에서 산요(현 파나소닉)와 후지쯔의 반도체 공장을 인수했다.

바뀌고 있지만, 대부분이 반도체 산업 초기부터의 제조업체이다. 이렇게 옛 이름으로는 표시하지 않고 있지만 이름을 바꾸어 전력반도체 메이커로서 확실히 살아남아 있다고 할 수 있다.

고등학교 야구에 비유하면 전부터의 전통 있는 학교가 OO 중학교에서 OO 고등학교로 이름은 바뀌어도 여전히 강호로서 살아남아 있는 것에 비유된다고 생각한다.

세계화의 흐름?

8-5절에서 언급하였듯이 인피니언은 2014년 미국의 전력반도체 메이커인 인터내셔널 렉티파이어를 인수했다. 인터내셔널 렉티파이어는 전력반도체 전문 메이커로써 전 절에서 말한 바와 같이 일본 기업과의 합작회사도 있다. 렉티파이어(rectifier)는 정류기로써 인터내셔널 정류기로 표기되어 있는 경우도 있다. 미국뿐만 아니라 M&A가 전 세계적으로 진행되고 있다.

유럽 메이커뿐만 아니라 미국의 메이커도 기업 인수·흡수 합병 등으로 대규모화가 진행되고 있다. 그에 반해 일본의 메이커는 이와 같은 움직임이 적은 것 같다. 8-1절에서 소개한 페러다임의 변화도 변화의 방향이 지역화인지 글로벌화인지의 극단적인 견해로 본 전개를 그림 8-6-2에 도시하였다. 이것은 알기 쉽게 2가지 극단적인 대치의 형태로 나타낸 것이다.

위와 같은 흐름을 보면 전력반도체 분야도 글로벌화가 진행되고 있는 경향이 있다. 알다시피 미래에 "일본 메이커는 독자적으로 진보하고 있었다"고 말하고 싶지는 않을 것이다..

업계의 뉴스는 IT 기업 관련 반도체 메이커의 동향에 눈이 가기 쉽지만, 이러한 전력반도체 메이커의 동향에도 주목할 필요가 있다. 게다가 제6장에서 언급한 것과 같은 실리콘 재료나 제10장에서 설명할 차세대 반도체 재료의 개발에도 관계된 움직임이 있다. 전력반도체의 동향에도 눈을 뗄 수 없을 것이다.

제 9 장

실리콘 전력반도체의 발전

이 장에서는 실리콘을 이용한 전력반도체가 어떻게 발전해 왔는지를 구체적인 예를 들어 설명한다. 아울러, 현재의 과제와 대책에 대해서도 서술한다.

9-1
전력반도체 세대란?

스포츠나 정치 등에서 자주 '세대교체' 라는 것이 기사가 되기도 하지만, 전력반도체도 세대 교체와 같은 현상이 있다. 이 절에서는 실리콘의 전력 MOSFET나 IGBT의 구조 변화에 대하여 설명하므로써 새로운 재료의 FET에 대하여 기술하는 10장과 연결하고 싶다. 또한 다양한 전력반도체의 용도에 대해서도 설명한다.

전력반도체의 세대란?

첨단 MOS LSI에서는 몇 nm 노드라든지 하프 피치*(hp)가 몇 nm라든지 다양한 세대 교대가 활발히 진행되고 있다. 사실 전력반도체에서도 세대교체가 진행되고 있다. 여기에서는 다양한 예를 다루면서 전반적으로 설명하고자 한다. MOSFET는 1970년대부터(더 오래되었다고도 생각한다) 전력반도체로서 등장하였다. 일반 MOS 트랜지스터와 같은 수평형에서 수직형으로, 수직 플래너(planar)형에서 트렌치(trench)형으로 변경되었다. 이와 같은 취지의 분류를 그림 9-1-1에 도시하였다.

전력반도체의 분류 (그림 9-1-1)

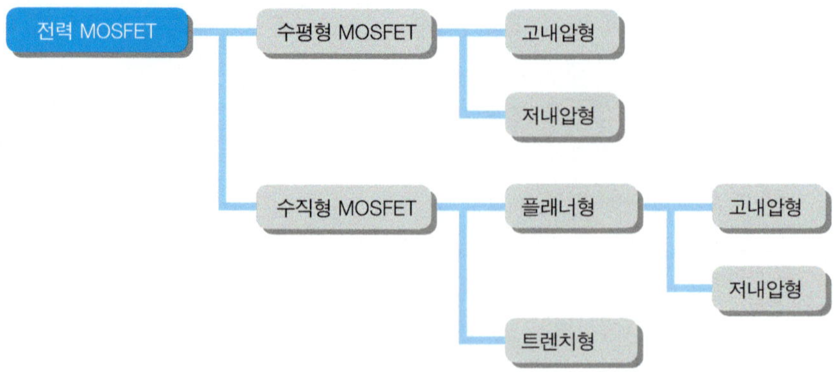

* **몇 nm 노드라든지 하프 피치** 둘 다 미세화의 척도를 나타내는 용어. 숫자가 작을수록 미세화가 진행되고 있는 것이다.

3-4절에서 MOSFET의 구조 변화를 설명하였다. 전력반도체는 첨단 MOS 트랜지스터와 같이 미세화를 추구하는 것은 아니지만, 역시 전체적으로 전력 변환 장치의 소형화를 도모할 필요가 있어, 플래너형으로부터 보다 소형화하기 쉬운 트렌치형으로의 스케일 다운이 진행되고 있다. 그림 9-1-2에 이와 같은 사항을 도시하였다. 이와 같은 추세는 나중에 언급할 IGBT에서도 동일하다. 또한 전력 MOSFET에서도 1μm 이하 소위, 서브마이크론의 소자도 출시되고 있다. 다만, 첨단 MOS 트랜지스터는 이미 수 nm 크기이므로, 미세화의 정도는 비교할 수 없을 것이다.

전력 MOSFET의 플래너형과 트렌치형의 예 (그림 9-1-2)

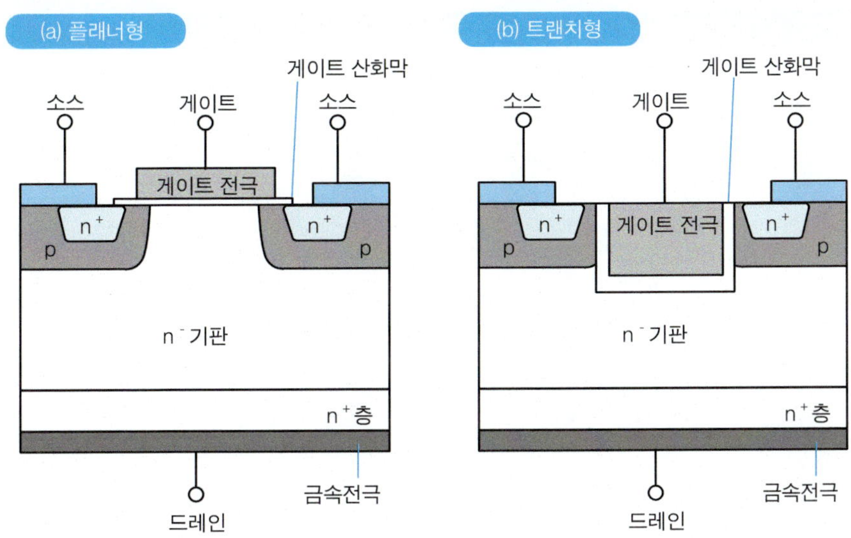

전력 손실의 감소란?

전력반도체를 원칙론적으로 다시 생각해 보면 전력반도체는 「전력의 변환」을 실시하는 소자라는 것을 몇 번인가 언급하였다. 그런데, 전력반도체는 앞으로의 환경 · 에너지의 시대를 지탱하는 소자이기 때문에, 구동 시의 소비 전력을 감소시키는 것이 중요하며 저손실, 즉 **변환 효율**의 향상이 열쇠가 될 것이다. 특히 3-4절에서도 언급하였듯이 고속 스위칭 영역에서는 손실이 커지므로 더욱 중요할 것이다. 그러나 MOSFET는 바이폴라 트랜지스터와 비교하면 전압구동소자이므로 구동 전력은 낮지만 고속 스위칭 시에 점점 구동전력이 증가하는 것이 문제이다(그러나 바이폴라트랜지스터에 비해 구동 전력은 낮다). 그림 9-1-3은 이와 같은 사항을 개략적으로 도시한 것이다. 9-7절에서도 언급하겠지만, 전력반도체를 이용한 전력 변환 시, 손실 부분은 열이 되므로 그것을 냉각시키기 위하여 여분의 에너지를 사용해야만 한다. 따라서 변환 효율성을 높이는 것이 중요하다.

바이폴라 트랜지스터와 MOSFET의 구동 전력 (그림 9-1-3)

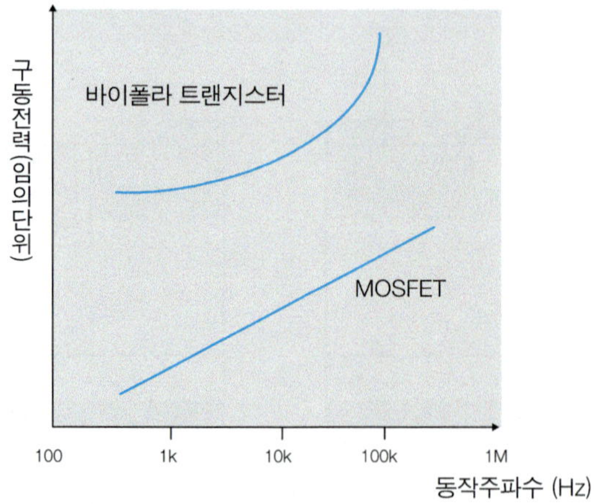

출처 : 야마자키 히로시(山崎浩)의 저서 "전력MOSFET의 응용기술(パワーMOS FETの応用技術)" 일간공업신문사(日刊工業新聞社)발행(1988)

9-2
IGBT에 요구되는 성능

세대교체의 예로 전력 MOSFET의 미세화, 소형화에 대하여 설명하였으며 다음은 3-5절에서도 언급하였듯이 전력 MOSFET에서 IGBT로의 변천에 대한 예를 서술한다.

MOSFET의 결점

MOSFET의 최대 특징은 고속 스위칭이 가능하다는 것이며 수MHz(메가헤르츠)의 고속 동작이 가능하다는 것은 3-4절에서도 언급하였다. 다만, 고내압화에는 적합하지 않기 때문에 수 kVA 이하의 소~중전력 영역에서 주로 이용하고 있다,

왜 고내압화를 지향하고 있지 않은가 하면, ON저항을 감소시키기 위해서는 불순물 농도를 높게 하거나 채널 길이를 짧게 하는 방법이 주로 사용되며, 이는 원리적으로 고내압화에는 적합하지 않다고 이해하면 좋을 것이다.

따라서 3-5절에서 설명한 바와 같이 전력반도체의 응용 범위가 넓어지는 가운데 비교적 대전력 영역에서도 고속 스위칭이 가능한 것이 요구되었다. 이에 부응하기 위하여 1980년대 후반에 등장한 소자가 IGBT이다. IGBT는 상부의 MOSFET부에서 스위칭 동작을 수행하지만, 실제로는 그 하부의 바이폴라 트랜지스터부를 전류가 흐르기 때문에, 비교적 대전류를 흐르게 할 수 있어 내압도 크게 증가시킬 수 있는 것이다.

IGBT의 세대교체

IGBT가 사용됨에 따라 인버터 동작시 전력 손실을 줄이는 것이 문제가 되었다. 이 책에서는 자세히 기술하지 않았지만 IGBT의 경우 전력손실 감소 정도로 세대교체가 진행되어 왔다고 할 수 있다. 이 기간 동안 전력 손실은 약 1/3로 줄어들었다. 그림 9-2-1은 IGBT의 전력 손실의 내역을 도시한 것으로써, 인버터 동

작 시, 스위칭에 의한 ON · OFF 시의 손실과 도통 시 손실의 합으로 나타낸다.

이 중 스위칭에 의한 손실은 포화 전압*과 상충 관계가 있어 IGBT의 성능을 나타낼 때 자주 언급되고 있다. 그림 9-2-2에 그 개략도를 도시하였다.

IGBT의 전력 손실 내역 (그림 9-2-1)

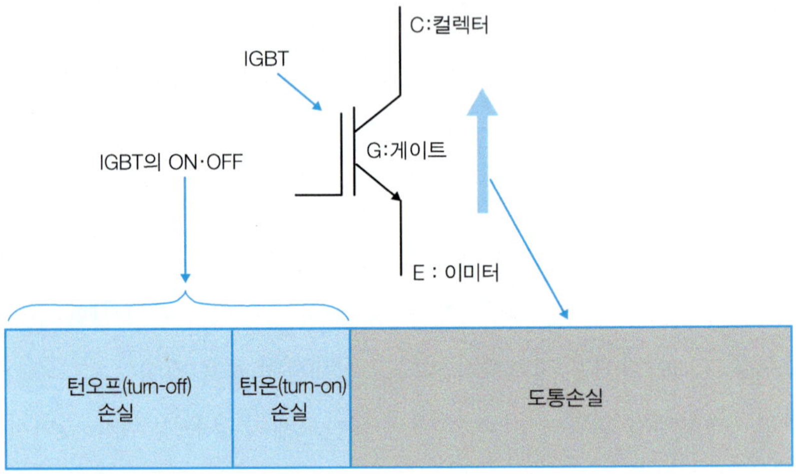

포화 전압과 스위칭 손실의 트레이드-오프 (그림 9-2-2)

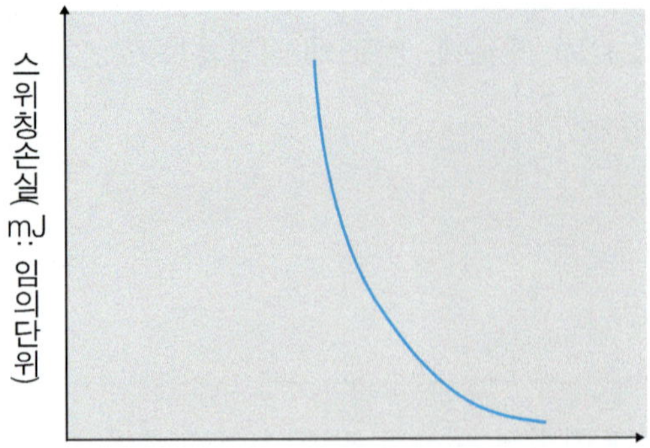

주) IGBT의 포화 전압을 V_{CE} (sat), 턴 오프 스위칭 손실을 E_{OFF}로 나타낼 수 있다.

* **포화 전압** IGBT의 바이폴라 트랜지스터가 켜져 포화 영역이 될 때 이미터와 컬렉터 사이의 전압

9-3

펀치스루(punchthrough)와 비펀치스루(non punchthrough)

계속해서 IGBT의 펀치스루형과 비펀치스루형의 예를 설명한다. 업계 소식지나 특허 등을 읽으면 자주 나오는 용어이므로 이 절에서 설명하고자 한다.

펀치스루형이란?

펀치스루는 일반적으로 MOS 트랜지스터에서 사용되는 용어로써 원래 게이트 전압을 인가하여 ON상태인 MOS 트랜지스터의 드레인 전압 V_D를 높게 하면 드레인의 공핍층이 증가하여 채널이 드레인 끝에서 사라지면서 드레인의 공핍층이 소스까지 연장되어 버린다. 이때 소스와 드레인 사이에 전류가 흐르는 현상을 말한다. MOS 트랜지스터를 잘 아는 독자 분들도 있다고 생각하지만, 참고사항으로 그림 9-3-1에 도시하여 놓았다.

MOS 트랜지스터의 펀치스루 현상 (그림 9-3-1)

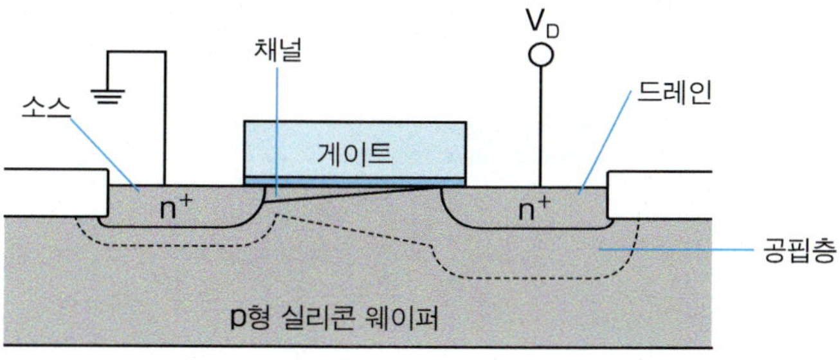

IGBT에서 말하는 펀치스루형이란 IGBT가 OFF 상태일 때에, 컬렉터 측까지 공핍층이 연장되는 것을 말하며 1980년대에 고안한 방법이다.

그 구조를 그림 9-3-2에 도시하였다. 이 경우 컬렉터 층에 에피택셜 성장층을 사용하기 때문에 제조비용이 높아진다. 그러나 OFF 시에 컬렉터 측으로부터 베이스 영역에 소수 캐리어가 주입되어 재결합 작용에 의해 **라이프 타임 컨트롤(life time control)**이 가능한 점이 장점이다. 라이프 타임 컨트롤은 전력반도체의 경우 여러 번 기술한 바와 같이 전류(즉 캐리어의 수)가 크기 때문에 OFF 시에 과잉의 캐리어가 남는다. 이 과잉 캐리어를 처리하는 것이 문제가 되고 있는 것이다. 이 경우는 컬렉터 측으로부터의 소수 캐리어 주입에 의해 문제를 해결하고 있는 것이다. 이것이 디지털 신호를 다루는 MOS LSI와의 차이이기도 하다. 그러나 그것이 반대로 고온에서의 구동을 불가능하게 하는 이유가 된다. 고온이면 열에 의해 캐리어가 더욱 발생하기 때문이다.

펀치스루형의 개략도 (그림 9-3-2)

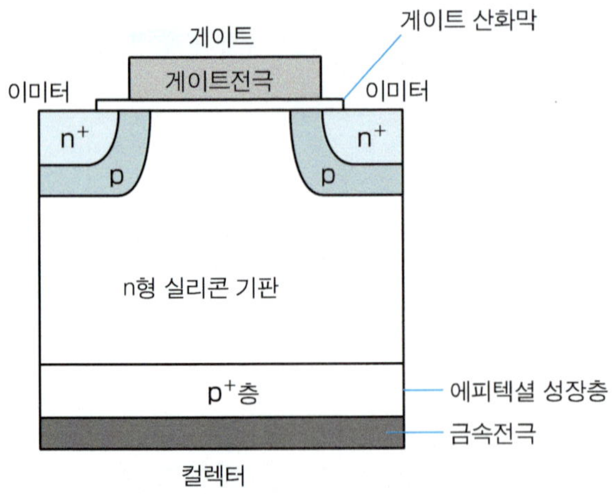

주) 이하 특별히 표기하지 않으면 n형 실리콘 기판은 n^-

비펀치스루형이란?

펀치스루형은 에피택셜 성장을 사용하는 반면, 비펀치스루형은 웨이퍼 공정이 기존의 것과 다르다. 비펀치스루형을 제조하려면 웨이퍼를 얇게 하여 뒷면에서 불순물을 주입할 필요가 있으며 1990년대 중반부터 제작되었다. 이 때문에 웨이퍼 박화라고 하는 공정과 후면에 불순물을 주입한 후의 불순물 활성화를 실시하는 후면 열처리 공정이 필요하다. 이에 대해서는 7장에서 언급하였다. 또한 비펀치스루형이라고 부르는 것은 IGBT가 OFF 시에 컬렉터 측까지 공핍층이 생기지 않는 구조로 되어 있기 때문이다. 비펀치스루형의 단면 개략도를 그림 9-3-3(그림은 웨이퍼의 두께 방향은 무시하고 도시되어 있다)에 도시하였으며 n^-층의 FZ 웨이퍼의 표면에 이미터, 베이스, 게이트를 각각 형성한 후, 웨이퍼의 후면을 연마(후공정에서 말하는 백그라인드와 같이 연마한다.)하여 원하는 두께로 제작한 후, 그 연마면으로 부터 p형 영역을 만들기 위해 B(보론, 붕소라고도 함)을 주입하고 활성화를 위한 후면 열처리를 실시한다. 이것이 컬렉터 층이 되는 것이다. 이때, p층의 농도를 낮게 유지하고 있는 것이 비펀치스루형이다. 에피택셜 층을 사용하지 않기 때문에 결정결함도 적고 단가상승을 억제할 수 있다고 하지만 후면 주입이나 후면 연마가 수행되어야 하므로, 그만큼의 제조단가 상승에 신경이 쓰일 것이다.

또한, 웨이퍼를 얇게 한 후의 웨이퍼의 취급은 통상의 두께의 것과는 달리, 베르누이 척*을 이용한 비접촉식으로 취급하고 있다.

비펀치스루형의 개략도 (그림 9-3-3)

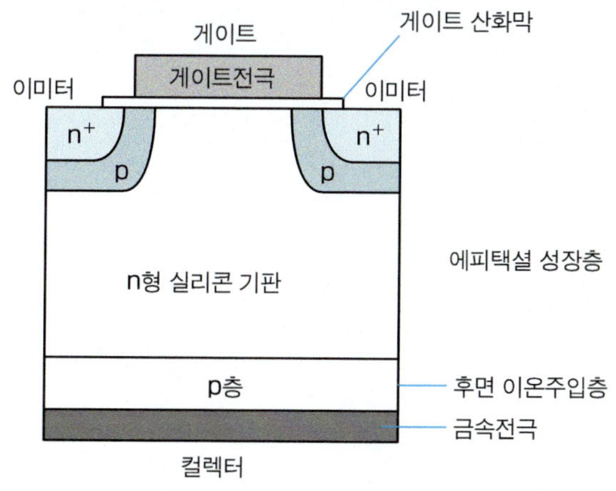

* **베르누이 척** 베르누이의 원리를 사용하여 웨이퍼의 상하에 가해지는 압력을 조정하여 상향 양동력을 발생시키면서 웨이퍼를 취급한다.

또한, 펀치스루형을 PT형, 비펀치스루형을 NPT형으로 약자로 사용하는 경우도 있다.

제조공정에 대해서는 자세한 것은 설명할 수 없지만, 필드스탑형을 포함해 7-4절에서 간단히 설명하였으므로 제7장과 함께 참고하길 바란다.

또한 전력반도체와 같이 대전류를 취급하기 위해서는, OFF 시의 과잉 캐리어의 처리에 대응할 필요가 있어, 소자구조가 복잡해지는 것을 깨달아야만 할 것이다.

9-4
필드스탑(field stop)형의 등장

다음에 등장하는 것은 필드스탑형이다. 이것은 ON 저항을 줄이기 위해 고안되었다.

필드스탑형이란?

「필드스탑형」은 자주 사용하지 않는 용어라고 생각한다. 저자가 아는 한 IGBT 분야의 용어이다. 필드스탑형은 2000년대가 되어 등장하였다. 개발 목표는 ON 저항 감소와 고속 스위칭이다. 실은 지금까지 설명한 IGBT의 그림에서도 필드스탑 층이 도시되어 있다. 다시 한번 그림 9-4-1에 도시한 플래너형 IGBT의 단면을 살펴보면 컬렉터 층(p^+층) 위에 n^+층이 형성되어 있는 것을 알 수 있다. 이것이 사실 필드스탑 층으로써 전계를 멈추는 역할을 한다. 필드스탑형에서는 9-2절에서도 언급한 바와 같이 ON 상태에서 컬렉터~에미터간의 포화 전압 V_{CE}를 낮게 할 수 있으므로 스위칭 손실을 낮게 억제할 수 있다는 특징이 있다.

필드스탑층 (그림 9-4-1)

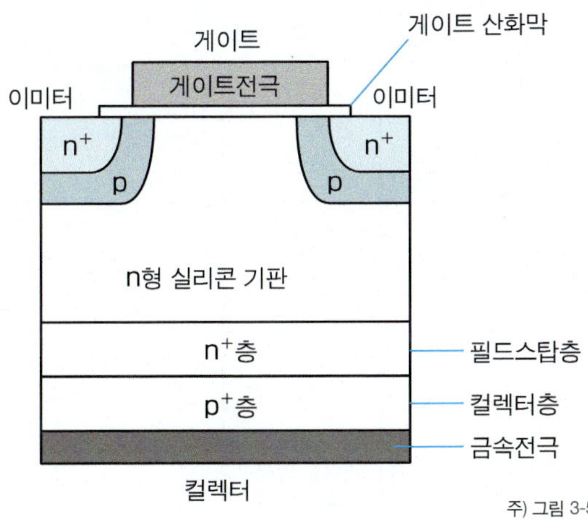

주) 그림 3-5-2(a)와 동일

필드스탑형의 공정

필드스탑형 IGBT를 제조하는 방법은 비펀치스루형과 마찬가지로 FZ 웨이페를 얇게 하여 후면에서 불순물을 주입해야 한다. 이 때문에, 웨이퍼 박화라고 하는 공정과 후면으로부터의 불순물의 주입, 그 후의 불순물 활성화를 실시하는 후면 열처리 공정이 필요하다. 그러나 비펀치스루형과 다른 점은 n^-층의 FZ 웨이퍼의 표면에 이미터, 베이스, 게이트를 각각 형성하고 웨이퍼의 후면을 연마하여 원하는 두께로 한 후 주입공정을 수행하는 것이다. 비펀치스루형에서는 연마면으로부터 p층이 되는 B(붕소)밖에 주입하지 않지만 필드스탑형에서는 n^+층이 되는 P(인)을 처음으로 주입하고 그 후에 p^+층이 되도록 B를 주입한다. P(인) 주입층이 필드스탑층이 되는 것은 말할 필요도 없다.

그런 다음 두 불순물의 활성화를 위하여 **후면 열처리 공정**을 수행한다. 이때는 비펀치스루형과 비교하여 두 가지 다른 타입의 불순물의 활성화를 비교적 두꺼운 영역에서 실시하기 때문에 후면 열처리 공정이 좀 더 복잡해진다. 이는 필

필드스탑형의 공정 개략도 (그림 9-4-2)

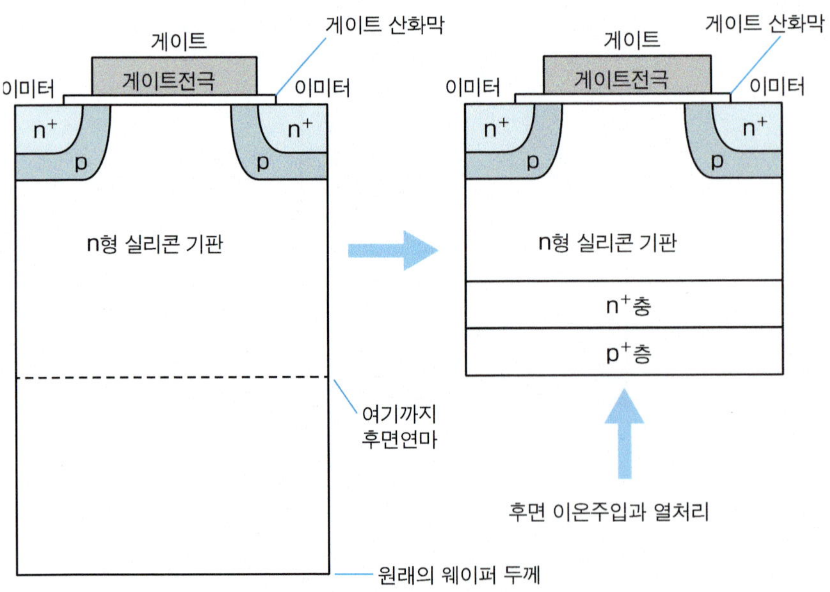

드스탑형 IGBT의 독특한 공정이라고도 할 수 있다. 공정의 이미지가 떠오르지 않는 독자들을 위하여 그림 9-4-2에 상기의 요점을 정리해 보았다. 참고해 주길 바란다.

웨이퍼 후면에도 패터닝이 필요한 경우, 양면 정렬기라는 장치가 필요할 것이다. MOS LSI의 제조공정에서는 사용하지 않으며, 전문 광학 메이커에서 제작하고 있다. 자세한 내용은 7-4절에서 언급하였다.

덧붙여 웨이퍼를 얇게 한 후의 웨이퍼의 취급은 비펀치스루형과 동일하다.

IGBT의 제조공정은 MOSFET에 비하면 복잡하다고 할까, 상당히 다른 것임을 알 수 있었다. 이 점에 대해서는 일반적인 반도체 공정, 특히 MOS 공정과 다른 면이 있다는 것을 제7장에서 더욱 자세히 설명하였다.

또한 펀치스루형을 PT형으로 줄여 부르듯이 필드스탑형을 FS형으로 간단히 부르고 있다. IGBT의 동작원리는 하부 바이폴라 트랜지스터에 걸리는 전계나 그 영역에서의 캐리어 밀도를 이용해 설명하는 경우가 많으며 그들은 보다 전문 서적을 참고하길 바라며 이 책에서는 사고방식과 그 구조의 차이를 설명하는 것에 만족할 것이다.

9-5
IGBT 형의 발전

제 3 장에서 언급한 IGBT 도 여러 가지 발전형이 출시되고 있으므로, 이 절에서 열거하면서 소개해 볼 것이다. 우선은 MOSFET 와 같이 미세화가 진행되고 있다는 현상이다.

플래너 구조에서 트렌치 형으로

3-5절에서 IGBT의 구조와 동작 원리를 설명하였다. 조금 복습해 보고자 반복 설명할 것이다. 고속 스위칭이 가능한 MOSFET형에서는 구조상의 제약 때문에 내압이 낮다고 하는 문제가 있었다. 따라서 비교적 큰 전압 영역에서도 고속 스위칭이 가능한 소자가 필요하게 되었다.

이에 부응하기 위하여 등장한 것이 IGBT이며 그 구조는 파격적인 것으로써 전력 MOSFET의 하부에 바이폴라 트랜지스터를 붙인 것 같은 형태로 되어 있다고 설명하였다. 다시 한번, 그림 3-5-3을 상기해보면 실리콘 기판 측이 하부로부터 p^+-n^+-n의 3층으로 되어 있다(FS형)는 것이 특징이며 이 p^+(컬렉터)와 n^+-n(베이스)과 이미터 아래의 p층으로 p-n-p의 바이폴라 트랜지스터를 형성하고 있는 것이다. 그러나 위의 MOSFET의 부분을 살펴보면 알 수 있겠지만 이것은 소위 실리콘 웨이퍼 위에 그대로 게이트 전극을 형성한 플래너 구조라고 할 수 있다. 단, 이 구조는 ON저항이 크기 때문에 90년대 중반부터 그림 9-5-1에 도시한 바와 같이 플래너 형에서 트렌치 형으로 발전되고 있다. 트렌치란 도랑이라는 의미로 실리콘 웨이퍼 내에 도랑을 만들고 그 안에 그림과 같이 게이트 전극을 형성하고 있기 때문에 이 명칭을 사용하고 있다. 이러한 구조를 사용하면 게이트 아래의 캐리어 밀도를 향상시켜 ON저항을 줄일 수 있다. 그림에는 도시하지 않았지만, 더욱 미세한 트렌치형으로 발전하고 있다.

IGBT 구조 플래너형과 트랜지형 (그림 9-5-1)

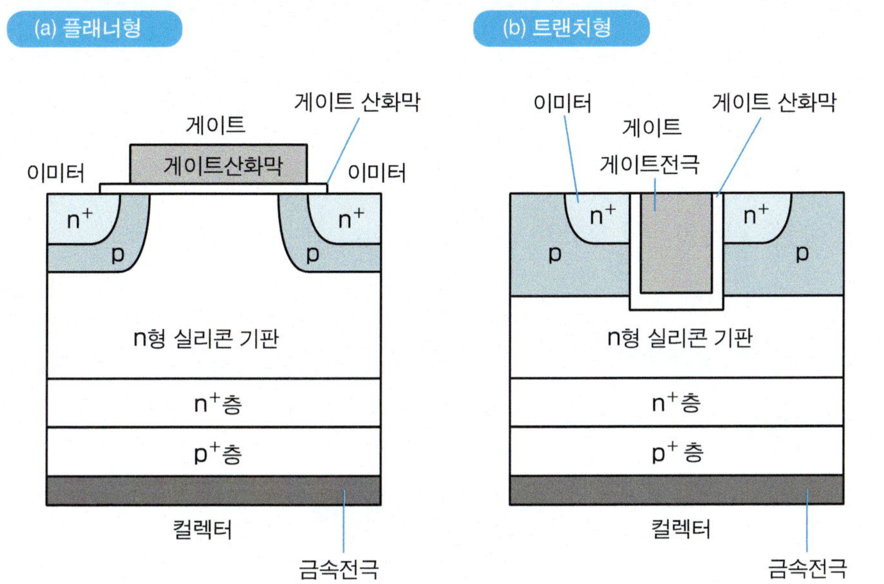

새롭게 개발된 IGBT

그 후로도 각 전력반도체 메이커로부터 새로운 구조의 IGBT가 제안되고 있다. 잘 알려진 예를 소개하자면 도시바에서는 고내압의 IGBT로서 IEGT(Injection Enhanced Gate Transistor: 주입촉진형 절연게이트 트랜지스터)를 채용하고 있다. 이것은 IGBT의 베이스와 이미터 영역의 구조를 개량함으로써, 캐리어 밀도를 그림 9-5-2 왼쪽에 나타낸 바와 같이 개선하여 ON저항 및 ON전압의 감소를 도모하는 것이다.

또, 미쓰비시전기에서는 CSTBT를 채용하고 있다. CSTBT는 Carrier Stored Trench Bipolar Transistor의 약자로써, 전하축적형 트렌치 바이폴라 트랜지스터이다. 이것도 전하 축적층을 그림에 도시한 바와 같이 형성함으로써 ON 상태에서 다이오드에 가까운 캐리어 밀도를 가진다. 따라서 ON저항을 낮출 수 있다. 각 구조를 그림 9-5-2에 도시하였다.

이와 같은 발전의 배경에는 IGBT의 문제점인 포화 전압*과 **스위칭 손실**간에 상충 관계가 나타나기 때문이다. 즉, **포화 전압**을 감소시키려고 하면 9-2절에도 언급하였지만, 스위칭 손실이 커져 버리는 문제점이 나타난다. 여기서 소개한 구조는 이 상충 관계의 개선을 위한 대책으로 나타난 것이다. 그림 9-5-3과 같이 감소를 도모하는 것이 과제이다. 여기에 소개한 것은 단지 일부분이지만 IGBT의 발전형을 이해하는데 참고가 되리라 생각한다.

개발된 IGBT의 예 (그림 9-5-2)

(a) IEGT

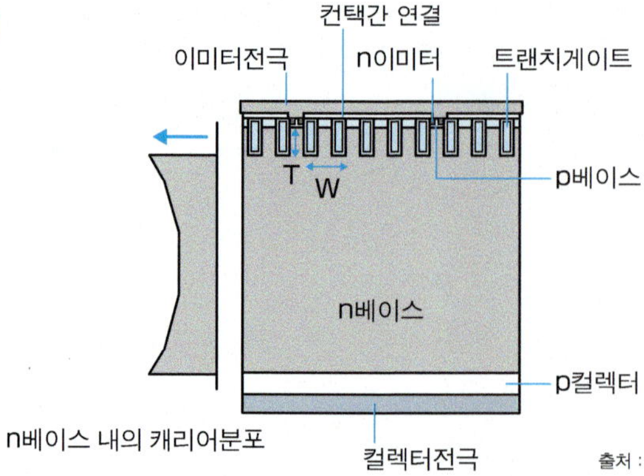

출처 : 도시바 홈페이지

(b) CSTBT

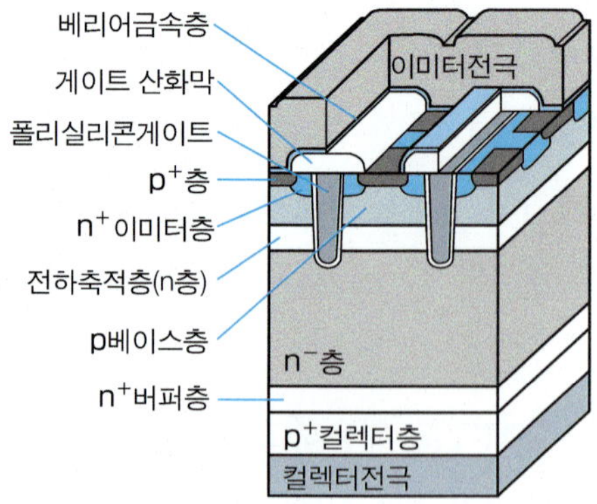

출처 : 미쯔비시전기 홈페이지

* **포화 전압** 9-2절에서도 언급하였지만, 보충하여 설명하자면 IGBT의 바이폴라 트랜지스터가 켜져 포화 영역이 되었을 때, 이미터와 컬렉터 사이의 전압이다. V_{CE}(sat)로 카탈로그나 논문에 기재되어 있다.

포화 전압과 스위칭 손실 (그림 9-5-3)

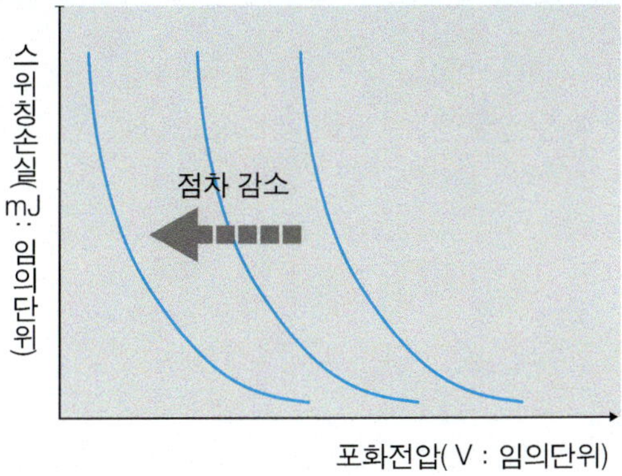

9-6
IPM 화가 진행되는 전력반도체

전력반도체에서 MOS 트랜지스터는 LSI(Large-Scaled Integrated Circuit: 대규모 집적 회로→1-5절 참조)와 같은 집적의 개념은 없지만 전력 모듈이라는 사고의 전환이 있다. 이것은 전력반도체를 집적화해 특정의 기능을 지니는 하나의 단위라고 할 수 있을 것이다.

전력 모듈이란?

전력반도체는 단독으로 사용하는 것이 아니라 5-1절에 언급한 바와 같이 제어 회로, 보호 회로 등과 조합할 필요가 있다. 예를 들어, 사이리스터에서 설명한 바와 같이 ON에서 OFF로 될 때 정류회로가 필요할 수 있다. 이들 전력반도체 이외의 회로도 조합하여 집적한다는 생각이 전력 모듈이다. 하나의 예로 앞 절에서 다룬 IGBT 모듈화에 대하여 설명하자면, IGBT의 경우 7-4절에서 언급한 바와 같이 환류 다이오드가 필요하므로, 그림 9-6-1에 도시한 바와 같이 미리 환류 다이오드와 조합하여 패키징하여 전력 모듈로서 제품화하는 것이다. 전력 모듈이라는 형태가 나타나기 시작한 것은 1980년대이다. 이것을 하나의 회로로 그리면 그림 9-6-2와 같다. 이 사항은 제10장에서도 설명할 것이므로, 기억해 두길 바란다.

전력 모듈의 예 (그림 9-6-1)

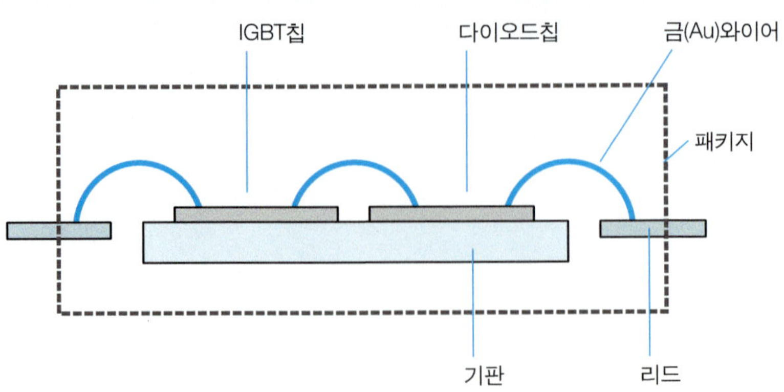

하나로 패키징한다.

전력 모듈의 회로도 (그림 9-6-2)

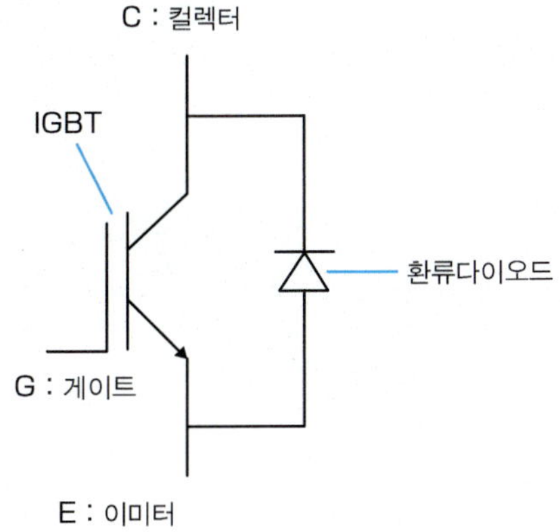

IPM이란 ?

1990년대에는 IPM이라는 전력 모듈이 개발되었다. IPM은 Intelligent Power Module의 약자이다.

IGBT 모듈에 최적인 드라이브(구동) 기능을 가진 것도 있으며 자기 보호 기능이나 자기 판단 기능을 가진 것도 출시되어 있다. 그 결과, 사용자는 제어 회로나 보호회로의 설계가 불필요해져, 사용하기 쉬워졌다는 장점이 있다. 단, 자동차용이나 전철용, 에어컨용 등 사용 환경의 차이에 따라 전력 모듈에 요구되는 사양도 달라질 것이다. 그래서 전력반도체 메이커에서는 다양한 IPM화가 진행되어 전력반도체 IPM을 라인업 화하고 있는 실정이다. 그림 9-6-3은 하나의 예를 보여준다. 이 예는 전력 모듈을 케이스에 수납한 후, 제어 기판을 집적하고 그 위에 에폭시 수지로 패키지 한 것이다. 외부 단자도 보이지만 대전류를 흐르게 하는 것만 있어 통상의 LSI 등과 비교하면 크기가 큰 것을 알 수 있다. 반드시, 다양한 전력반도체 메이커의 카타로그를 살펴봐 주길 바란다. 패키지의 크기나 종류, 핀의 수 등도 다양하고, 그림에 나타난 모듈 이외에도 DIP* 형태도 있다.

* **DIP** Dual Inline Pin의 약자로 패키지의 세로 방향의 양측에 외부단자가 붙어 있는 형태. 옛 LSI는 이 형태가 주류였다.

IPM의 예 (그림 9-6-3)

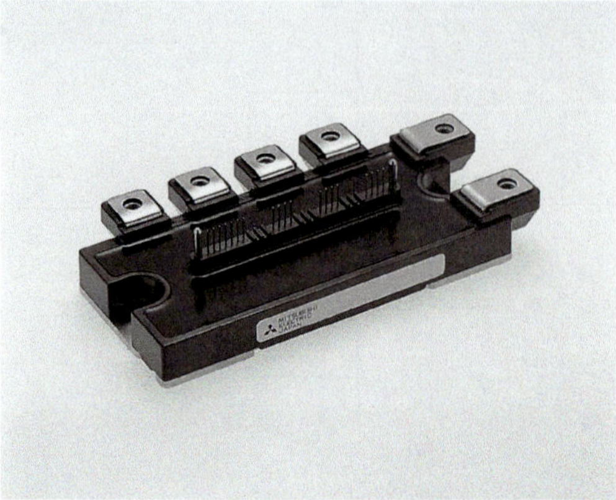

사진제공 : 미쯔비시전기 주식회사

또한 IGBT의 전력 모듈의 예를 들자면 IPM도 상기와 같이 다양한 용도의 것이 라인업 되어 있어 4-4절에서 소개한 EV 차량용이나 고내압용 등 여러 가지가 있다. AS-IPM이라고 해서, 사용자 사양에 맞춘 것도 나와 있다. **AS**는 Application Specific의 약자로 MOS 논리 LSI의 **ASIC**(Application Specific IC)에 해당한다.

지금까지의 설명에서 알 수 있듯이 전력 모듈이나 IPM은 전력반도체 「칩」을 중심으로 환류 다이오드를 비롯한 다른 칩을 하나의 패키지에 수납하는 것이며, 「하나의 칩」에 다양한 기능의 LSI나 LSI를 중심으로 한 그 구동회로 등을 통합하는 MOS-LSI와는 다르다고 생각한다.

9-7
냉각과 전력반도체

이 절에서는 전력반도체의 손실은 열로 발생하므로 냉각하는 시스템이 필요하다는 것을 설명한다.

반도체와 냉각

반도체와 발열은 끊어도 끊어지지 않는 관계이다. 상대적으로 큰 전력을 처리하는 트랜지스터는 방열판과 함께 사용한다. 오디오 앰프와 스위치 전원으로 나가는 트랜지스터의 뒤에는 큰 방열판이 있다. 전력반도체는 아니지만 독자 여러분에게 친숙한 예로써, PC를 조작하고 있으면 갑자기 냉각용 팬이 돌아가는 소리가 들리지 않는가? 이것은 최첨단의 논리회로에서는 트랜지스터에서의 발열이라기보다는 다층 배선에 의한 발열이 문제가 되고, 동작 중에 열이 발생했을 때 냉각팬이 작동하는 현상이다. 1990년대 중반, 처음으로 Intel의 Pentium 패키지를 보았을 때, 꽃꽂이 할 때 사용하는 소형의 침판과 같은 히트 싱크 같은 것이 붙어 있었던 것을 기억하고 있다. 하물며, 큰 전력을 취급하는 전력반도체에서는 발열이 큰 문제인 것은 직감적으로 이해할 수 있지 않을까 생각한다. 아무리 고효율의 전력반도체에서도 다소는 열로 변환되는 것이다. 주변이 고온이 되기 쉽고, 특히 4-5절 등에서 설명한 HV나 EV용의 전력반도체(모듈도 포함)에서는 한층 더 고온에 대한 대책이 필요하게 되는 등, 여러 가지 다양한 경우가 있다. 여기에서는 일반적인 대책에 대하여 설명할 것이다.

다양한 냉각대책

기존의 예를 들면 끝이 없을 정도의 예가 있다. 그중 몇 개의 예를 들어 설명해 보자면 하나의 예로서 방열판의 예가 그림 9-7-1에 도시되어 있다.

방열판은 평판 모양의 부분에 전력반도체를 탑재하여 거기에서 발생하는 열을 다수의 방열 핀에서 방출하는 것이다. 방열판을 강제로 팬으로 공냉하거나 수냉하는 것도 있다. 또한 시판되고 있는 것 중에는 **히트 파이프***를 이용한 예도 있다. 그림 9-7-2에 나타나 있다. 물론 이러한 전력반도체 모듈의 적층 등 집합체에서 사용하는 경우는 후드 등에 내장되어 팬으로 공냉하거나 열교환기로 냉각하는 경우도 있다. 이와 같이 전력반도체와 냉각은 상호 밀접한 관계가 있다.

방열판의 예 (그림 9-7-1)

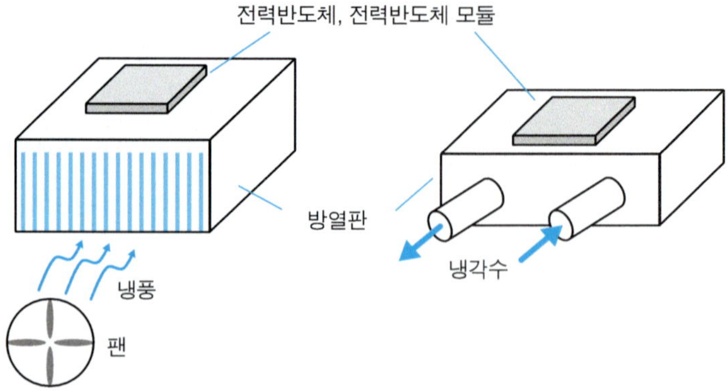

방열판을 사용한 모듈의 예 (그림 9-7-2)

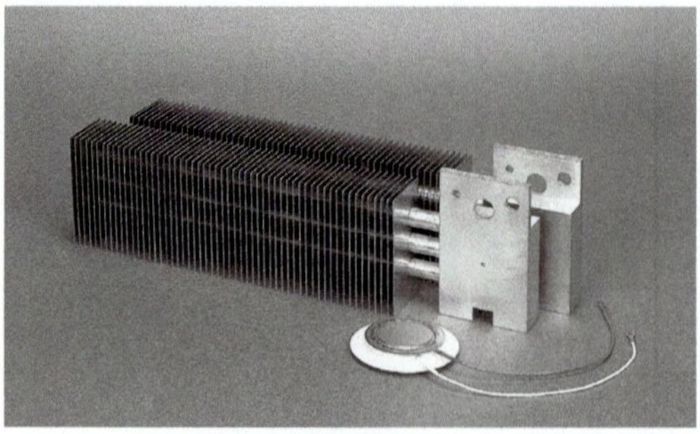

사진제공 : 후루카와전기공업주식회사

* **히트 파이프** 내부 용액을 이용하여 열을 이동시켜 냉각을 수행

제 10 장

실리콘의 한계에 도전하는 SiC와 GaN

이 장에서는 실리콘을 대체하려는 전력반도체 재료인 SiC 및 GaN을 이용한 전력반도체의 실태와 문제점을 설명한다.

10-1
8인치 직경도 생산되는 SiC 웨이퍼

이 절에서는 최근 전력반도체용으로 이용하고 있는 SiC 웨이퍼에 대해서 설명한다. 8인치 웨이퍼의 양산도 시작된다고 한다.

SiC란?

SiC(탄화규소)란 어떤 성질을 갖고 있을까? 최외각 전자의 수는 둘 다 동일한 4개이며 안정적인 공유결합을 형성하고 있다. 따라서 SiC는 안정된 화합물이며 실리콘과 유사한 구조의 입방정 단결정을 구성하고 있다.

SiC의 등장은 전력반도체 이전부터

최근 실리콘이 재료적인 한계에 부딪치면서 전력반도체 재료로서 SiC가 주목 받고 있지만, SiC는 반도체 재료로서는 이전부터 주목받고 있었다. 이는 SiC가 다음 절의 GaN 등과 함께 광대역폭 반도체 재료의 범주로 분류되기 때문이다. 광대역폭 반도체라고 하는 것은 조금 어려운 이야기이지만 실리콘의 고체 물성적인 측면에서 다루는 가전자대*와 전도대**의 대역폭 (이것을 전자가 존재하지 않는 영역이라는 의미에서 금지대라고 한다.)이 큰 반도체 재료이다. 그림 10-1-1에 실리콘과 비교하면서 도시하였다.

또한 이 책에서는 반도체소자의 동작 원리에 에너지대역을 사용하지 않고 설명하였지만 물성에 대해서는 에너지대역으로 설명한다. 광대역폭 반도체는 온도 내성 등이 좋아서 다양한 응용을 생각하게 되었다.

---

* **가전자대** 전자가 꽉 찬 에너지대역. 여기서 전자는 자유롭게 움직일 수 없다.

** **전도대** 전자가 꽉 차 있지 않아서 여기에 있는 전자는 자유롭게 돌아다닐 수 있는 에너지대역

반도체재료와 에너지 대역폭의 개략도 (그림 10-1-1)

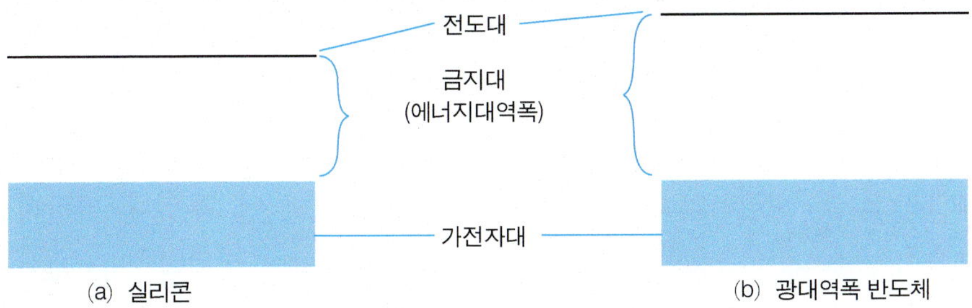

실리콘 반도체에서는 실현할 수 없는 극한 환경에서의 응용이다. 예를 들어 우주개발용 반도체소자 등은 어려운 환경 속에서 사용하기 때문에 SiC 반도체의 응용을 생각하고 있었다. 따라서 SiC 반도체의 역사는 오래된 것이다. 전력반도체 시장에서는 실리콘이 주이며, SiC는 전체의 5%에도 못 미치는 상황이지만, 향후 사용 빈도의 증가가 기대된다. 또한 현재 상태에서 웨이퍼 직경은 6인치를 사용하고 있지만, 향후 8인치화의 움직임도 나타나고 있다.

다양한 결정이 있는 SiC

SiC의 결정에는 입방정 외에 통칭 4H와 6H 등 다양한 결정이 존재한다. H는 Hexagonal의 약자로 육방정이라는 것을 의미한다. 일반적으로 전력반도체는 이 4H 또는 6H 결정을 사용한다. 현재는 4H를 주로 사용한다. 이에 대한 설명은 어려워지므로 요점만 간단히 설명하면 결정의 c축*을 대면하여 취하는 SiC의 기본 구조는 층상으로 규칙적으로 늘어서 있다. 그 반복이 4층인 것을 4H, 6층인 것을 6H라고 부른다. 그 개요를 그림 10-1-2에 도시하였다. 실제의 SiC 웨이퍼의 경우 실리콘과 마찬가지로 불순물을 미리 혼입하여 전도성을 향상시킨 웨이

* **c축** 그림 10-1-2의 세로 방향에 해당한다.

퍼를 제공하는 것이 일반적이다. 통상은 n형을 이용한다. SiC 웨이퍼의 제조법은 다음 절에서 설명한다. 그림 10-1-3은 실리콘과 SiC 및 GaN의 각 물성을 비교하여 나타낸 것이다. 대역폭이 클수록 5-2절에서 언급하였듯이 일반적으로 내압이 커진다.

SiC나 GaN은 실리콘의 약 3배 정도 대역폭이 큰 것을 알 수 있다. 따라서 절연내압의 값은 SiC나 GaN에서는 3.0MV/cm로 실리콘의 10배의 값을 보인다. 그래서 내압의 관점에서 말하면 600 V 이하는 GaN으로, 그 이상은 SiC로 제작한다고 예측할 수 있다.

덧붙여 SiC나 GaN의 결정 제작법에 대해서는 이전에 출판한 도해 입문 시리즈「알기쉬운 최신 전력반도체의 기본과 구조 재료 · 공정편」으로 조금 더 자세하게 살펴볼 수 있으므로, 흥미가 있는 독자는 참고하길 바란다.

SiC 단결정의 4H와 6H의 차이 (그림 10-1-2)

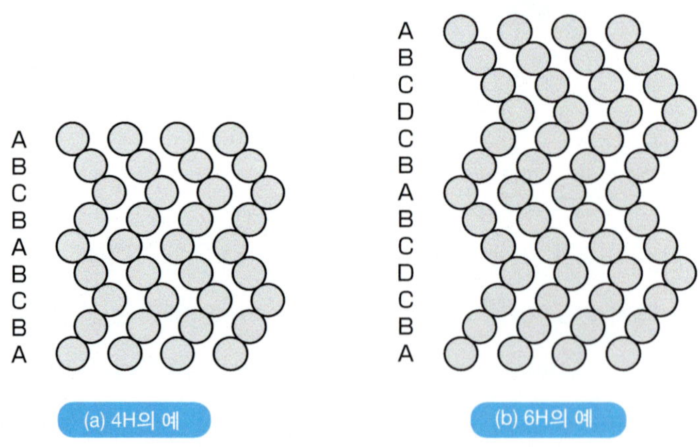

기타 SiC의 특징

덧붙여서 SiC는 재료로서도 흥미롭다. 소위 파인세라믹스라고 불리는 세라믹 재료로써, 그 강도 및 내열성 때문에 반도체 제조공정에도 사용되고 있다. 예를 들면, 건식 식각 장치의 전극 또는 포커스 링*, CVD 장치의 **서셉터****(susceptor) 등이 있다. 모두 기존의 재료보다 고온에서도 사용할 수 있다는 것이 장점이며 전자 재료로서 광범위하게 살펴보아도 재미있는 재료이다.

전력반도체 재료의 비교 (그림 10-1-3)

	Si	SiC	GaN
에너지대역폭 (eV)	1.10	3.36	3.39
전자이동도 (cm^2/V · sec)	1,350	1,000	1,000
절연내압 (MV/cm)	0.3	3.0	3.0
포화전자이동도 (cm/sec)	1×10^7	2×10^7	2×10^7
열전도도 (W/cmK)	1.5	4.9	1.3

* **포커스 링** 식각 시의 웨이퍼 면내의 균일성을 향상시키기 위해, 웨이퍼 주변에 설치하는 링.

** **서셉터** 막제조 시 챔버 내에 실리콘 웨이퍼를 놓는 테이블 형상의 대.

10-2
SiC 웨이퍼의 제조방법

이 절에서는 SiC 웨이퍼의 제조방법에 대하여 설명한다. 나중에 설명할 GaN과 함께 실리콘 웨이퍼의 제조 방법과는 완전히 다르다.

박막결정과 벌크결정

SiC의 결정 성장, 특히 전력반도체에의 응용이라는 면에서 보면, 1980년대에 벌크결정 및 에피택셜 성장에 의한 박막결정 성장기술의 진전 등에 의해 발전하였다. 그림 10-2-1에 도시한 바와 같이 벌크결정과 박막결정의 차이점을 여기에서 간단히 설명한다. 이 장의 SiC와 나중에 언급할 GaN에서는 실리콘과 달리, 두 종류 모두 시장에 출시하고 있다. 이에 대하여 실리콘은 6장에서 설명한 대로 벌크결정을 먼저 만들고, 그 후 잘라낸 얇은 벌크결정인 웨이퍼가 제품화되어 있다.

벌크 결정과 박막결정 (그림 10-2-1)

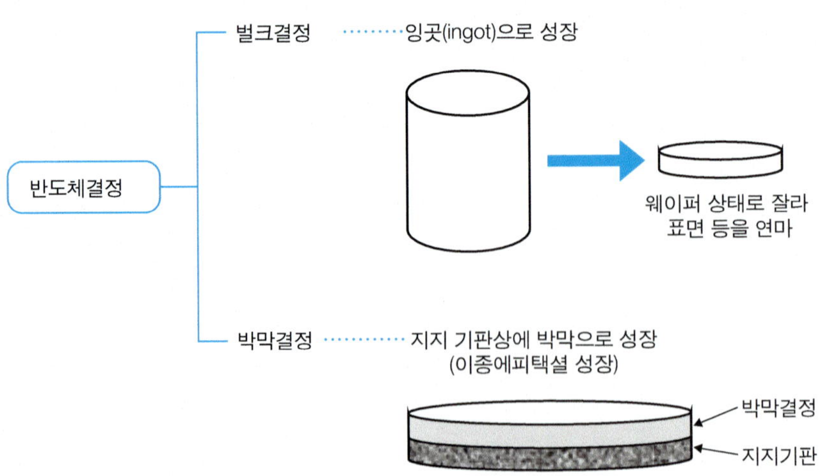

승화법이란?

이중 벌크결정을 만드는 방법으로 가장 역사가 오래된 것이 승화법이다. 승화는 고상에서 액상을 거치지 않고 기상으로 변화하는 현상을 말한다. 또한, 승화법이란 반도체 업계에서 일반적으로 알려져 있는 용어로써 결정의 세계에서는 개량 레일리(Lery:인명)법이라는 명칭도 사용한다.

SiC는 상압에서는 액상으로 존재하지 않는다. 승화법은 이 SiC의 성질을 이용한 방법으로 그림 10-2-2에 그 개요를 도시한 바와 같이 흑연 도가니의 가열에 의해 고온 상태의 SiC로 만들고 SiC를 승화시켜 그것을 씨결정 위에 고상 성장하는 방법이다. 이 경우, 씨결정이나 성장한 결정의 서셉터도 2,000℃ 이상으로 가열되고 있는 것이 특징이다. 게다가 여기에서는 흑연 도가니를 이용하며 흑연 도가니 자체가 주로 탄소로 이루어져 있기 때문에, 아무리 온도를 올려도 용출하는 것은 탄소가 된다. 탄소는 SiC의 성분에도 포함되므로 문제가 되지 않을 것이다. 이와 같이 CZ 법으로 실리콘 결정을 성장시킬 때 석영 도가니에서 산소가 용출되는 것과는 다른 것을 알 수 있다.

여담이지만 무엇 때문에 흑연이라고 명명했는지는 불분명하며 물론 납은 아

승화법의 개요 (그림 10-2-2)

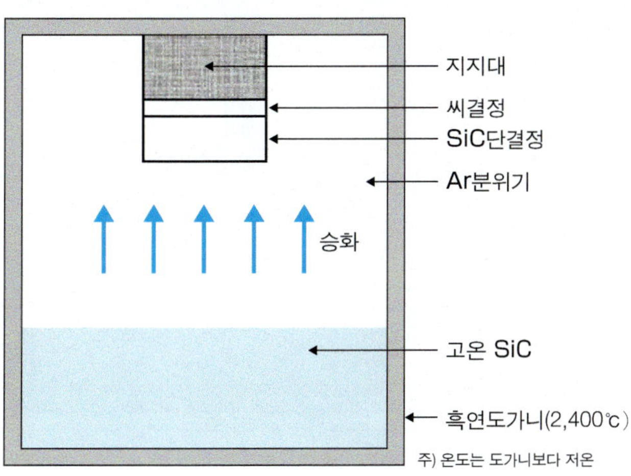

니다. 흑연을 다루는 업계에서는 석묵(Graphite)*이라고 하는 경우도 있다.

또한, 씨결정은 결정방위를 맞추기 위해서 필요하며 제6장에서 언급한 바와 같이 실리콘에서도 동일하게 사용된다.

실제 SiC 웨이퍼의 경우 불순물을 미리 혼입하여 전도성을 향상시킨 웨이퍼를 제공하는 것이 일반적이다. 통상은 n형을 이용한다. 또한 상당한 고온에서 씨결정으로 승화한 SiC를 고상결정시키는 방법이므로, 노를 크게 하면 온도의 편차 등으로부터 결정결함의 발생도 많아져 대구경화에는 적합하지 않은 것도 문제이다. 박막 결정에 대해서는 GaN을 이용하여 설명할 것이다.

용액성장법

연구 개발 단계이지만 표기한 바와 같이 설명할 것이다. 승화법은 제조단가나 부피 결함도 많이 발생하고 있다. 「용액 성장법」이라고 불리는 방법은 그림 10-2-3에 도시한 바와 같이, SiC는 상압에서는 액상이 존재하지 않기 때문에 고온에서 용융 상태로 만든 실리콘에 탄소 도가니로부터 탄소를 받아 액상으로부터 씨결정에 결정을 성장시키는 방법이다. 향후의 동향이 주목되고 있다.

액상성장법의 개요 (그림 10-2-3)

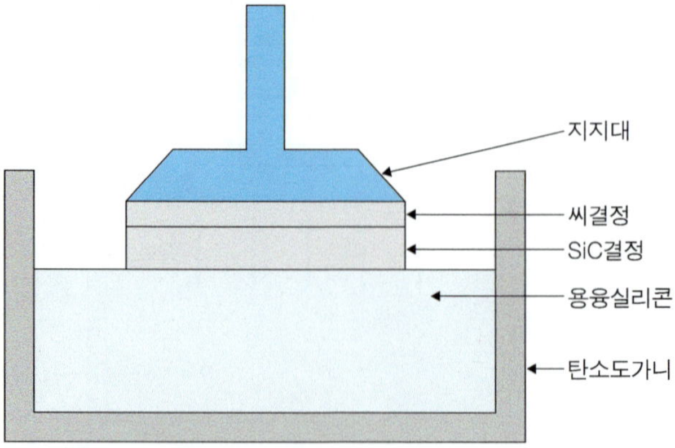

* **석묵** 일본흑연공업의 홈페이지를 참고로 하였다.

10-3
SiC의 장점과 문제점은?

실리콘보다 내압이 크다는 것으로 SiC가 주목받고 있지만 SiC 웨이퍼의 가격 이외의 기술적인 문제점을 재료적인 측면에서 설명한다.

SiC의 장점

SiC의 장점은 실리콘 전력 MOSFET의 재료적인 한계로 인하여 실리콘에서 SiC로 기판재료를 바꾸는 것으로써 획기적 발전이라는 것은 지금까지 설명한 바와 같다. 또한 SiC의 장점 중 하나는 약간의 차이는 있지만, 실리콘 MOSFET의 공정을 답습할 수 있다는 것이다. 한편, 단점은 실리콘과 같은 다양한 불순물 영역을 만들거나 IGBT와 같은 구조를 제작하기 어렵다는 것이다. 재료적인 측면에서의 단점이라고도 할 수 있다.

또한 SiC의 장점은 그림 10-1-3에 도시한 바와 같이 실리콘과 비교하면 10배의 절연내압특성을 보인다는 것이다. 이는 절연 내압용의 **저불순물 영역**의 두께를 1/10로 감소시킬수 있다는 것이므로 소자의 소형화를 도모할 수 있을 것이다. 이것을 그림 10-3-1에 도시하였다.

재료 교체로 인한 전력반도체의 소형화 (그림 10-3-1)

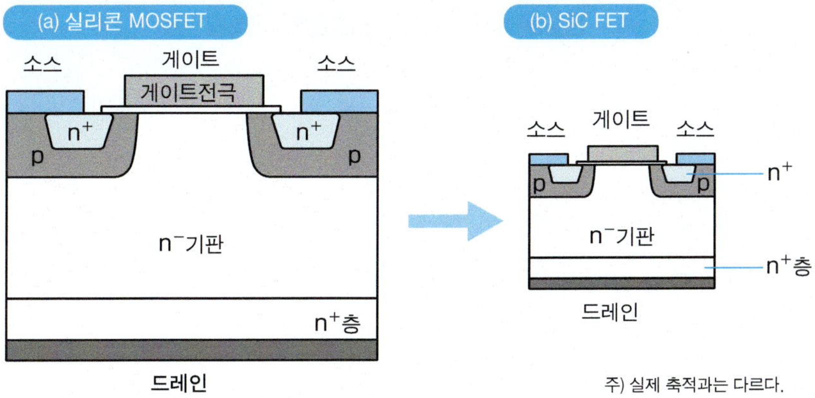

주) 실제 축적과는 다르다.

한편, 다른 관점에서 보면 같은 크기라면 10배의 내압을 얻을 수 있기 때문에 대전력의 고속 스위칭에도 적합하다. 또한 내열성도 향상되므로 고온에서의 동작도 가능할 것이다.

SiC의 FET 구조

SiC FET도 실리콘 전력 MOSFET처럼 큰 전류를 흐르게 하기 때문에 기판 방향인 수직방향으로 전류를 흐르게 하는 형태의 구조로 되어 있다. 그림 10-3-2는 MOSFET의 이중 확산형에 해당하는 구조로써 SiC FET의 개략도를 도시하였다. 같은 구조를 채택하므로 실리콘 MOSFET의 공정을 답습할 수 있다는 장점이 있다.

플래너형 SiC FET의 개략도 (그림 10-3-2)

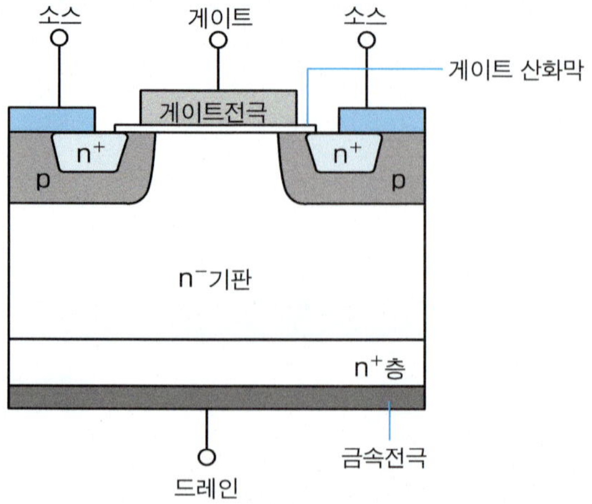

한편, 더욱 소형화를 지향하여 그림 10-3-3에 도시한 바와 같이 트렌치형의 구조도 실용화되어 있다. 이것은 실리콘 MOSFET의 추진 방향과 동일하다.

문제점도 산적

그러나 문제점도 산적되어 있다. 하나의 문제는 ON저항이다. 지금까지 제작된 SiC 전력 MOSFET의 ON저항은 이론적 한계값 보다는 여전히 상당히 크게 나타나고 있다. 이유 중 하나는 SiO_2/SiC 계면은 실리콘 MOSFET 경우의 SiO_2/Si 계면과 같이 계면 준위*가 적지 않다는 것이다. 그림 10-3-4에 SiO_2/Si 계면의 개략도를 도시하였으며 각각의 결합의 손의 수 차이로부터 댕글링 본드(dangling bond)라고 하는 미결합 손이 형성되어 있다. SiO_2/SiC 경계면의 경우, 이 댕글링 본드가 더 많을 수 있다.

반면 또 하나의 원인은 여전히 채널 이동도가 낮기 때문일 수 있다. 현재 SiC의 대표적인 결정은 4H라고 불리는 육방정형이며 같은 4H에서도 결정면의 차이로 채널 이동도가 다른 것이 앞으로 해결해야 할 과제일 것이다.

트랜치형 SiC FET의 개략도 (그림 10-3-3)

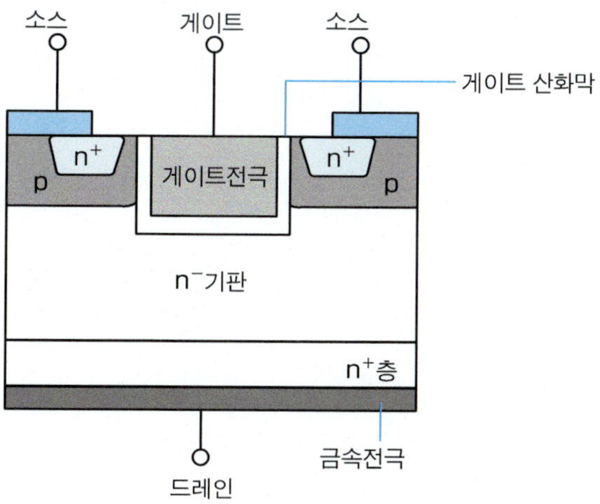

* **계면 준위** 반도체와 절연막 계면간에 발생하는 에너지 준위로 캐리어가 트랩 (포획)되기 때문에 소자의 특성을 저하시킨다.

SiO_2/Si 계면의 모형 (그림 10-3-4)

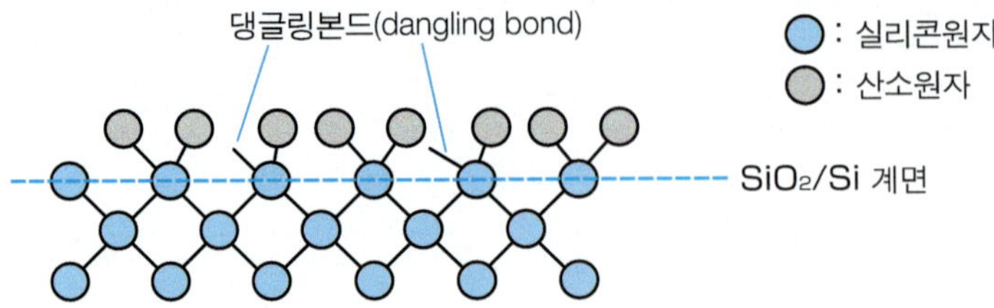

10-4
실용화가 진행되는 SiC 인버터

앞 절에서 언급하였듯이 실리콘를 대체하는 재료로서 SiC가 주목 받고 있다. 이 절에서는 실리콘에서 SiC 전력반도체로 실용화를 도모하는 경우의 예를 소개한다.

SiC의 응용

다양한 응용분야가 있지만 SiC의 또 다른 장점으로서 고내열성이라는 것을 들 수 있다. 특히 자동차와 같이 내부가 고온이 되는 기기에서는 그 이점이 활용되고 있다. 여기에서는 내열성 등도 고려하여 11-4절에서 설명할 전기자동차(EV)의 모터용 인버터에 응용하는 예를 설명할 것이다. 현재는 실리콘의 IGBT 등이 사용되고 있지만 SiC로 제작하면 더욱 소형화가 가능해 친환경 대책에 부응할 수 있고, 전력 손실도 저감할 수 있으므로, 한층 더 친환경적이라 할 수 있다. 4-4절에도 언급하였지만, EV에서는 차 내부의 전원은 배터리가 되기 때문에, 직류전원일 것이다. 이를 먼저 컨버터로 승압하고 인버터로 유도 모터용 3상 교류로 변환해야 한다. 승압 · 감압의 필요성은 4-4절에서 설명하므로 여기에서는 실제 승압 · 감압의 원리와 회로를 설명한다. 그림 10-4-1을 참조하길 바란다.

승압·감압 쵸퍼의 원리 (그림 10-4-1)

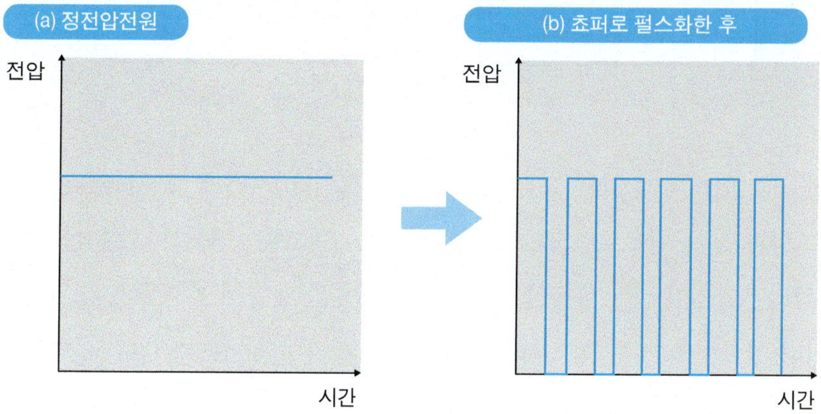

우선 트랜지스터 등의 스위칭 작용을 이용하여 그림 10-4-1과 같이 직류 전압을 초퍼(chopper)로 펄스화한다. 초퍼란 가라데 촙과 같은 단어에서 온 것처럼 문자 그대로 가늘어지고 펄스화하는 것이다. 다음으로 이 펄스화된 직류 전압을 감압 · 승압하는 경우에 대하여 설명한다.

감압초퍼에서 트랜지스터가 켜지면 부하는 고전압 전원(E_H)으로 연결되고, 꺼지면 다이오드를 통해 저전압 전원 (전압 E_L)으로 연결된다. ON일 때는 그림 10-4-2 (a)의 왼쪽 회로를, OFF일 때는 그림의 오른쪽 회로로 전류가 흐르는 것이다. 켜기와 끄기의 시간비(duty비)를 바꾸면 전원보다 낮은 전압으로 변환할 수 있다.

승압의 경우는 지면의 관계상 생략하지만, ON · OFF비를 바꾸어 원하는 전압으로 상승시키고 있다. 요점은 전력반도체의 고속 스위칭 동작을 잘 이용하는 것으로 이해하길 바란다. 강압과 승압의 경우는 그림 10-4-2와 같이 고전압 전원과 저전압 전원의 배치를 바꾸어 수행할 수 있다.

전압 변환의 초퍼회로의 예 (그림 10-4-2)

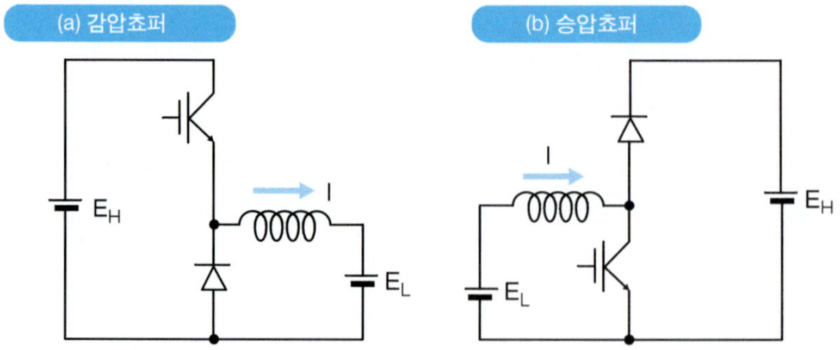

한편, SiC 인버터에 의한 교류화의 경우를 그림 10-4-3에 도시하였다. 직류전원을 그림과 같은 회로로 3상 교류화하여 유도 모터를 구동한다. 여기에서는 편의상 실리콘의 IGBT를 사용한 예로 나타내었다. 덧붙여 다이오드가 조합되어 구성되어 있으며 이것을 「환류 다이오드」라고 칭하며, IGBT가 OFF로 되었을 때에 과도한 전류를 환류하기 위한 것이다. 이것도 IGBT의 설명에서 언급할 수 없었기 때문에, 여기에서 보충 설명하였다. 이 IGBT와 다이오드의 조합을 SiC화하는 것이다.

인버터에 의한 유도 모터 구동회로도 (그림 10-4-3)

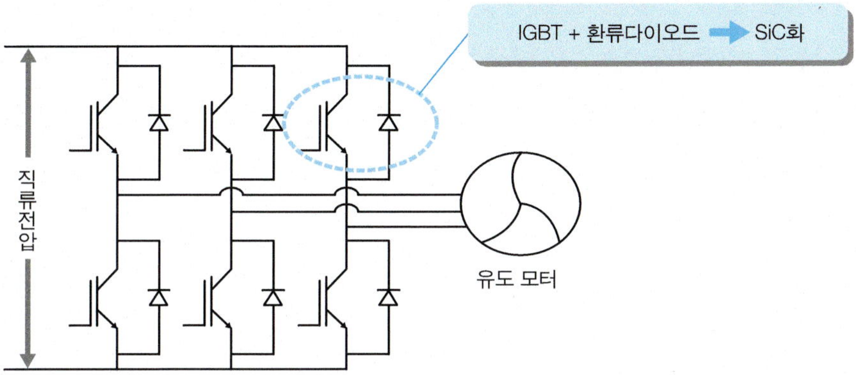

마지막으로 SiC와 실리콘의 사용처로 분류해 보면 그림 10-4-4에 개략적으로 도시한 바와 같이 실리콘이 사용될 수 없는 영역을 SiC로 해결할 수 있다고 생각한다. 이것은 향후 설명할 GaN의 경우도 마찬가지이다.

SiC로 해결할 수 있는 영역의 개략도 (그림 10-4-4)

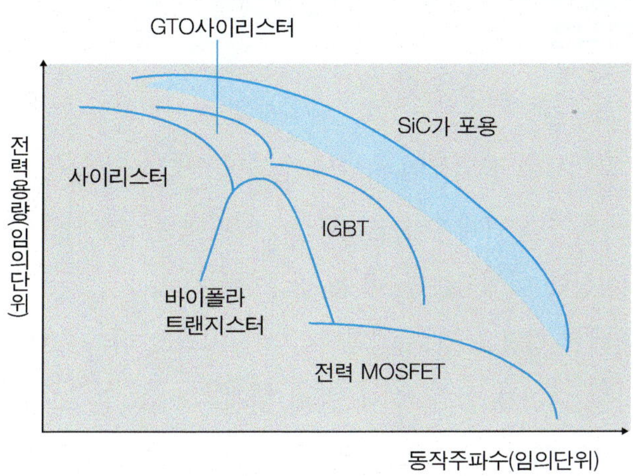

주) 다양한 자료를 기반으로 작성

10-5
GaN 웨이퍼의 난해함 - 이종접합 에피텍셜이란?

이 절에서는 최근 전력반도체용으로 SiC와 함께 주목받고 있는 GaN에 대하여 설명한다.

GaN이란?

질화갈륨(GaN)에서 **갈륨**(Ga)은 단주기율표의 III족 원소이고 질소(N)는 V족 원소이다. 그림 6-1-1을 다시 살펴봐 주기 바란다. 따라서 III족과 V족 화합물 반도체로 분류할 수 있다. 그림 10-1-3에 도시한 바와 같이 SiC와 마찬가지로 3.39eV라는 큰 대역폭(band gap)을 가지고 있다.

GaN이라고 하면 노벨 물리학상의 청색 반도체 레이저로 확실히 유명해졌다. 블루레이 레코더도 GaN 레이저를 사용한다. 질화갈륨계(GaN) 반도체는 청색과 녹색 발광 다이오드, 자색 레이저, 자외선 센서, 초고주파 전력 트랜지스터, 고효율 전력 변환 소자, 내환경 소자 등에 사용하는 21세기의 고도 정보화 사회에 필수가 되는 반도체 재료이다.

또한 특히 알아야 할 사항은 질화갈륨(GaN)이 무독한 재료이며, 기존의 화합물 반도체를 대체할 재료라고 하는 것이다.

GaN 단결정 제작법

실제 전력반도체용 GaN 웨이퍼는 GaN 단일체의 웨이퍼로는 겨우 2인치 정도를 제작할 수 있을 뿐이므로 산업적인 측면에서 보면 적합하지 않을 것이다.

그래서 실리콘 웨이퍼 위에 GaN을 헤테로 에피택셜 성장시키는 방법을 이용한다. 에피택셜 성장에 대해서는 7-3절을 참조하십시오.

일반적인 에피택셜 성장을 호모 에피택셜 성장이라고 한다. 호모(homo 또는 동종)는 "동질의"라는 의미가 있다. 이에 반해 헤테로(hetero)는 그 반대의 "이질적인"이라는 의미이다. 어디까지나 헤테로**(이종) 에피택셜 성장**에 대한 호칭으로써 통상 에피택셜 성장이라고 하면 호모 에피택셜 성장을 의미한다.

그림 10-5-1을 살펴보면 호모 에피택시의 경우 동일한 실리콘 원자를 성장시키기 때문에 격자상수가 같아 왜곡없이 성장한다. 그러나 헤테로 에피택시의 경우 실리콘과 격자 상수가 다른 원자를 성장시키기 때문에 왜곡이 생길 수 있다.

그림 10-5-1에 실리콘과 GaN에 대한 결정격자의 간격을 나타내는 격자상수의 크기를 나타내었다. 따라서 저온 버퍼층(완충층)의 형성이 핵심이다. 즉, 양 물질의 격자상수의 중간 값을 가지는 물질의 층을 실리콘과 GaN 사이에 완충 층으로서 형성하는 것이다. 일반적으로 격자상수 관계에 의하여 AlGaN을 사용한다.

실제로 GaN을 이용하여 전력반도체를 제작할 때의 문제점을 10-6절에서 설명할 것이다. 여기에서 설명한 바와 같이 실리콘 기판 위에 GaN을 헤테로 에피택셜 성장시키는 구조이므로, 반도체소자로서의 구조에는 제약을 받는다.

에피택셜 성장의 개략도 (그림 10-5-1)

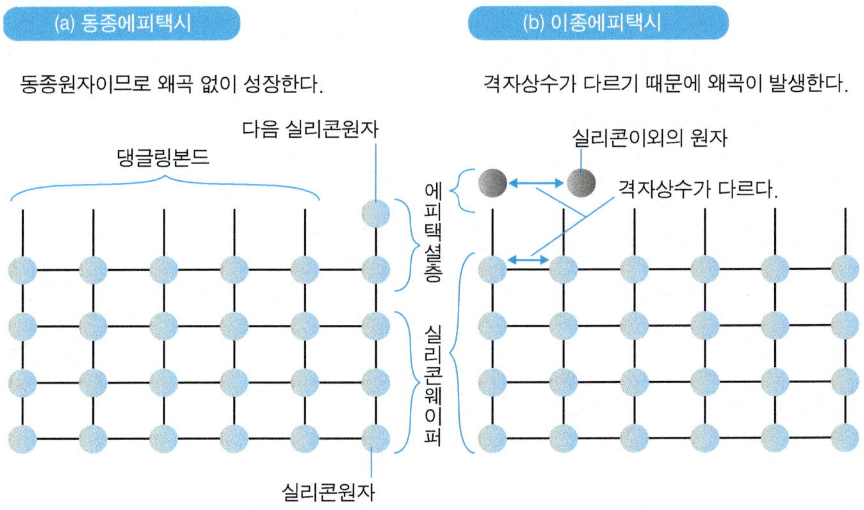

한편, 전력반도체에서는 실리콘 웨이퍼 위에 헤테로 에피택셜 성장시키는 방법이 일반적이며 다른 응용으로써 사파이어 기판 위에 성장시키는 경우도 있다.

10-6
GaN의 장점과 문제점

SiC와 마찬가지로 실리콘보다 재료적으로 내압이 크다는 점에서 GaN이 주목받고 있으며, GaN의 전력반도체 소자에 대한 재료적인 측면의 기술적인 문제점을 설명한다.

소자의 문제점은 여러 가지

GaN의 경우에도 실리콘 전력 MOSFET의 재료적인 한계를 실리콘에서 GaN으로 기판재료를 바꾸는 것으로 난관을 극복하고자 하는 것이며 약간의 차이는 있지만 MOSFET의 공정기술을 답습할 수 있다는 장점이 있다. 한편 SiC와 마찬가지로 실리콘처럼 다양한 불순물 영역을 형성하여 IGBT와 같은 구조를 제작하기는 어렵다는 면이 있다. 여기에서는 소자의 문제점을 살펴보겠다.

첫째, GaN에서는 수직형 FET의 구조가 어렵다는 문제가 있다. 현재 발표되고 있는 것은 수평형 FET이다. 왜냐하면 웨이퍼 구조상의 제약이다. 10-5절에서 언급한 것처럼 GaN 기판은 Si 웨이퍼 위에 헤테로 에피택셜 성장하여 얻어진다. 기본적으로 웨이퍼의 두께 방향으로 FET를 만드는 수직형은 어렵다.

한편 수직형 FET를 개발하고 있는 곳도 있다. 이 경우는 물론 GaN 웨이퍼를 사용하기 때문에 제작단가를 비교하면 수직형이 높아지지만, 전류를 수직 방향으로 흐르게 할 수 있기 때문에 출력은 10kW 이상으로 높아진다는 장점이 있다. 따라서 EV용 인버터에의 응용을 생각했을 경우 고전압(대전력)의 주기기에는 수직형, 저전압(소전력)으로도 충분한 보조기기에는 수평형을 사용하려고 하는 장래 구상을 자동차 메이커는 생각하고 있는 것 같다. 또한 주기기, 보조기기에 대해서는 4-4절을 다시 한번 살펴보고 수직형과 수평형의 구조를 그림 10-6-1에 도시하였다. 조금 더 설명하자면 수평형의 경우는 실리콘 위에 헤테로 에피택셜 성장시키기 때문에 버퍼층을 사이에 두고 있다. 그림의 i형이란 의도적으로 n형이나 p형의 불순물을 포함하지 않는다는 의미로, i는 intrinsic(진성 영역)의 약자이다. 그림에서 도시하지 않았지만, 소-스, 드레인 전극과 저항성 접촉(ohmic contact)*을 취하기 위해 n형의 AlGaN을 역시 헤테로 에피택셜 성장시키고 있다.

GaN FET에는 소자 신뢰성 문제도 있다. 차량용에 응용할 경우 특히 평소보다 엄격한 신뢰성이 필요하다.

수평형과 수직형 GaN FET (그림 10-6-1)

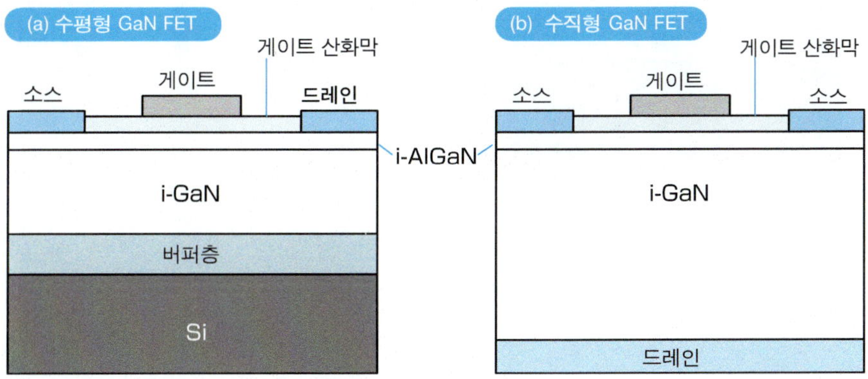

기타 문제점

전류 붕괴(collapse)라는 문제도 있다. 이것은 10-7절에서 간단하게 설명할 GaN의 HEMT에서도 문제가 되는 것이며 저전압 동작 시의 ON저항에 비해 고전압 동작 시의 ON저항이 높아져 버리는 현상이다. 이것은 고전압 동작시 캐리어인 전자가 채널에서 튀어나와 반도체 영역과 표면 보호층 사이의 계면에 트랩되기 때문이라고 생각되고 있다. 그 메커니즘을 그림 10-6-2에 도시하였다. 전력반도체에 응용한 경우는 전력 손실이 되므로 피해야 하는 현상이다. 표면 보호층의 형성법에 대한 연구 등으로 대책을 마련하고 있다.

* **저항성 접촉** 금속 전극과 반도체가 오옴의 법칙이 성립하는 전도성이 있는 것을 말한다. 반대는 쇼트키 접합(정류성 접합).

전류 붕괴 (그림 10-6-2)

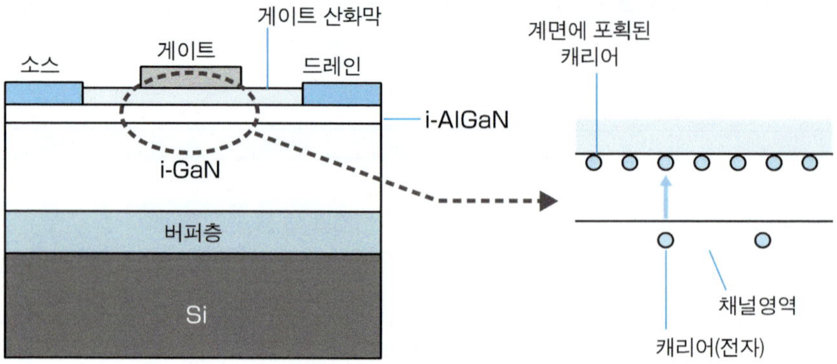

10-7
GaN으로 차단상태(normally off)에 도전!

이 절에서도 GaN으로 전력 MOSFET을 제작할 때의 기술적인 문제점 중 차단상태에 대하여 설명한다. 이것은 GaN에서만 문제가 되는 것이다.

뚜껑이 닫히지 않으면 곤란하다

먼저 차단상태(normally off)*란 무엇인가? 3-4절에서도 언급하였듯이 MOSFET에 익숙한 독자라면 알고 있다고 생각하지만, 그렇지 않은 독자도 있다고 생각하기 때문에 우선 간단하게 차단상태와 그것의 반대인 도통상태(normally on)에 대하여 설명하고자 한다.

차단상태란 MOSFET의 용어로 게이트에 전압을 인가하지 않은 상태에서 MOSFET가 항상 OFF로 되어 있는 상태를 말한다. 이 현상을 「닫는다」라든가 「뚜껑을 덮는다」라든가 라고 말할 수도 있다.

차단상태와 도통상태의 비교 (그림 10-7-1)

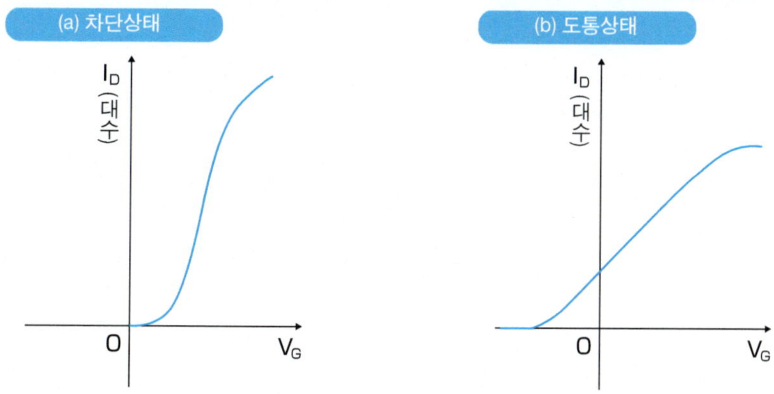

* **차단상태** MOS 트랜지스터에서는 증가형(enhancement)이라고 한다. 대조적으로, 도통상태형을 결핍형(delpetion)이라고 한다. 전력반도체에서는 트랜지스터의 스위칭 특성을 취급하기 때문에 이러한 호칭이 사용되고 있다고 추측한다.

이것을 MOSFET의 **문턱전압이하(subthreshold) 특성**이라고 하는 그래프로 살펴보면 그림 10-7-1에 도시한 바와 같다.

문턱전압이하 특성이란 x축에 게이트 전압 V_G, y축에 드레인 전류 I_D(ON 전류)를 대수로 도시한 것으로, MOSFET의 전류가 증가하는 척도를 나타내는 특성이다. 그래프의 선이 서 있을 수록 상승이 빠른 것이다. 차단상태에서는 게이트 전압이 0이면 MOSFET이 켜지지 않는다. 한편, 도통 상태에서는 게이트 전압이 0에서도 MOSFET이 켜져 있는 것을 알 수 있다(드레인 전류가 흐르고 있음). 게이트 전압을 인가하지 않고 MOSFET을 켜면 누설 전류가 발생하여 손실을 초래한다.

GaN은 고체 물성적으로 실리콘과 비교하면 **2차원 전자가스 밀도**가 높다, 즉, 전자의 이동이 크기 때문에 이 현상이 발생한다. 과장하여 말하면, 아무것도 하지 않아도 게이트 아래의 캐리어 밀도가 커져 자연스럽게 채널이 형성되어 있다고 이해해도 좋다. 이를 그림 10-7-2에 도시하였다.

도통상태의 매카니즘 (그림 10-7-2)

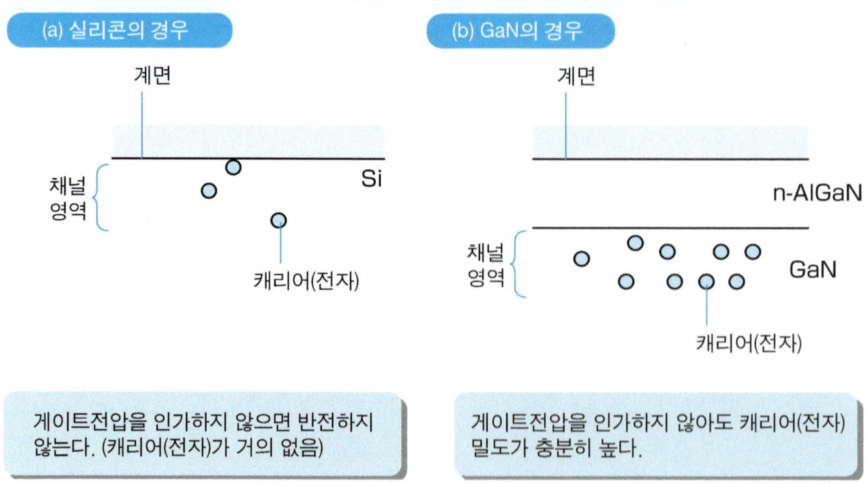

차단상태 형의 장점은?

전력반도체에서는 고속 스위칭이 중요하기 때문에, 3-4절에서도 언급한 바와 같이 보통은 차단상태 형이 이용된다.

예를 들어, GaN을 자동차용 인버터에 전력반도체로 이용하는 경우를 생각해 보면, 제어 회로의 간소화나 **페일 세이프(fail safe)***의 원리로부터, 일반적으로 차단상태가 이용된다. 또한 직류 컨버터로 사용하는 경우에도 차단상태 동작이 필요하다.

차단상태에 대한 대책

GaN FET는 상기와 같이 자연스럽게 채널이 형성되어 있는 상태가 되기 때문에, 차단상태로 하기 위해선 보통의 구조에서는 불가능하다는 것을 알 수 있다. 즉, 게이트의 임계 전압이 높아지기 때문에 게이트와 채널 영역을 가깝게 해야만 한다. 따라서 해결책으로서는 **리세스(recess)화** 등이 고안되고 있다.

그림 10-7-3은 리세스화의 개략적인 구조를 도시한 것이다. 여기서는 게이트

리세스화한 GaN FET (그림 10-7-3)

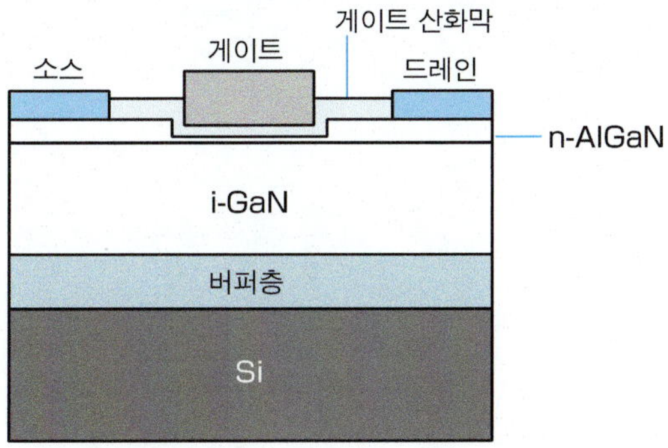

* **페일 세이프(fail safe)** 안전 엔지니어링, 신뢰성 엔지니어링에 관한 용어로써 장비·기기, 시스템 등이 오작동이나 오조작을 해도 항상 안전하게 동작하도록 하는 조치.

아래의 AlGaN 층에 홈을 형성한다. 물론 공정이 복잡해진다는 단점도 있으므로 현재는 다양한 개발이 진행되고 있다. 덧붙여 지면의 사정상, 차단상태 화의 대표적인 예로서 리세스화를 소개하였지만, 그 밖에도 다양한 구조가 제안되고 있는 것이 현재 실정이다.

GaN의 괴력

전력반도체 이외에도 GaN의 고속성을 살려 HEMT (High Electron Mobility Transistor)라고 하는 고속 트랜지스터를 제작하고 있다. 모바일 WiMAX용* 전송용 고속, 증폭 소자이다.

또, 동작의 원리 등은 완전히 다를지라도 GaN은 청색 발광 다이오드의 재료로도 사용되고 있어, 블루레이의 판독용 단파장 레이저에 채용되고 있다. 이와 같이 GaN은 응용의 폭이 넓은 「핵심」 반도체 재료가 되고 있다.

* **WiMAX** Worldwide Interoperability for Microwave Access의 약자. 고속·대용량 모바일 브로드밴드 통신이다.

10-8 웨이퍼 메이커의 동향

이 절에서는 전력반도체용의 SiC 나 GaN 의 웨이퍼 제조 메이커의 동향에 대해 설명한다. 편하게 읽어 주길 바란다.

단가가 문제

지금까지 설명한 바와 같이 SiC나 GaN는 재료로서는 매력적이지만, 웨이퍼의 제조법이 어렵다는 면이 있다.

SiC 웨이퍼의 문제는 가격이다. 대량 생산되면 문제가 없겠지만 아직 실리콘과 비교하면 비싸다. 옛날에는 4인치 정도가 300만원 정도였다. 아직 시장이 크지 않기 때문에 떨어지지 않을 것 같다. 6인치의 실용화도 시작되었으며 연구개발 단계에서는 8인치화도 실현되고 있는 것 같다.

SiC 웨이퍼 비지니스의 심한 변화

SiC 웨이퍼는 실리콘 웨이퍼와 달리, 미국 CREE(크리)가 독점에 가까운 상태를 나타내고 있으며 다양한 웨이퍼 메이커가 국내외를 불문하고 등장하고 있다. 특히 벤처기업이 참여를 생각하고 있다.

한편, 하나의 예로서 소개하지만, 일본의 주요 금속 메이커(실리콘 웨이퍼의 메이커로 유명)가 SiC 웨이퍼의 개발사업에서 철수하고 관련 자산을 경쟁 화학 메이커에 양도하는 등 움직임이 심한 분야이며 최근의 동향에 눈을 뗄 수 없을 정도이다. 기업끼리의 협업도 번성하고 있으므로 흥미가 있는 독자는 업계 소식지 등을 참고해 주길 바란다.

새로운 움직임으로써 자동차 제조사는 4-4절에서 언급하였듯이 HV 및 EV에 탑재하는 인버터에 내열성이 있는 SiC IGBT의 채용에 흥미를 나타내고 있다. 자동차 관련 메이커는 SiC를 이용한 전력반도체를 개발하고 있어, SiC의 자체 생산도 실시하고 있는 것 같다. 이와 같이 자동차 및 그와 관련된 메이커의 자체 생산이나 벤처기업의 진입 등 업계의 유동성이 큰 분야가 되고 있다. 이상, 단편적이면서 SiC 웨이퍼의 현황을 서술해 보았다. 실리콘 웨이퍼도 발전기에는 많은 업종에서 참가하였지만, 결국은 일본에서는 몇 개의 메이커밖에 남지 않았다. 앞으로의 동향에 주목할 필요가 있다.

GaN 웨이퍼의 동향

GaN 웨이퍼 사업에는 다양한 기업이 참여하고 있다. 실제로는 GaN 웨이퍼보다는 실리콘 웨이퍼 위에 GaN 헤테로 에피택셜 성장을 실시하는 사업이 주류이다.

전력소자 시장규모와 GaN 응용분야 (그림 10-8-1)

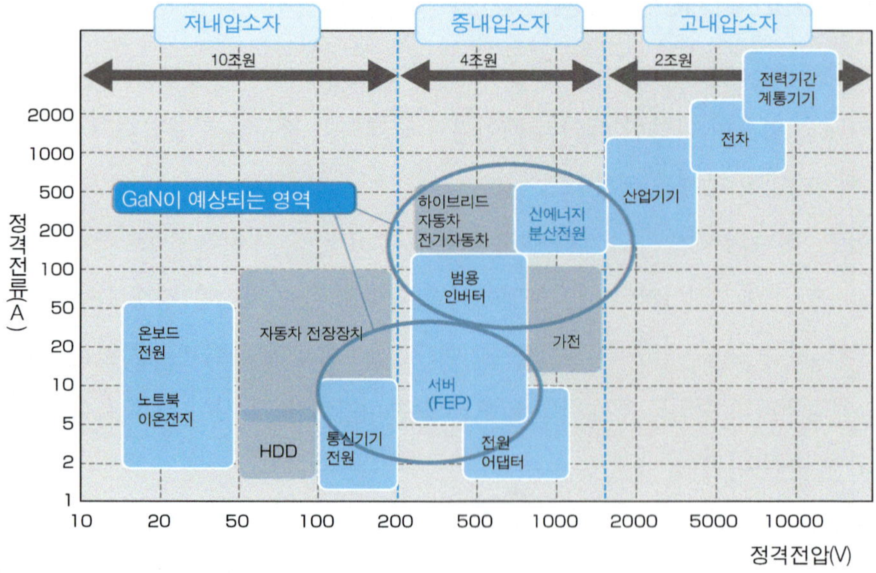

출처 : 후루카와전기공업 홈페이지

이미 6인치까지 가능한 것처럼 판단되나 지금은 전력반도체에의 응용보다 조명용 LED에의 응용 등이 주류인 것 같다. 한편으로 자동차 메이커 관련 기업 등에서는 독자적으로 GaN 웨이퍼(GaN 단일체 웨이퍼로써 헤테로 에피택셜 웨이퍼는 아닌 것을 말한다.)의 자체 생산을 생각하고 있는 것 같다.

참고로 그림 10-8-1에 GaN 웨이퍼를 이용한 전력반도체에서 기대되는 영역을 도시하였다.

COLUMN

시대는 순환한다.

기판재료의 이야기로써 옛 이야기도 포함하여 여러 가지 적어 두고 싶다. 제6장에서 설명하였듯이 실리콘 웨이퍼는 상당히 옛날 이야기지만 반도체 메이커에서 자체 생산하고 있었다. Siemens법이나 Dash 네킹 등은 그 성과이다. 일본을 포함해 초기 단계에서는 종합전기 메이커 쪽에서 시작하였다.

그 후, 다른 반도체 메이커에서도 자체 생산하였으며 저자가 재직한 회사에서도 자체 생산하고 있었다. 저자의 편견일지도 모르지만, 당시는 웨이퍼 엔지니어 쪽이 위세가 좋았던 것 같은 기억이 있다. 그 후, 다양한 분야(화학, 금속, 기계 등)의 메이커가 참가하였으며, 결과적으로 살아 남아있는 회사는 몇 개 메이커뿐이다. 그 변천은 어지러워서 회사명의 변경을 따라가는 일도 힘들 정도였다.

이 장에서 다룬 SiC와 GaN은 특히 발광 장치에 대한 응용도 고려되었다. 청색 발광 다이오드의 재료 개발은 저자가 재직한 회사를 포함하여 다양한 회사에서 각각의 재료나 방법을 통하여 행해지고 있던 시기가 있었다. 본문에도 기술하였지만, SiC 웨이퍼에 진입한 메이커의 변천도 심한 것 같아, 실리콘 웨이퍼 시대의 데자뷰를 보는 느낌이다.

그런 가운데 SiC나 GaN 웨이퍼도 자사에서 생산을 도모하자는 움직임이 자동차 관련 메이커에서 나오고 있어 주목하고 싶은 것이다.

또한, 그 외에 SiC 전력반도체의 실용화도 점점 진행되고 있으며, JR 도카이가 새로운 **신칸센** 모델 「N700S」(S는 Supreme의 뜻)에 SiC 소자를 사용한 구동 모듈을 채용하여 2020년 7월에 데뷔하였다. 그 결과, 전력 소비량의 절감을 달성했다고 한다.

SiC 소자는 일본의 전력반도체 메이커와 공동 개발하였다. 신형 차량을 타는 것은 즐거운 일이다. 출발 시 어떤 소리가 들리는가? (4-3절 참조)

제 11 장

전력반도체가 개척하는 탈탄소 시대

마지막 장에서는 21세기의 탈탄소 시대에 전력반도체에 관한 주제를 다루어 본다. 편하게 읽어도 괜찮다고 생각한다. 아울러 전력반도체에 기대되는 것에 대하여 기술한다.

11-1
탈탄소 시대와 전력반도체

21세기는 녹색 에너지의 시대라고도 한다. 이 절에서는 그 상부로부터 하부까지의 흐름 속에서 전력반도체가 활약하는 영역을 기술하고자 한다.

탈탄소 시대

지금까지의 움직임을 되돌아보면 전 미국 대통령 오바마는 그린에너지에 투자해 전미 송전망을 근대화(스마트 그리드화)하는 경기 자극책을 발표하였었다. 이것을 녹색 · 뉴딜 정책*이라고 불렀다.

그 후, 미국만이 아니라 이어지는 리만 쇼크 이후의 경기 부양책으로서, 각 나라별 그린딜 정책들이 발표되었다. 세계 각국의 움직임으로서 태양광이나 풍력 등 「재생 가능 에너지」나 고속 철도망, 송전선망의 근대화 등의 녹색 에너지 등으로부터 가정에서의 에너지 절약까지 다양한 과제에 투자하고 있다.

우리나라에서도 접근 가능한 정책으로 에코카의 보급이나 태양열 등 재생 가능한 에너지에 보조금을 주는 정책을 실시해 왔다.

'청정 에너지', '재생 가능한 에너지', '저탄소 사회' 등의 키워드가 눈에 띄고 있다. 그러나 시대의 키워드는 항상 변화한다. 최근에는 '탈탄소 사회'와 '카본 중립'이 키워드가 되고 있다. 기술적으로는 무엇이 근본인지를 파악하는 것이 중요할 것이다.

지금의 흐름에 의한 과제를 수치나 연도별로 저자 나름대로 정리하면 그림 11-1-1에 도시한 바와 같이 재생 가능한 에너지의 이용, 차세대 송전망, 저환경 부하 교통 인프라, 오피스 · 가정에서의 에너지 절약 등이라고 생각한다. 또한 신기술과 고용 창출이 가장 중요한 과제일 것이다.

---

* **녹색 · 뉴딜 정책** 녹색 · 뉴딜의 명칭은 1930년대 미국의 불경기 대책으로 이루어진 뉴딜 정책을 따온 것이다.

전원의 다양화

가장 중요한 문제는 어떤 에너지망을 형성해 가는지에 대한 것이다. 4-2절에서 설명한 기존의 발전·송전 인프라 이외에 재생 가능한 풍력 발전, 태양광 발전 등 대규모 발전에 의한 것, 연료 전지 등 소규모 전원, 혹은 이동 가능한 전원 등 무엇이라도 좋을지 모르지만 다양한 수준의 전원이 필요하며, 이들이 다음에 설명하는 스마트 그리드 중에서 기존의 인프라와는 한 획을 긋는 전력 공급원이 되는 것은 말할 필요도 없다.

풍력발전소는 윈드팜(wind farm), 대규모 태양광 발전설비는 메가솔라 등으로 불리 우며 시대를 대표하는 키워드가 되고 있다. 우리나라에서도 여러 가지 대책이 시행되고 있는 것은 독자 여러분들도 잘 알고 있을 것이다.

이하 그림 11-1-1에 도시한 상부로부터 하부까지의 과제를 살펴보고자 한다. 전력반도체는 고성능화·소형화가 요구되어 소자 구조에 대한 연구와 제10장에서도 언급한 SiC나 GaN 등의 신재료로의 변환으로 이어지고 있다.

그중에서는 이미 소개한 것처럼 자동차 및 관련 메이커가 자체 개발을 수행하

상부에서 하부까지 녹색에너지의 과제 (그림 11-1-1)

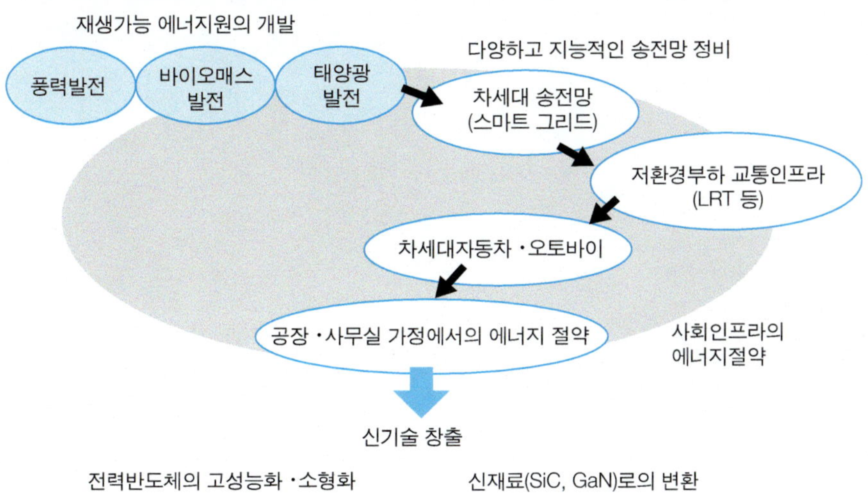

고 있는 곳도 있다. LSI의 세계에서는 수평 분업화가 진행되고 있지만 전력반도체 분야에서는 주요 재료와 소자를 중심으로 한 수직 통합형의 비즈니스 모델이 성립할 수 있다고 생각한다.

11-2
신재생에너지에서 빼놓을 수 없는 전력반도체

먼저 재생 가능 에너지의 대표 주자로서 태양전지의 메가솔라를 설명한다. 그린딜 정책과 함께 빼놓을 수 없는 키워드가 깨끗한 에너지이다. 그중 가장 대표적인 것이 태양전지이다.

태양전지란?

태양전지라는 단어가 일반적으로 사용되고 있지만, 이것은 영어의 solar cell을 번역한 것이다. 일반적인 전지처럼 취급하는 경향이 있지만, 보통 사용하는 1차 전지나 2차 전지와 같은 의미의 배터리가 아니다. 정확하게는 태양광의 「광전 변환 장치」라고 부르는 것이다. 특허의 명칭 등에서는 광전 변환 장치의 표기가 사용되는 경우도 있다.

이 태양전지의 동작 방식을 간략하게 설명하면 그림 11-2-1과 같이 반도체의 pn 접합(여기서도 pn 접합은 중요한 역할을 한다.) 부근에서 태양광을 흡수하여 발생한 전자와 정공을 각각 양쪽의 전극 방향으로 수집하고 기전력을 발생시켜 광에너지를 전기에너지로 변환하는 소자이다. 4-6절에서 언급한 발광 다이오드의 pn

태양전지의 원리 (그림 11-2-1)

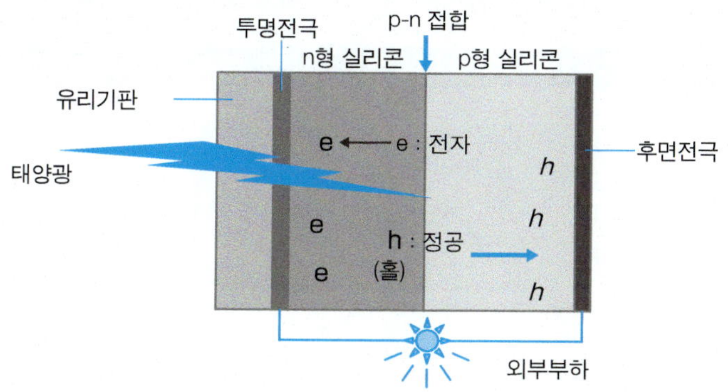

주) 빛 (가시광) 에너지를 전기 에너지로 변환 → 에너지 변환 장치, 축전 기능은 없다.

제 11 장 전력반도체가 개척하는 탈탄소 시대

접합과는 반대의 동작인 것을 알 수 있을 것이다.

태양전지는 전지처럼 미리 전기에너지를 모아두고 필요할 때 꺼내 쓸 수 있는 것이 아니다. 그래서 태양전지로 만들어진 전기에너지는 별도로 설치한 축전지에 저장해 둔다. 이 대규모 시설이 소위 메가솔라이다.

태양전지로 만들어지는 전기는 각 셀을 직렬로 배열함으로써 직류전압의 전기로 출력할 수 있다. 이것을 교류로 바꾸어야 할 필요가 여기에서도 발생한다.

전력반도체는 어떻게 사용하는가?

태양전지에서는 직렬로 연결해도 상용 전원으로 즉시 사용할 수 없다. 사용하기 위해서는 승압하고 DC를 AC로 변환해야 한다. 여기서도 10-3절에 언급한 승압 회로와 인버터가 역할을 해야 할 것이다. 그것을 파워 컨디셔너(power conditioner)라고 하며 개략적으로 그림 11-2-2에 도시하였다.

이 **파워 컨디셔너** (약칭하여 **파워컨**이라고 한다.)는 산업용에서 주택용까지 수요가 예상되기 때문에 다양한 참여 제조업체가 존재한다. 주택용으로는 가전 메이커, 중전기 메이커, 태양전지 메이커가, 산업용이라면 중전기 관련 기업이나 전원 기기 메이커 등이 참가하고 있다. 그중에는 전력반도체 메이커도 있다.

태양전지에서 전력반도체의 역할 (그림 11-2-2)

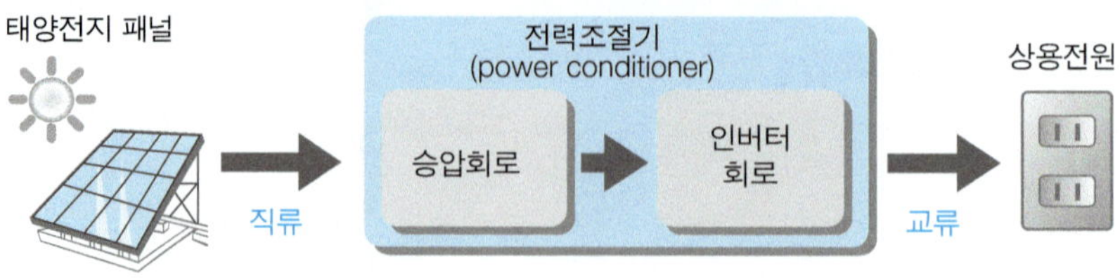

메가 솔라 계획

일본에서는 9개의 전력회사뿐만 아니라 다양한 사업자가 메가솔라 계획을 추진하고 있다. 태양전지 이외의 풍력 발전 등 자연 에너지를 이용한 발전 계획이 진행되고 있는 것에 주목할 만하다. 파워 컨디셔너 시장의 확대도 기대된다.

11-3 스마트 그리드와 전력반도체

21세기의 차세대 송전망으로서 스마트 그리드가 주목받고 있다. 이 절에서는 전체를 살펴보는 의미에서 스마트 그리드와 전력반도체의 관계를 설명한다.

스마트 그리드란?

스마트 그리드라는 단어가 주목받고 있다. 전력망의 21세기적 인프라를 스마트 그리드(smart grid)라고 불리며 과장하여 번역하면 「현명한 전력망」이라고 할까? 그리드라고 하면 저자 등은 진공관의 그리드를 기억하는 세대이지만, 21세기는 스마트 그리드의 시대이다. 이것은 「에너지의 네트워크」라는 의미로 네트워크 시대의 부산물이라고도 할 수 있다.

스마트 그리드란 기존의 집중형 대규모 전원과 태양전지 등으로 대표되는 재생 가능한 에너지를 이용한 분산형 전원의 대량 설치를 위한 송배전망의 일체화에 의한 운용, 또한 고속 통신 네트워크 기술을 활용하여 대규모 전원이나 분산형 전원 및 공급측의 수요를 전체적으로 관리하는 것이다.

물론 잉여 에너지는 그리드 네트워크로 회수되어 재사용된다. 이때에 전력 변환의 기능을 담당하는 것이 전력반도체인 것은 말할 필요도 없다.

또한 이러한 송전망으로부터 공장, 상용시설, 관공청이나 오피스, 일반 가정으로의 배전이나 회수도 포함하여 「스마트하게」 수행되는 것이다. 우리의 일상생활에서도 다양한 전원을 사용하고 있다. 이와 같은 내용을 그림 11-3-1에 정리하여 도시하였다.

또한 그림 11-3-1과 같이 스마드 그리드는 대규모 송전 계통을 전제로 하고 있지만, 발전과 그 소비가 작은 지역에 한정된 마이크로 그리드라는 것도 제안되고 있다. 물론 이 시스템도 스마드 그리드의 아이디어를 이용하여 효율화를 도모해야 할 것이다.

스마트가 유행?

최근에는 스마트폰으로 대표되는 것처럼 「스마트」를 머리에 붙이는 것이 유행인 것 같다. 하이테크, 지능형 등도 스마트라고 할까?

스마트 그리드화 되면 어떻게 변하는가? (그림 11-3-1)

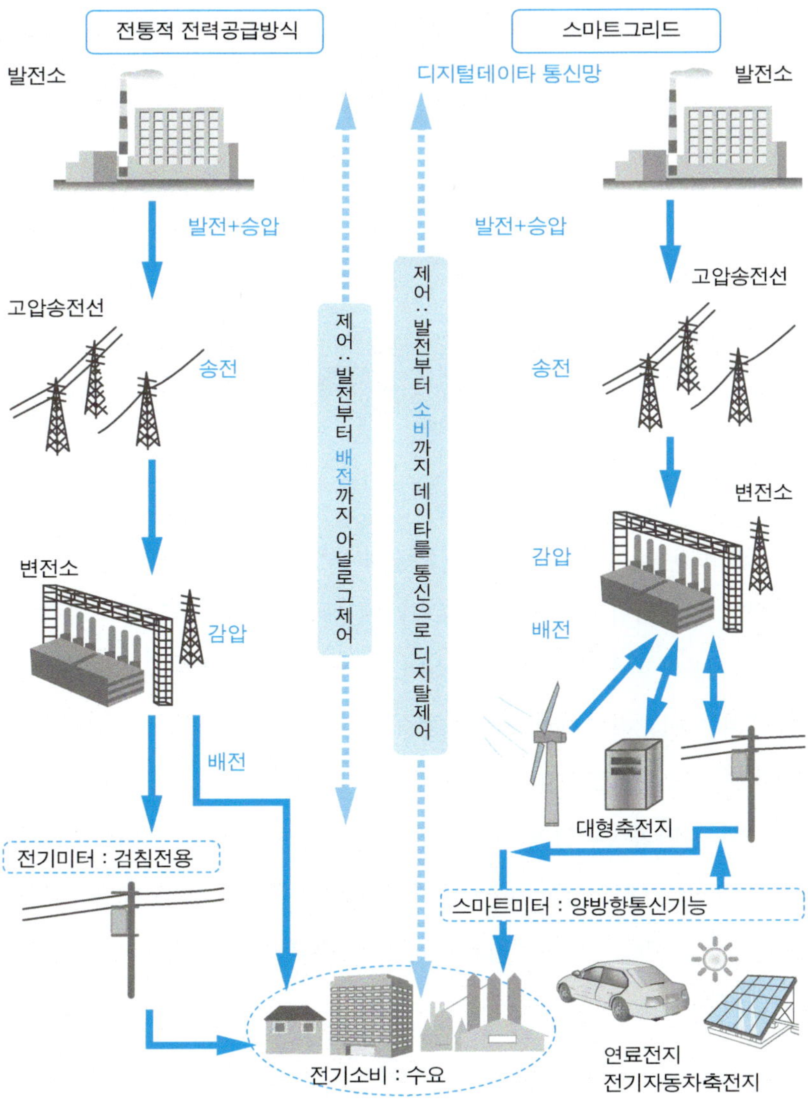

야스시 산토(山藤泰)의 저서
"도해입문 알기쉬운 최신 스마트그리드의 기본과 구조(図解入門よくわかる最新スマートグリッドの基本と仕組み)"
슈와시스템(秀和システム)으로부터 허락을 받아 개제

그림 11-3-2는 구미에서는 이미 도입이 시작되었으며 도쿄 전력도 도입을 시작한 **스마트 미터**(통신 기능이 있는 전기미터)의 예를 보여주고 있다. 이것에 의해 검침의 수고도 줄어들게 되었다.

스마트 미터의 예 (그림 11-3-2)

ⒸEVB Energy Ltd

참고로 스마트 미터에 관한 내용을 보충해 보면 EU 통합시 전력의 주파수를 통일한 유럽에서는 시험적인 경우를 포함하여 보급이 진행되고 있다. 몰타 공화국(국토 면적이 서울의 절반 정도)과 같이 스마트 미터의 보급이 쉬운 나라도 있으며 선진국 중에서는 이탈리아처럼 일찌감치 이 분야에 집중하고 있는 나라도 있다.

전 세계적으로도 앞으로 스마트 그리드화를 추진해 나아갈 것이다. 스마트 그리드는 지금까지 단방향이었던 전력의 흐름을 양방향으로 네트워크화 하는 것으로써, 그림 11-3-3에 도시한 바와 같이 왼쪽의 기존 인프라로 부터 미래는 오른쪽의 지능형 인프라로 전환할 필요가 있다고 생각한다.

스마트 그리드와 스마트 미터 (그림 11-3-3)

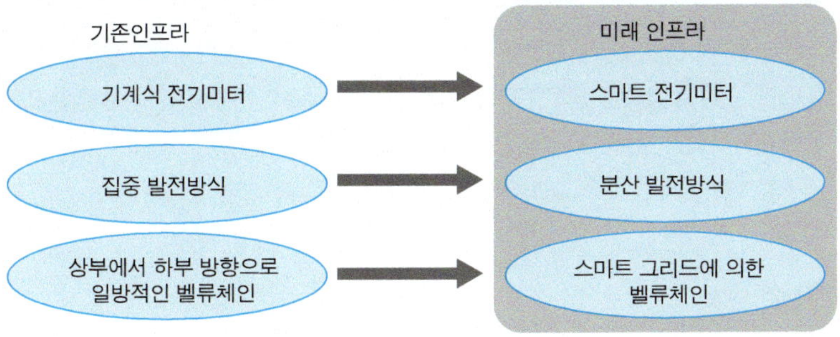

출처 : IBM 발표자료를 기본으로 작성

스마트 시티

한 걸음 더 나아간 계획으로는 스마트 시티라고 불리는 것이 있다. 그림 11-3-4는 그 예를 보여준다. 이것은 스마트 그리드와 재생 가능 에너지의 이용을 IT로 관리하여 더욱 에너지를 절약하는 환경 배려형 도시라고 할 수 있다. 일본의 수도권이라면 「카시와노하 스마트시티」등이 모델 케이스로 시행하려 하고 있다. 한편, 이것은 IoT 기술의 횡단적인 활용이라는 의미에서도 재미있다고 생각한다.

스마트 시티의 개념도 (그림 11-3-4)

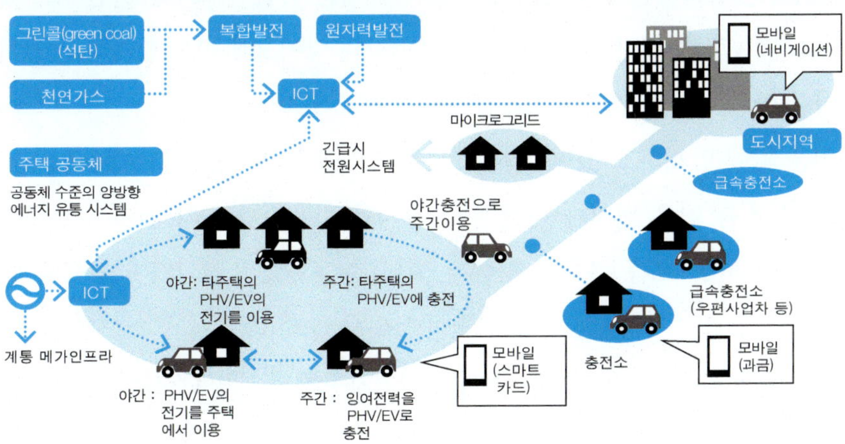

출처 : 일본 국토교통성의 Web뉴스레터 신시대 Vol. 71를 기본으로 작성

11-4
전기자동차 (EV) 와 전력용 소자

최근 전기자동차로의 전환이 가속화되고 있다. 전기자동차는 2 차 전지를 탑재하고 모터로 구동하는 자동차이다. 최근에는 소형의 경량인 교류 모터가 개발되어 실용화가 진행되고 있다. 2 차 전지의 전원을 승압하여 교류로 변환하려면 전력반도체가 반드시 필요하다.

EV화의 가속

EV는 Electric Vehicle의 약자로 문자 그대로 전기 자동차를 의미한다. 최근 세계적인 흐름은 EV화로의 이동(EV 시프트)이 가속되고 있다는 것이다.

신흥국을 중심으로 HV(하이브리드차)를 뛰어넘어 가솔린차에서 급격히 EV로 이동하려는 경향이 있다. 이제 HV 기술에 주력해도 일본을 비롯한 선진국을 이길 수 없다는 생각도 있으리라 본다. 중국이나 인도 등 거대 시장을 가진 신흥국에서의 비즈니스 성공에도 EV화에 뒤지지 말아야 할 것이다. 또한 HV가 엔진과 모터를 탑재하는 것에 비해 EV는 모터뿐이므로 구조도 단순해진다는 장점이 있다. 그러므로 최근 EV 시프트가 키워드이다.

이미 많은 메이커가 EV 자동차를 판매하고 있으며 그 중에서 EV에 경영 자원을 이동시키기 시작한 곳도 있다. 당연히 EV에서는 가솔린은 소비하지 않고 엔진이 아닌 전기 모터만을 회전시켜 구동하기 때문에 탈탄소화를 실현하고 있으며, 게다가 EV화에 의해 사용하는 반도체소자의 양이 2배 이상 증가하고 있어서 자동차 메이커 이외의 업체에서도 참가하려 하고 있다.

전원은 차에 탑재하고 있어야 하므로 주요 사항은 2차 전지를 이용하는 것이며 보통은 리튬 이온 전지나 니켈 수소 전지를 사용한다. 2차 전지이므로 충전 설비가 필요하다. 요즘 큰 주차장에는 거의 충전시설이 설치되어 있으며 외부 충전 설비는 200V, 30A(일본의 예로써 국가별로 다르다.)이다.

한때 연료전지(FC: Fuel Cell)를 탑재한 전기자동차의 개발도 진행되었는데, 이것은 전지로 물의 전기분해와는 반대로 수소와 산소의 반응을 이용하는 것이다.

수소 충전소의 보급이 진행되지 않는 경우도 있어 일본에서는 도요타와 혼다가 각각 1차종을 판매하고 있는 상황이었으나 혼다는 생산을 중지하려 하고 있다.

EV의 구조

전술한 바와 같이 소형이고 경량인 교류 모터가 개발되어 EV에서는 이 교류 모터가 주로 사용되고 있다.

2차 전지의 전원을 컨버터로 승압하고 인버터로 교류로 전환하려면 전력반도체가 필수적이다. 4-5절을 다시 한번 검토해 주길 바라며 또한 모터를 구동하기 위해서는 3상 교류가 최적으로써 그 구성은 그림 10-4-3에 도시한 바와 같다.

EV의 모터와 전원 및 충전선로의 개략도를 그림 11-4-1에 도시하였다. 최근에는 큰 주차장에 가면 반드시 충전 설비가 있어 향후 EV화가 점점 진행될 것으로 보인다. 또한 이 충전 장비도 스마트 그리드에 통합될 것이다.

또한 차량용 인버터의 소형화도 자동차 관련 메이커나 충전 메이커가 진행하고 있다.

EV 구성의 개략도 (그림 11-4-1)

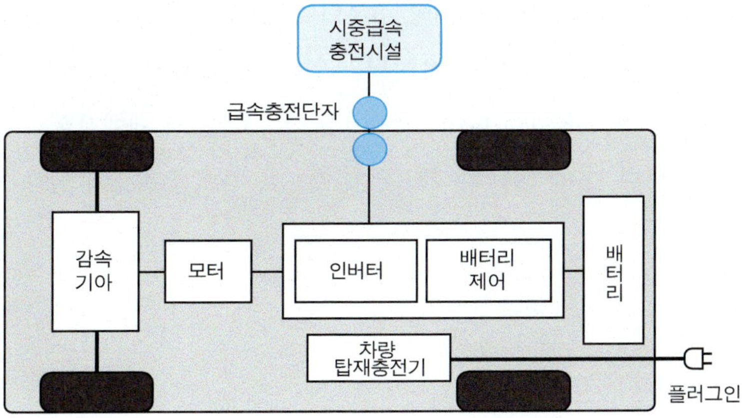

제10장에서 언급한 SiC화도 그 흐름의 하나로, 현재는 대전류 구동에 적합한 IGBT를 이용하고 있지만 이것을 SiC의 MOSFET로 대체함으로써 연비 향상을 도모한다는 보고도 있다.

EV는 전자제어의 종합체

물론 모터 이외에 그림 11-4-2에 도시한 바와 같이 배터리의 직류를 감압하여 온도조절, 파워 스티어링 등의 42V계 전원, 와이퍼, 파워 윈도우, 오디오, 내비게이션의 14V 또는 12V계 전원을 만드는 DC-DC 컨버터가 필요하다.

게다가 모터 구동을 포함한 제반 제어, 파워 매니지먼트, 안전 대책을 위한 각종 센서나 그 관리 등, 점점 자동차는 전자 제어의 종합체가 될 것으로 생각한다.

전동 자전거 등

물론 자동차뿐만 아니라 전동 자전거 (스쿠터) 등에도 응용할 수 있다. 충전 등의 인프라가 보급되면 급속히 보급이 가속될지도 모른다. 마지막으로 전력반도체 이외의 이야기지만, 2차 전지의 점유율 전쟁에서도 최근 중국 메이커 등이 선전하고 있으며 일본 메이커의 반격이 주목되고 있다. 또한 급속 충전 설비는 세계에서 다양한 방식이 규격화 · 실용화되고 있다. 일본에서는 미쓰비시자동차나 닛산자동차에서 개발한 CHAdeMO(차데모) 방식이지만, 전 세계적으로 표준화의 흐름이 진행된다면, 그에 대한 대처가 늦지 않도록 주의할 필요가 있다.

EV의 전원계 (그림 11-4-2)

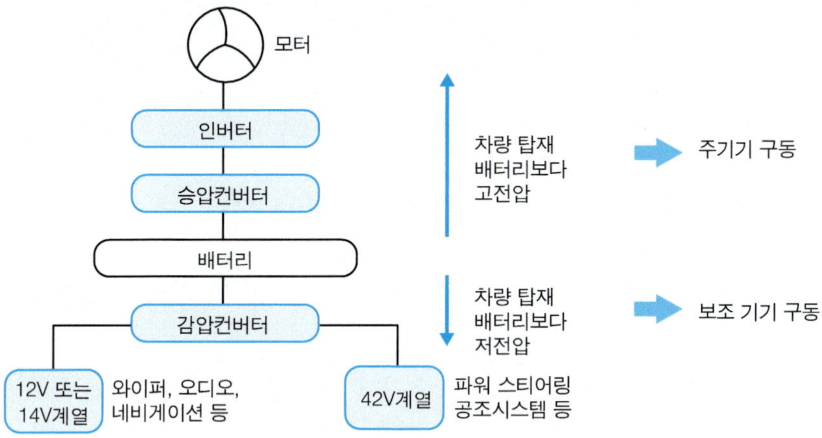

11-5
21세기형 교통인프라와 전력반도체

전 절에서는 자동차의 응용에 대하여 설명하였으며 이 절에서는 철도 등의 교통 인프라에 대한 응용을 살펴본다. 최근 가솔린엔진보다 깨끗한 에너지라는 개념으로 철도가 검토되고 있다.

고속철도망과 전력반도체

선진국이나 신흥국에서도 고속철도망을 만들자는 움직임이 일어나고 있다. 현재 고속철도망에 대한 수요가 있는 나라에 대하여 일본에서는 신칸센 시스템의 판매에 관민 일체로 대처하고 있다. 일본에서도 하코다테와 가고시마가 신칸센으로 연결되어 고속철도에 대한 기대가 높아지고 있다. 그림 11-5-1에 자기부상열차 이외의 세계 고속철도망 계획의 주요 예를 정리해 보았다. 북미와 유럽 외에 BRICs 등의 신흥국이나 베트남, 말레이시아, 인도네시아 등에서도 계획을 수립하고 있다. 이 고속철도망의 확산에 의하여 전력반도체의 수요 증대도 기대되고 있다.

세계 주요 고속철도망 계획 (그림 11-5-1)

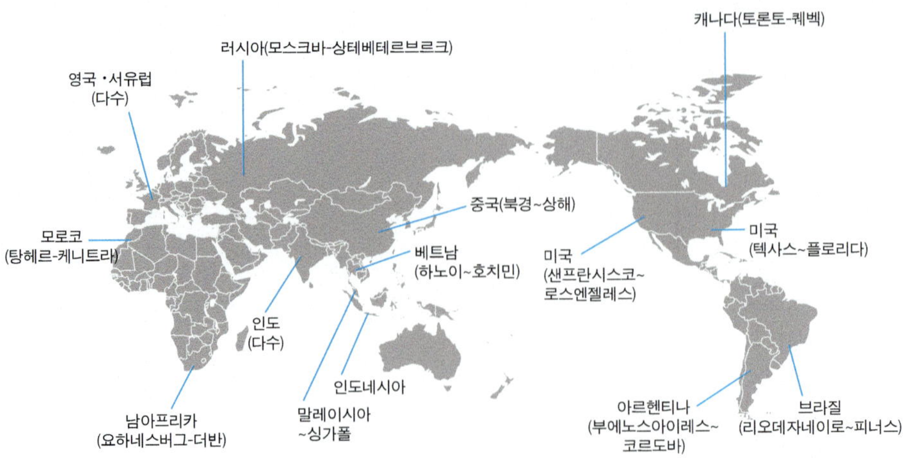

출처 : 각종 자료 및 보도를 기본으로 작성

4-3절에서도 언급하였듯이 고속철도용 교류 모터의 구동에는 전력반도체가 필수적이다. 전력반도체에 강한 일본이 강점을 발휘하고 싶은 분야일 것이다.

노면 전철의 재검토

고속철도만이 아니라 일상생활에서의 철도도 검토되고 있다. 저자의 소년 시절에는 대도시나 지방 도시에서 노면 전철이 운행되고 있었다. 저자도 대학생 때까지 타고 다녔지만, 자동차 사회로의 발전과 함께 귀찮은 존재로 취급받으며 철거되어 갔다. 최근에는 지방 도시를 중심으로 일부 남아 있을 뿐이다. 그러나 지금도 나가사키나 하코다테와 같이 관광객의 발이 되어 활약하고 있는 곳도 있다.

그림 11-5-2에 일본의 노면 전철의 지도를 도시해 보았다. 일본의 국토교통성에 의하면 17도시 20사업자로 총 길이가 약 206km(2013년 12월 말 시점)라고 한다. 이 중 도야마시에서는 이미 LRT(Light Rail Transit)를 도입하여 주목받고 있다. 일

일본 노면전차의 개요 (그림 11-5-2)

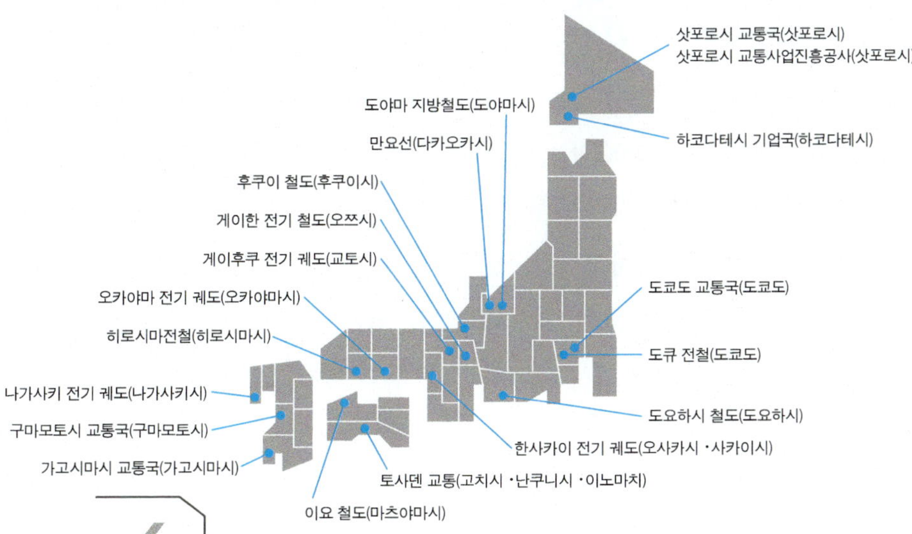

출처 : 일본 국토교통성 도로국 홈페이지

본에서도 국토교통성이 LRT 프로젝트를 시작해 LRT 도입 지원책을 계획하고 있다. 그 때문에, 최근에는 일본의 우츠노미야시와 같이 LRT를 도입하는 움직임이 도시에서 나타나고 있는 것 같다. 그림 11-5-3은 도야마시의 LRT를 나타낸 것이다.

도야마시의 LRT「CENTRAM」(그림 11-5-3)

이에 고속철도 이외의 철도 관계에서도 전력반도체의 필요성이 증가한다고 생각한다. 일본과 비슷한 도시 교통 인프라가 많은 서유럽에서도 LRT의 보급이 진행되고 있다. 여담이지만, 저자는 다행히도 업무차 방문했던 독일의 슈투트가르트(Stuttgart)에서 LRT(S-Bahn이라고 부르고 있다.)을 이용한 경험이 있다. 나쁘지 않은 승차감이었다. 슈투트가르트는 지하철(U-Bahn이라 한다.)도 한 노선을 운영하는 도시이며 양자가 공존하고 있는 것 같다. 공항이나 교외와의 접근은 지하철로, 시의 중심가에서의 이동은 LRT라고 하는 역할 분담이 정해져 있는 모델 같다. 일본에서도, 특히 3대 도시 이외의 지방 광역 도시에서도 참고가 될 것으로 생각한다.

연료전지차

11-4절에서 언급한 것처럼 자동차 산업에서는 EV로의 이동이 진행되어 자동차 메이커뿐만 아니라 전자 메이커까지 참가하고 있다는 뉴스가 있었다. 그리고 전 세계적인 EV이동에 대응하기 위해 자동차 메이커가 각각의 목표를 공개하고 있는 것으로 알고 있다.

반면에 연료 전지 (FC) 자동차는 기세가 꺽이고 있는 모양이다. 그러나 철도계에서는 JR 동일본이 연료전지를 이용한 시험 차량 「HYBARI」를 발표하였다. 독자 여러분들도 알다시피 수소 충전소의 설치 장소나 자동차용과의 공통화 등의 문제도 있다. 새로운 움직임으로서 소개하였다.

11-6
기대되는 횡단적 기술로서의 전력반도체

21세기 에너지 네트워크에서 차지하는 전력반도체의 역할은 다양한 분야에서 횡단적 기술로 기대되는 잠재력을 가지고 있다.

전력반도체의 복권

여기서는, 11-1절에서 언급한 것을 전력반도체의 관점에서 살펴보고자 한다. 먼저, 제4장에서 도시한 전력반도체의 역할에 관한 그림을 조금 재검토해 그림 11-6-1에 재게재해 보았다. 전력반도체는 에너지 공급측과 에너지 수요측에서 고효율화, 저단가화, 고성능화 등으로 기대되는 분야라고 할 수 있다.

즉, 상부측에서도 하부측에서도 기대가 되고 있는 소자라고 할 수 있다. 그러나 한편으로는 응용 범위도 넓어 그 횡단적 기술이 될 수 있는 잠재력이 있다고 생각한다.

게다가 기술적 문제점은 제6장이나 제9장부터 제10장에서 언급한 바와 같이 기판재료로 부터 소자 구조까지 폭넓게 존재한다. 제4장에서도 조금 언급하였지

전력반도체의 복권 (그림 11-6-1)

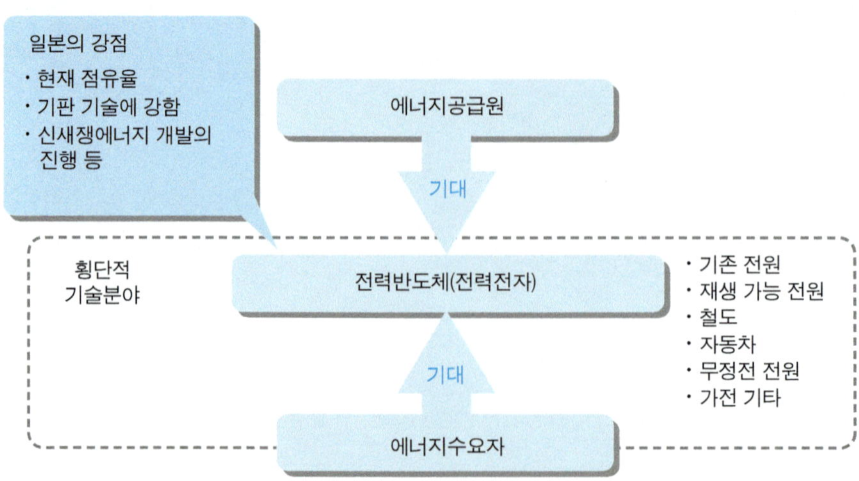

만 일본의 반도체 산업을 재검토하는 면에서도 적합한 분야라고 생각된다. 과거에는 세계시장의 절반을 확보하고 세계 제일을 자랑했던 일본의 반도체산업이지만, 지금은 세계 점유율의 10%정도라는 상황 때문에 일본의 반도체는 이제 힘들다라는 견해도 있다.

그러나 한편으로는 전력반도체 분야에서는 제8장에서 언급한 바와 같이 건투하고 있다. 전력반도체는 기판재료의 개발부터 응용제품에 이르기까지 노하우(know-how)의 집합체와 같은 것이라고 생각한다. 그림 11-6-2에 도시한 바와 같은「수직 통합형」의 모델이 성립되는 분야에서 일본이 장점을 갖는다고 할 수 있다. 예를 들어 팹리스의 전력반도체 메이커가 생길 수 있을 것 같다는 생각도 해보지만 이 분야에서는 일본의 반도체 메이커가 살아남는 길이 있다고 저자는 생각한다.

전력반도체의 수직 통합형 비즈니스 모델 (그림 11-6-2)

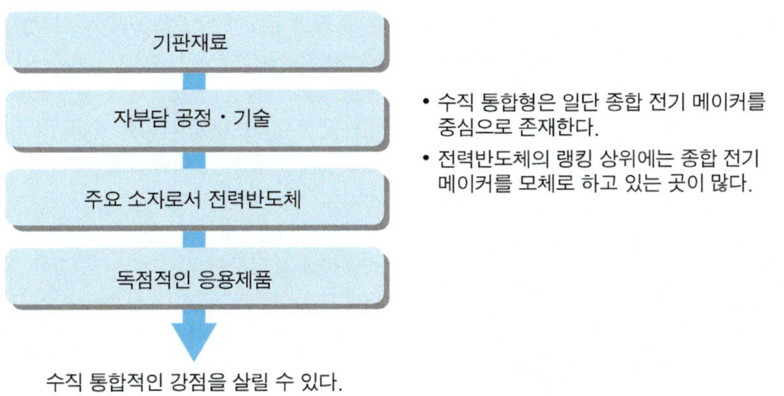

시대의 키워드가 될 수 있을까?

다시 말하지만, 키워드는 끊임없이 변화한다. 그러나 21세기는 환경 · 에너지의 세기라는 것은 당분간 변하지 않을 것으로 생각한다. 이러한 상황에서 전력반도체가 활약할 수 있는 응용 시장의 개발이 탄소 중립 정책과 스마트 그리드 전략에 의해 점점 중요해지고 있다고 생각한다. 전력반도체는 기판재료의 개발부터 응용제품에 이르기까지 노하우의 집합체 같은 면도 있고 수직 통합형 모델에 가까운 면이 있다. 그 분야에 강점을 가진 일본 참가기업의 도약을 기대한다.

LSI 분야에서는 제8장에서 언급하였듯이 미세화 일변도로 체계의 변경을 강요당하고 있으며, more than Moore 라는 용어로 나타난 미세화 이외의 분야도 로드맵에 2006년경부터 나타나게 되었다. 그 후보의 하나로서, 전력소자도 꼽히고 있는 것은 앞서 언급하였다. 또한. 미세화 경향을 따라갈 수 없는 반도체 메이커가 많아지고 있으며 이미 국제 로드맵 위원회의 활동은 2016년에 발전적으로 해체되었다. 그런 가운데 전력반도체의 향후 발전이 주목받고 있다고 생각한다.

COLUMN

소재, 주요 소자로서의 생존

저자가 일할 기회를 얻은 전자 메이커 중 최초로 유명세를 탄 회사는 당시 페라이트를 비롯하여 세라믹스나 자기 재료 등을 응용한 전자 부품을 제조하고 있었으므로, 입사 당시의 제조 실습(아직, 그러한 것이 있던 시대이다)이나 신입 시절에는 「당사는 소재를 가지고 있기 때문에 강하다」라고 하는 말을 몇번이나 들었었다.

맞다. 당시는 주제처럼 들렸다. 페라이트 공장에서의 제조 실습에서는 원료 가루에 묻혀 기숙사에 돌아온 후, 목욕하는 것이 즐거움이었다.

다음으로 일할 기회를 얻은 회사는 창업자가 학생 시절부터 발명자로서 유명한 분이었기 때문에 「남들이 하지 않는 일을 하는 것」에 주력하고 있었던 것 같다.

그중 주요 소자로서, 자사에서 만드는 것에 중점을 두고 있었으며 아직 작은 회사였을 무렵에 귀중한 자원을 사용해 자사에서 반도체를 만들고 세계에서 처음으로 자체 생산한 트랜지스터를 사용한 트랜지스터 라디오의 제조·판매에 이른 것을 여러 번 듣고 읽었다.

이렇게 어린 시절에 재료나 주요 소자의 중요성을 들었으므로, 저자는 그것을 믿고 있을지도 모른다. 그런 것을 머리에 넣고 읽어 주었으면 한다고 생각한다. 다만, 시대의 키워드가 변하고 있듯이, 그 시대가 요구하는 소재, 주요 소자도 변화하고 있다. 특히 11-1절에서 언급한 것처럼 에너지 관련 키워드라고 할까 캐치프레이즈는 어지럽게 바뀌고 있다. 각자 시대를 보는 눈을 시험하고 있다고 생각한다.

참고문헌

이 책을 쓰는 데 참고로 한 주요 저서는 다음과 같습니다.
전력반도체 전체에 관해서는

1) “パワーMOS FETの応用技術”、山崎 浩、日刊工業新聞社 (1988)
2) “パワーエレクトロニクス学入門”、河村篤男編著、コロナ社
3) “パワーエレクトロニクスとその応用”、岸敬二、東京電機大学出版局

철도나 자동차에의 응용을 비롯해, 각 응용에 대해서는

4) 図解「鉄道の科学」、宮本昌幸、講談社ブルーバックス
5) “とことんやさしい電気自動車の本”、廣田幸嗣、日刊工業新聞社
6) “とことんやさしいエコデバイス本”、鈴木八十二 日刊工業新聞社
7) “よくわかる最新電気の基本と仕組み”、藤澤和弘 秀和システム

등을 참고로 하였습니다. 또, 저서나 논문의 일부를 참고로 한 것도 있습니다. 다 적을 수는 없지만 감사드립니다. 덧붙여 도시한 그림이나 사진은 출처를 기록하였습니다.
덧붙여 시장이나 업계 동향 등은 각 미디어의 보도 자료를 참고로 하였습니다. 행정이나 각 기업의 HP의 자료도 사용하였습니다. 감사합니다. 마지막으로 사사로운 이야기라 죄송합니다만 이 책을 손자들에게 바칩니다.

저자

INDEX

〈제3판〉 알기쉬운 최신 전력반도체의 기본과 구조

1판 1쇄 발행 2023년 09월 01일
1판 3쇄 발행 2025년 02월 15일
저 자 사토 준이치
옮 긴 이 정학기
발 행 인 이범만
발 행 처 **21세기사** (제406-2004-00015호)
경기도 파주시 산남로 72-16 (10882)
Tel. 031-942-7861 Fax. 031-942-7864
E-mail : 21cbook@naver.com
Home-page : www.21cbook.co.kr
ISBN 979-11-6833-085-6

정가 27,000원